南海及邻域海洋地质系列丛书

Series on Marine Geology of the South China Sea and Its Adjacent Areas

南海及邻域海洋地质图集

Atlas of Marine Geology of the South China Sea and Its Adjacent Areas

李学杰　主编

科学出版社

审图号：琼S（2023）106号

图书在版编目（CIP）数据

南海及邻域海洋地质图集 / 李学杰主编 . -- 北京 : 科学出版社，2024.3
（南海及邻域海洋地质系列丛书）

ISBN 978-7-03-077143-8

Ⅰ. ①南… Ⅱ. ①李…Ⅲ. ①南海－海洋地质－地图集 Ⅳ. ①P783.1

中国版本图书馆CIP数据核字（2023）第217735号

责任编辑：韦 沁 / 责任校对：何艳萍
责任印制：肖 兴 / 封面设计：杨 柳

科学出版社 出版
北京东黄城根北街16号
邮政编码：100717
http://www.sciencep.com

中煤地西安地图制印有限公司印制
科学出版社发行 各地新华书店经销

*

2024年3月第 一 版 开本：889×1194 1/8
2024年3月第一次印刷 印张：17
字数：407 000

定价：980.00元

（本图集中国国界线系按照中国地图出版社1989年出版的1：4 000 000《中华人民共和国地形图》绘制）

主 管 单 位： 中国地质调查局
实 施 单 位： 广州海洋地质调查局

资 助 项 目： 中国地质调查局地质调查项目（DD20160138、DD20160140）
数据支撑项目： 中国地质调查局地质调查项目（GZH201400202、GZH201100206、GZH201300502、1212010611302、GZH200800502、1212011220116、1212011220117、19991100011011、GZH201400203、GZH201300503）

丛书序

华夏文明历史上是由北向南发展的，海洋的开发也不例外。当秦始皇、曹操“东临碣石”的时候，遥远的南海不过是蛮荒之地。虽然秦汉年代在岭南一带就已经设有南海郡，我们真正进入南海水域还是近千年以来的事。阳江岸外的沉船“南海一号”，和近来在北部陆坡 1500 m 深处发现的明代沉船，都见证了南宋和明朝海上丝绸之路的盛况。那时候最强的海军也在中国，15 世纪初郑和下西洋的船队雄冠全球。

然而 16 世纪的“大航海时期”扭转了历史的车轮，到 19 世纪中国的大陆文明在欧洲海洋文明前败下阵来，沦为半殖民地。20 世纪，尽管我国在第二次世界大战之后已经收回了南海诸岛的主权，可最早来探索南海深水的还是西方的船只。20 世纪 70 年代在联合国“国际海洋考察十年（International Decade of Ocean Exploration，IDOE）”的框架下，美国船在南海深水区进行了地球物理和沉积地貌的调查，接着又有多个发达国家的船只来南海考察。截至十年前，至少有过 16 个国际航次，在南海 200 多个站位钻取岩心或者沉积柱状样。我国自己在南海的地质调查，基本上是改革开放以来的事。

我国海洋地质的早期工作，是在建国后以石油勘探为重点发展起来的，同样也是由北向南先在渤海取得突破，到 1970 年才开始调查南海，然而南海很快就成为我国深海地质的主战场。1976 年，在广州成立的南海地质调查指挥部，到 1989 年改名为广州海洋地质调查局（简称广海局），正式挑起了我国海洋地质，尤其是深海地质基础调查的重担，开启了南海地质的系统工作。

南海 1 ∶ 100 万比例尺的区域地质调查，是广海局完成的一件有深远意义的重大业绩。调查范围覆盖了南海全部深水区，在长达 20 年的时间里，近千名科技人员使用 10 余艘调查船舶和百余套调查设备，完成了惊人数量的海上工作，包括 30 多万千米的测深剖面，各长 10 多万千米的重、磁和地震测量，以及 2000 多站位的地质取样，史无前例地对一个深水盆地进行全面系统的地质调查。现在摆在你面前的“南海及邻域海洋地质系列丛书”，包括其整套的专著和图件，就是这桩伟大工程的盈枝硕果。

近二十年来，南海经历了学术上的黄金时期。我国“建设海洋强国”，无论深海技术或是深海科学，都以南海作为重点。从载人深潜到深海潜标，从海底地震长期观测到大洋钻探，种种新手段都应用在南海深水。在资源勘探方面，深海油气和天然气水合物都取得了突破；在科学研究方面，“南海深部计划”胜利完成，作为我国最大规模的海洋基础研究，赢得了南海深海科学的主导权。今天的南海，已经在世界边缘海的深海研究中脱颖而出，面临的题目是如何在已有进展的基础上再创辉煌，更上层楼。

多年前我们说过，背靠亚洲面向太平洋的南海，是世界最大的大陆和最大的大洋之间，一个最大的边缘海。经过这些年的研究之后，现在可以说得更加明确：欧亚非大陆是板块运动新一代超级大陆的雏形，西太平洋是古老超级大洋板块运动的终端。介于这两者之间的南海，无论海底下的地质构造，还是海底上的沉积记录，都有可能成为海洋地质新观点的突破口。

就板块学说而言，当年大西洋海底扩张的研究，揭示了超级大陆聚合崩解的旋回，从而撰写了威尔逊旋回的上集；现在西太平洋俯冲带，是两亿年来大洋板片埋葬的坟场，因而也是超级大洋演变历史的档案库。如果以南海为抓手，揭示大洋板块的俯冲历史，那就有可能续写威尔逊旋回的下集。至于深海沉积，那是记录千万年气候变化的史书，而南海深海沉积的质量在西太平洋名列前茅。当今流行的古气候学从第四纪冰期旋回入手，建立了以冰盖演变为基础的米兰科维奇学说，然而二十多年来南海的研究已经发现，地质历史上气候演变的驱动力主要来自低纬而不是高纬过程，从而对传统的学说提出了挑战，亟待作进一步的深入研究实现学术上的突破。

科学突破的基础是材料的积累，“南海及邻域海洋地质系列丛书”所汇总的海量材料，正是为实现这些学术突破准备了基础。当前世界上深海研究程度最高的边缘海有三个：墨西哥湾、日本海和南海。三者相比，南海不仅面积最大、海水最深，而且深部过程的研究后来居上，只有南海的基底经过了大洋钻探，是唯一从裂谷到扩张，都已经取得深海地质证据的边缘海盆。相比之下，墨西哥湾厚逾万米的沉积层，阻挠了基底的钻探；而日本海封闭性太强、底层水温太低，限制了深海沉积的信息量。

总之，科学突破的桅杆已经在南海升出水面，只要我们继续攀登、再上层楼，南海势必将成为边缘海研究的国际典范，成为世界海洋科学的天然实验室，为海洋科学做出全球性的贡献。追今抚昔，回顾我国海洋地质几十年来的历程；鉴往知来，展望南海今后在世界学坛上的前景，笔者行文至此感慨万分。让我们在这里衷心祝贺“南海及邻域海洋地质系列丛书”的出版，祝愿多年来为南海调查做出贡献的同行们更上层楼，再铸辉煌！

中国科学院院士 汪品先

2023年6月8日

前 言

我国是海洋大国，管辖海域面积约300万km^2，海岸线长度超过18000km，而基础性的海洋地质调查相对滞后，20世纪90年代之前，缺乏系统的海洋区域地质调查工作。

1999年开始，在中国地质调查局的统一部署下，广州海洋地质调查局开始对南海及邻域系统开展多手段的海洋地质调查工作，取得了大量的实测数据，包括测深、单道地震、多道地震、重力、磁力、地质取样、浅海钻探、海洋水文等调查与分析数据，填补了南海深海区资料的空白，提升了我国海洋地质调查技术水平。近年来，以地球科学系统科学和多圈层动力学、板块理论等现代地学理论为指导，以数十年来累积的实测数据和研究成果为基础，结合收集海域及邻近陆地各类地质资料，运用当代先进的编图方法和成图技术，编制了南海及邻域海洋地质-地球物理-资源环境效应系列图件；开展了南海及邻域地形地貌、晚第四纪地质、地层与沉积特征，以及海域中、新生代构造特征及其演化的研究。全面提升了南海及邻域海洋地质调查的集成创新水平，为维护我国海洋权益、资源勘查、涉海工程建设、减灾防灾和海洋经济可持续发展提供重要的基础资料和科学依据，为实现我国海洋强国战略提供支撑。

本图集是海洋区域地质调查的成果之一，包括南海及邻域地形地貌、南海及邻域晚第四纪地质及其资源环境效应、南海及邻域地层与沉积特征、南海及邻域地球物理场特征与深部构造、南海及邻域地质构造特征及其演化五大部分。

一、编制南海及邻域海域地形图和地貌图，精细刻画了海域地形地貌，新发现一批海底地理实体，极大提高了对海底的认知程度。

二、整合南海及邻域海域2600多个表层沉积物站位数据，编制表层沉积物粒度、矿物、地球化学、古生物分布等系列图件，系统开展沉积学研究，揭示了南部海域主要沉积物物源及分布规律，分析了南海晚第四纪以来沉积演化过程中的资源环境效应。

三、南海及邻域新生代发育20多个不同类型的沉积盆地，盆地之间地震反射差异大，受隆起影响，界面往往难以追踪与对比。在对南海及邻域地层区划分的基础上，对各区地层进行划分和厘定，建立综合地层柱状剖面，并进行跨盆地的地层对比，首次建立南海及邻域地层对比格架，解决了长期以来地层对比困难，提升了南海地质的整体认识。以实测数据编制了南海海域新生界、古近系、新近系及第四系厚度图，揭示了南海新生代以来沉积格局的演变。

四、编制了南海及邻域空间重力异常图、布格重力异常图、磁力异常（ΔT）等值线图、磁性基底埋深图、莫霍面深度图以及结晶地壳厚度图，并在此基础上，开展了重、磁、震联合建模和反演，分析了南部海域深部构造特征。

五、以地球系统科学理论、板块活动论和多圈层构造观为指导，对南海及邻域进行系统的大地构造单元划分。根据断裂发育的规模、性质和深度，将南海及邻域断裂级别分为岩石圈、地壳、基底和盖层四个级别。对南海西缘断裂带、东部马尼拉海沟俯冲带和南缘俯冲-挤压构造带进行较系统的研究，形成对南海周边构造的系统认识。台湾岛东部海域的花东海盆相对独立，其形成时代、构造属性具很大争议，我们通过系统地对比分析，初步厘定花东海盆的地层层序，提出新的认识。南海的成因及其演化，已提出了许多不同的观点，但因与大量地质现象和事实不吻合，没有统一的认识。我们从印度板块、澳大利亚板块以及太平洋（菲律宾海）板块三大板块研究出发，提出南海成因的“弧后扩张-左旋走滑”的演化模型，认为古南海俯冲导致的弧后扩张是南海形成的关键，菲律宾海板块北移形成的左旋剪切是扩张的触发因素，俯冲后撤导致南海扩张脊往南跃迁，印度-亚洲大陆碰撞、中南半岛挤出-左旋走滑导致南海西南海盆扩张轴从近东西向转为北东向。

本图集是广州海洋地质调查局海洋区域地质调查所多年成果的总结，由李学杰、杨楚鹏总体负责；地形地貌部分由罗伟东、胡小三、伊善堂、张伙带、郭丽华等编制；地层与沉积特征部分由高红芳、孙美静、聂鑫、陈家乐、杨楚鹏、郭丽华、韩艳飞等编制；晚第四纪地质部分由张江勇、钟和贤、赵利、田成静、李波等编制；资源与环境效应部分由杨楚鹏、陈泓君、周娇、熊量莉、鞠东、郭丽华等编制；重、磁及深部构造部分由汪俊、黄永健、张向宇等编制；构造特征及成因演化部分由姚永坚、李学杰、徐子英、王哲、祝嵩、朱荣伟、崔娟等编制；最后由李学杰、杨楚鹏、姚永坚、高红芳审核统稿。

本图集的出版得到了中国地质调查局相关部门领导的大力支持，李建国局长助理多次对图集内容进行审核，杨胜雄总工亲自组织对图集进行涉密审查。在编制过程中，得到了很多专家学者的悉心指导，任纪舜院士、李廷栋院士、裴荣富院士、潘桂棠教授、姚伯初教授、黄永祥教授、刘守全教授、解习农教授、任建业教授等专家对图件编制提出了宝贵意见和建议，在此一并表示衷心的感谢！

由于编者水平有限，难免有疏忽错漏，不足之处恳请读者不吝赐教，我们将不断地修改完善！

编者

2022年12月

目　录
Contents

南海及邻域地层与沉积特征
Stratigraphic and Sedimentary Characteristics of the South China Sea and Its Adjacent Areas

南海新生代地层分区与对比
Zonation and Comparison of the Cenozoic Strata in the South China Sea

南海新生代沉积古地理及发育模式
Cenozoic Sedimentary Paleogeography and Development Patterns in the South China Sea

地理底图图例

⊙	首都、首府		国界
⊙	省会		省、自治区、直辖市界
◎	地级市		特别行政区界
	珊瑚礁/浅滩/暗沙		常年河及湖泊

专题图例

泥、黏土	砂岩	含火山物质泥岩
含钙质	粗砂岩	含火山灰细粒砂泥岩
钙质-硅质黏土、硅藻质黏土	含砾砂岩	角砾岩
含生物碎片泥、黏土	砾岩	含角砾凝灰岩
砂质泥、砂泥岩	煤层、煤线	花岗岩
粉砂	页岩	花岗闪长岩
细砂	灰岩、石灰岩、礁灰岩	安山岩
粗砂	泥质灰岩	流纹岩
砂质砾	生物碎屑灰岩	细碧岩
粉砂岩	白云岩	变质岩
粉砂质泥岩、泥质粉砂岩	玄武岩、喷出岩、火山碎屑	地层缺失

南海及邻域遥感影像图

Remote sensing image of the South China Sea and its adjacent areas

0 91 182 273 364 km

南海及邻域地形地貌

Topography and Geomorphology of the South China Sea and Its Adjacent Areas

1. 数据来源及主要内容

编图使用的水深（地形）数据以广州海洋地质调查局多年来实测数据为主，包括单波束水深数据（37.05 万 km）和多波束水深数据（43.25 万 km，覆盖面积约 156.2 万 km^2），这是目前最系统、精度最高、覆盖面积最大的地形数据，覆盖了南部海域陆（岛）架重点海域和南部海域陆（岛）坡及深海盆地的绝大部分区域。缺乏实测数据的区域使用国际海道测量组织（International Hydrograghy Organization，IHO）等发布的全球水深数据（2008 年，网格间距 1′×1′）。

基于上述海量实测地形数据，以平面分布图、典型地形剖面图为主要表现形式，配合适当的文字说明来展现南海及邻域地形地貌特征，以及海底地理实体的新发现与新认识。主要分为两个部分：

（1）区域地形地貌：包括南海及邻域三维地形图、南海及邻域地貌图、南海及邻域地貌单元分级分类表和南海新发现地貌概览图，从整体上反映南海及邻域的地形地貌特征及研究成果。

（2）典型地形地貌：选取了部分最具代表性、研究程度较高且实测数据基本全覆盖的典型地形地貌进行重点解剖，从局部反映南海及邻域的地形地貌调查和研究成果。这些典型地形地貌包括南海东北部陆坡峡谷群、南海北部陆坡东沙海域峡谷群和海台，南海西部陆坡盆西海底峡谷和盆西南海岭东侧深海扇，南海西部陆坡麻坑群，南海西部陆坡中沙海台，南海南沙陆坡东峡谷，南海海盆中南海山群和珍贝－黄岩海山链，以及台湾岛东部海域海沟和峡谷群。

2. 南海及邻域地形地貌特征

南海位于欧亚大陆东南，是西太平洋最大的边缘海，面积约 350 万 km^2。南海呈典型偏菱形发育，海底地形由四周向中央逐渐倾斜，最大水深位于马尼拉海沟南端，为 5218m，由外向内由浅到深依次发育海岸带、陆（岛）架、陆（岛）坡、深海盆地等地貌单元。

（1）海岸带、岛架地貌平坦开阔，大部分区域水深在 200m 以浅，次级地貌单元简单，发育水下岸坡、陆（岛）架堆积－侵蚀平原和陆（岛）架外缘斜坡等三级地貌单元 18 类。

（2）陆（岛）坡地貌类型繁多，变化复杂，地形坡度大，水深的最大高差超过 4500m，陆（岛）坡的三级地貌分为岛坡斜坡、岛坡海脊、岛坡海槛、岛坡大型峡谷群、岛坡阶地和岛坡断陷盆地等 17 类。

（3）深海盆地地貌较平坦，平均水深超过4000m，三级地貌分为海沟、深海海脊、深海大型峡谷群和深海平原等11类。南海发育的三级地貌类型46类，四级地貌类型22类。

（4）台湾岛以东海域平均水深较大，海底地形起伏大，总体地势呈北陡南缓、西浅东深的特征，与南海深海盆地相比较，深海盆地地形崎岖，整体水深更深，最大水深位于琉球海沟东端，超过6700m。由浅到深依次发育岛架、岛坡、深海盆地等地貌单元。发育岛坡斜坡、岛坡海脊、大型峡谷群、海沟等14类地貌。

3. 主要成果与认识

首次获取了海量单波束、多波束实测数据，与之前以重力测高等数据为主的非实测数据相比，数据精度得到数量级提升，精细刻画了南海及邻域（微）地形地貌形态，极大提高了地形地貌的分辨率。在以上数据的支撑下，利用自主研发的多波束处理和多源数据融合处理软件、结合最新的计算机绘图软件和编图方法，创新性编制了南海及邻域第一代高精度海底地形图及地貌图，并对南海及邻域地形地貌开展了深入研究，取得一系列创新性认识：

（1）建立了完善的南海及邻域海域地貌分类体系。系统识别了三、四级地貌类型，其中陆架大型潮流冲刷槽、陆坡海岭、陆坡海隆、大型麻坑群、岛坡海槛、深海大型峡谷群、深海海山链等15种地貌类型为基于高分辨率地形数据的新发现，丰富和完善了现有的国标、行标的分类体系，丰富了地貌学内涵，促进了海洋地质学科发展。

（2）新发现一大批规模不一的海山、海丘、火山口、深海扇、海谷、麻坑群和峡谷（群）等地貌单元。有代表性的有35个，包括神狐海底峡谷特征区、王祯海山、勇士海谷、盆西南海岭东侧深海扇等。

（3）系统查明了南海大陆（岛）坡及海盆主要地貌单元的数量，并进行了命名。陆（岛）坡包括澎湖峡谷群、中建南盆地等29个，深海盆地包括中南海山、珍贝－黄岩海山链等97个。

（4）新发现南海周缘陆坡区均发育大型峡（海）谷（群）。利用“源－渠－汇”沉积系统研究思路，划分为包括台湾东部峡谷体系、神狐海域峡谷体系、盆西峡谷体系等九大峡谷沉积体系，并证实地形地貌限制性、构造活动和沉积物供给等对峡谷形成及演化起到决定性控制作用。

（5）首次系统梳理南海及邻域海底地形地貌特征、分布规律，分析了峡谷、岛礁、麻坑和沙波等特殊地貌单元的成因。峡谷的成因应受到沉积物供给、海平面变化、区域构造活动、盐（泥）底辟、重力流等多种因素控制，海底峡谷对海底矿产资源形成等具有一定指示意义；南海中西部和西南部的大陆坡发育大量麻坑，其形成与地形、水道、断层、构造隆起、管状构造、泥火山和表层沉积物颗粒较小等因素有关。

（6）对南海及邻域地理实体进行系统命名，其中245个命名成果国务院已批准，并得到推广应用。

以上成果对于开展南海地质科学研究、海洋管理、海洋维权、海洋资源开发利用等发挥重要作用，可以为地方政府及军队从事海洋维权、进行海洋经济开发等提供基础性地质图件，及时服务社会和地方经济建设。

南海及邻域三维地形图

Three-dimensional topographic map of the South China Sea and its adjacent areas

0　91　182　273　364 km

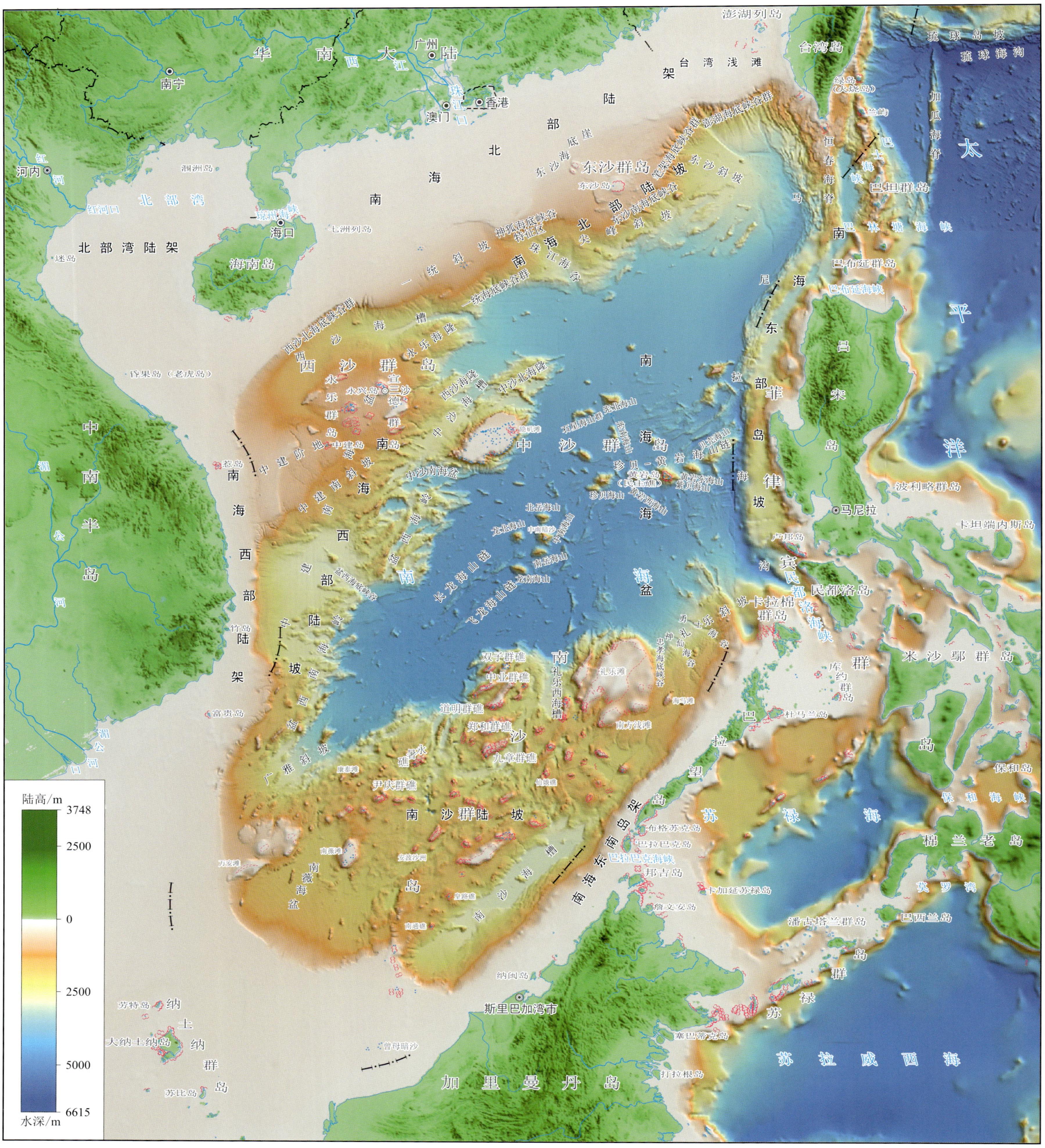

南海是西太平洋的边缘海之一，面积近350万km^2。南海整体上呈菱形，东北-西南向延伸，北接中国华南大陆及台湾海峡，西临中南半岛，东界和南界为一系列岛弧围绕。这些岛弧北起台湾岛，往南和西南方向的主要岛屿有吕宋岛、民都洛岛、巴拉望岛、加里曼丹岛及苏门答腊岛等，构成南海东部和南部外缘的自然边界。南海的整体海底地形从周边向中央倾斜，水深逐渐增大，由外向内依次发育陆（岛）架、陆（岛）坡、深海盆地。本次研究首次精确识别了南海陆（岛）架坡折线和陆（岛）坡坡脚线。南海陆（岛）架的坡折线水深范围为50～300m，陆（岛）坡和深海盆地的坡脚线水深范围为2800～4700m，南海的最大水深位于东缘的马尼拉海沟南端，为5218m。陆（岛）架地形平坦，西南部和北部陆架宽，东部和西部窄，等深线总体走势与海岸线一致；陆（岛）坡地形起伏大，复杂多变；南海海盆位于南海中部，平面呈北东-南西向菱形展布，水深范围为2800～5218m，地形开阔平坦。台湾岛以东海域平均水深较大，深海盆地平均水深超过5200m，岛坡和深海盆地海底地形起伏都较大，总体地势呈北陡南缓、西浅东深，最大水深出现在琉球海沟沟底平原东段，水深达6857m。

中国南部海域地貌单元分级分类表

Classification of geomorphologic units of the South China Sea and its adjacent areas

二级地貌单元		三级地貌单元		四级地貌单元
海岸带地貌	—	堆积型地貌	水下岸坡	海底沙波 埋藏古河道 水下浅滩
			海湾堆积平原	
			现代三角洲	
			潮流三角洲	
陆（岛）架地貌	南海北部陆架 北部湾陆架 南海西部陆架 南海东南岛架	堆积型地貌	陆架堆积平原	陆架浅滩 潮流沙脊 陆架浅谷 埋藏古河道 海底沙波
			大型水下浅滩	
			古三角洲	
		侵蚀-堆积型地貌	陆（岛）架侵蚀-堆积平原	
			岛架斜坡	
			陆（岛）架外缘斜坡	
		侵蚀型地貌	陆架侵蚀平原	
			侵蚀台地	
			陆架大型潮流冲刷槽	
			陆架潮流沙脊群	
			陆架槽谷群	
		构造-堆积型地貌	陆架阶地	
			陆架洼地	
			陆架浅谷	
陆（岛）坡地貌	南海北部陆坡 南海西部陆坡 南沙陆坡 南海东部岛坡 台湾东部岛坡	构造型地貌	大型峡谷群	陡崖、麻坑 山脊线、线状海脊、小海脊 小型海山、小型海丘 小型海谷、小型海槽 小型斜坡、海底峡谷 暗沙、暗滩 环礁 潟湖
			陆（岛）坡海槽槽底平原	
			陆（岛）坡盆地	
			陆（岛）坡海脊	
			陆坡海山群	
			大型海山（丘）	
			陆坡海岭	
			陆坡海隆	
			陆坡高地	
			大型麻坑群	
			大型海谷	
			岛坡海槛	
			陆坡山谷	
		构造-堆积型地貌	陆（岛）坡斜坡	
			陆坡陡坡	
			陆（岛）坡阶地	
			陆坡海台	
深海盆地地貌	南海海盆 菲律宾海盆	构造型地貌	深海海山群	小型海山、小型海丘 小型海谷、线性海脊 深海洼地、海底峡谷 火山口 环礁 潟湖
			深海海丘群	
			深海洼地	
			深海海沟	
			深海大型峡谷群	
			深海海脊	
			深海海山链	
			大型海山（丘）	
			深海大型盆地	
		堆积型地貌	深海平原	
			深海扇	

依据“形态与成因相结合”的原则，对南海及邻域的海底地貌进行了系统的分级分类。研究区海底地貌跨越了海岸带、陆（岛）架、陆（岛）坡和深海盆地四类二级地貌单元。其中，海岸带、陆（岛）架地形平坦开阔，次级地貌单元简单，发育有水下岸坡、陆架堆积平原、大型水下浅滩、古三角洲等三级地貌单元18类；陆（岛）坡地貌类型繁多、变化最复杂，发育有陆（岛）坡斜坡、陆坡海台、陆坡海岭、陆坡海隆等三级地貌17类；深海盆地地貌较平坦，发育深海平原、深海海山群和深海海山链等三级地貌单元共11类。南海及邻域共发育三级地貌46类、四级地貌22类，其中陆架大型潮流冲刷槽、陆坡海岭、陆坡海隆、大型麻坑群、岛坡海槛、深海大型峡谷群、深海海山链等15种地貌类型为基于高分辨率实测地形数据的新发现，丰富和完善了现有的国标、行标的分类体系。首次系统查明了南海大陆坡及海盆主要地貌单元，其中大陆坡区发育斜坡6个、峡谷群3个、海山群1个、海隆3个、海槽4个、海岭2个、海台3个、盆地4个、海谷3个和阶地1个，海盆发育海山链2条、海沟1条、海山44座、海丘47座和海脊3个。首次系统对南海形态突出的地貌单元进行了命名，截至目前，经国务院批准的地理实体名称共245个，有效服务社会，对我国海洋管理、海洋主权维护等方面具有重要意义。

南海及邻域地貌图
Geomorphologic map of the South China Sea and its adjacent areas

0 65 130 195 260 km

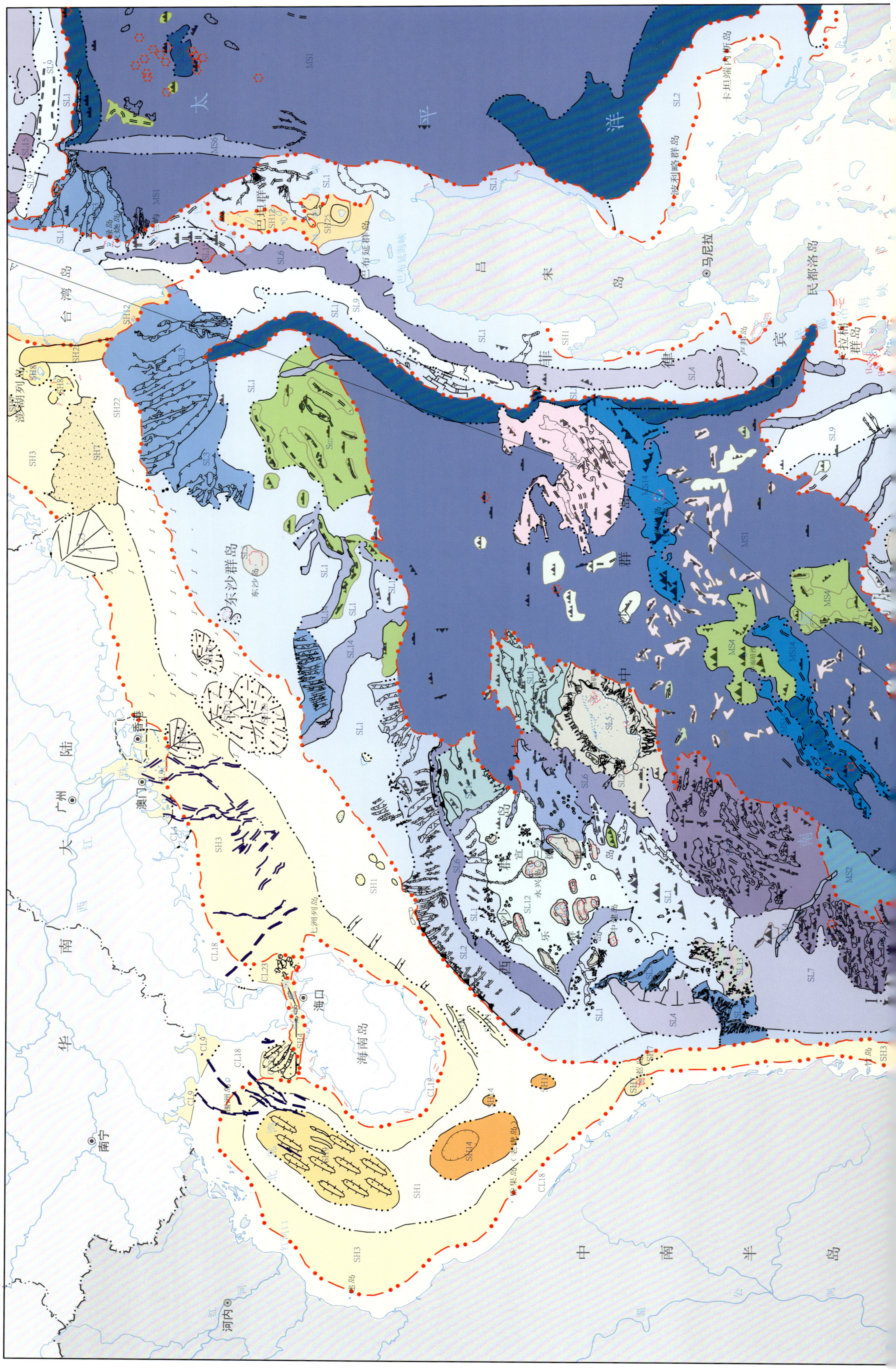

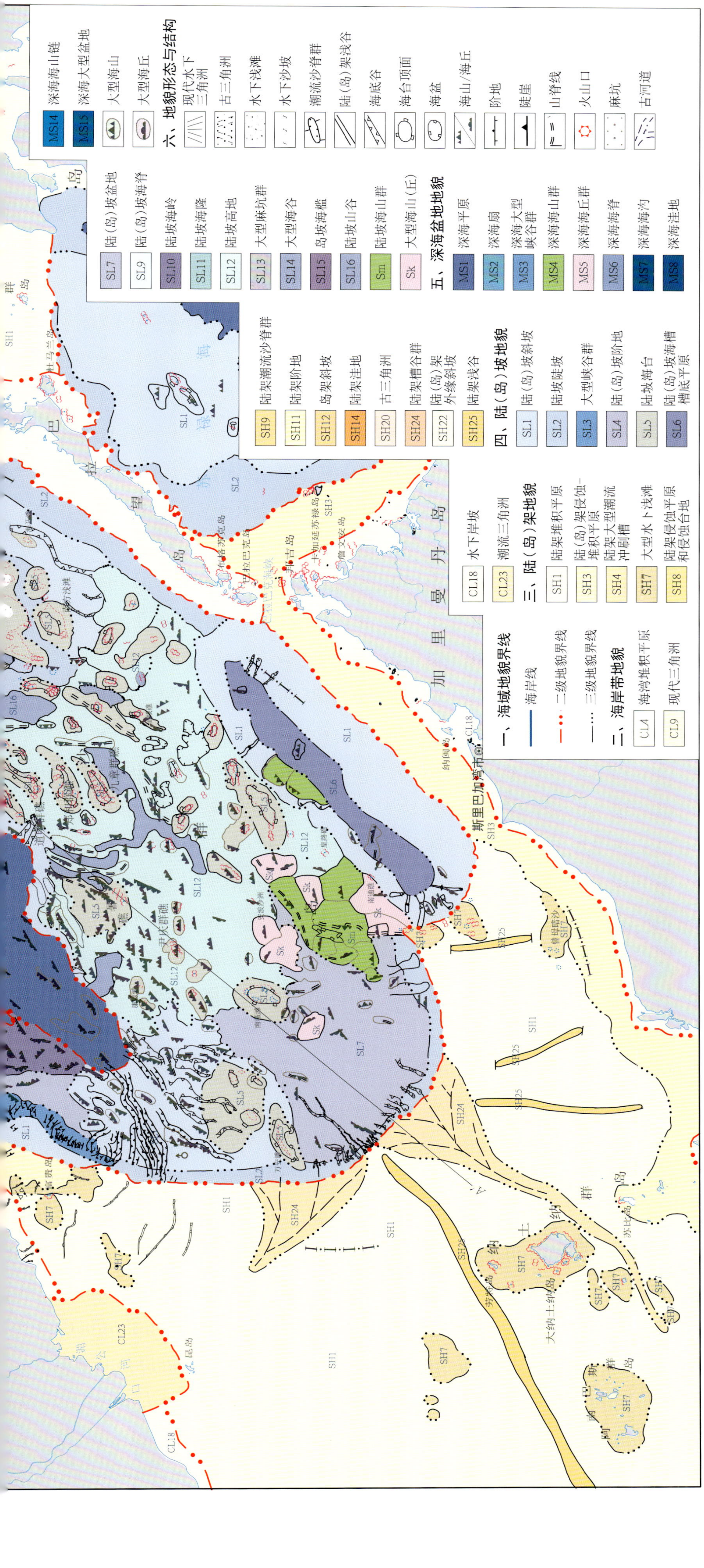
一、海域地貌界线
海岸线
二级地貌界线
三级地貌界线
二、海岸带地貌
CL4 海湾堆积平原
CL9 现代三角洲
CL18 水下岸坡
CL23 潮流三角洲
三、陆（岛）架地貌
SH1 陆架堆积平原
SH3 陆（岛）架侵蚀-堆积平原
SH4 陆架大型潮流冲刷槽
SH7 大型水下浅滩
SH8 陆架侵蚀平原和侵蚀台地
SH9 陆架潮流沙脊群
SH11 陆架阶地
SH12 岛架斜坡
SH14 陆架洼地
SH20 古三角洲
SH24 陆架槽谷群
SH22 陆（岛）架外缘斜坡
SH25 陆架浅谷
四、陆（岛）坡地貌
SL1 陆（岛）坡斜坡
SL2 陆坡陡坡
SL3 大型峡谷群
SL4 陆（岛）坡阶地
SL5 陆坡海台
SL6 陆（岛）坡海槽槽底平原
SL7 陆（岛）坡盆地
SL9 陆（岛）坡海脊
SL10 陆坡海岭
SL11 陆坡海隆
SL12 陆坡高地
SL13 大型麻坑群
SL14 大海谷
SL15 岛坡海槛
SL16 陆坡山谷
Sm 陆坡海山群
Sk 大型海山（丘）
五、深海盆地地貌
MS1 深海平原
MS2 深海扇
MS3 深海大型峡谷群
MS4 深海海山群
MS5 深海海丘群
MS6 深海海脊
MS7 深海海沟
MS8 深海洼地
MS14 深海海山链
MS15 深海大型盆地
大型海山
大型海丘
六、地貌形态与结构
现代水下三角洲
古三角洲
水下浅滩
水下沙坡
潮流沙脊群
陆（岛）架浅谷
海底谷
海台顶面
海盆
海山/海丘
阶地
陡崖
山脊线
火山口
麻坑
古河道
加里曼丹岛
斯里巴加湾市
巴拉望岛
苏禄海
纳土纳群岛
大纳土纳岛
阿南巴斯群岛
湄公河口

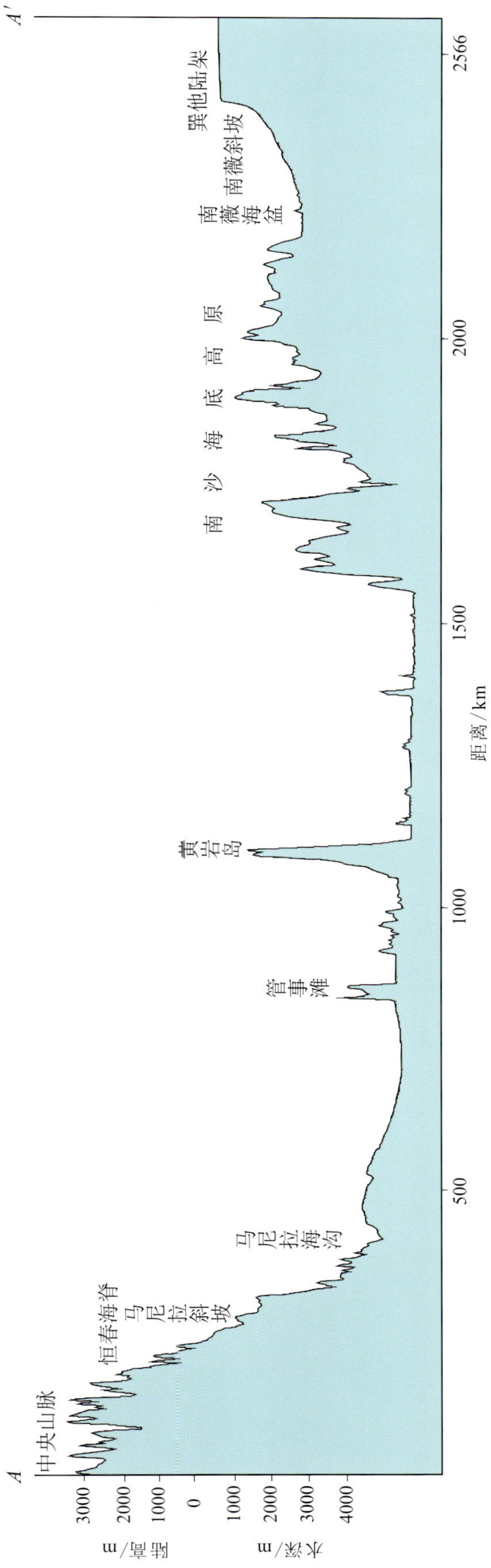
A
A′
中央山脉
恒春海脊
马尼拉斜坡
马尼拉海沟
管事滩
黄岩岛
南沙海底高原
南薇海盆
南薇斜坡
巽他陆架
高程/m
水深/m
3000
2000
1000
0
1000
2000
3000
4000
500
1000
1500
2000
2566
距离/km

南海新发现地貌概览图

Overview of the newly discovered geomorphologic features of the South China Sea

通过海底地形全覆盖调查，在南海新发现了一批类型不同规模不一的地貌单元，包括海底峡谷群3个、大型海谷3个、大型海山（丘）2个、深海扇1个和火山口26个。典型峡谷群和大型海谷包括神狐海底峡谷特征区、笔架海底峡谷群、滨湄海丘附近峡谷群三个峡谷群，以及勇士海谷、珠江海谷和东沙南海底峡谷三条大型海谷，均位于大陆坡，其成因复杂，受多种因素控制。典型大型海山包括王祯海山和石申海山，位于南海海盆，主要为火山成因。典型深海扇为盆西南海岭东侧深海扇，位于南海海盆，是沉积物的重要汇集场所。典型火山口如蛟月海丘南、蛟龙海丘、宪北海山西、张继海丘、韩愈海山、祖冲之海丘、长龙海山链、龙门海山和张祜海山东等火山口，均位于南海海盆，构造完整，主要为中中新世以来的岩浆活动的产物。

南海东北部陆坡峡谷群晕渲地形图
Shaded-relief map of canyons on the northeastern slope of the South China Sea

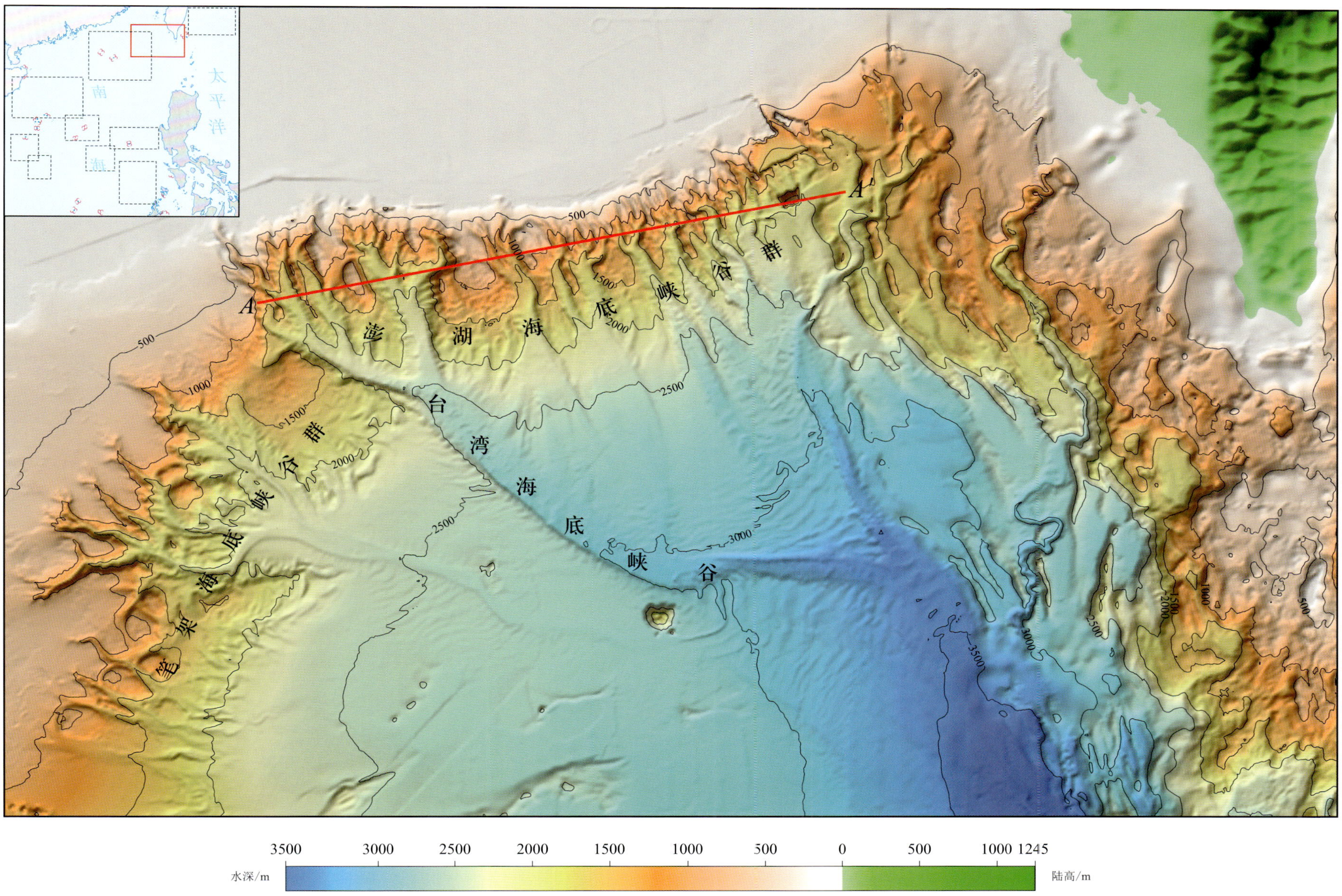

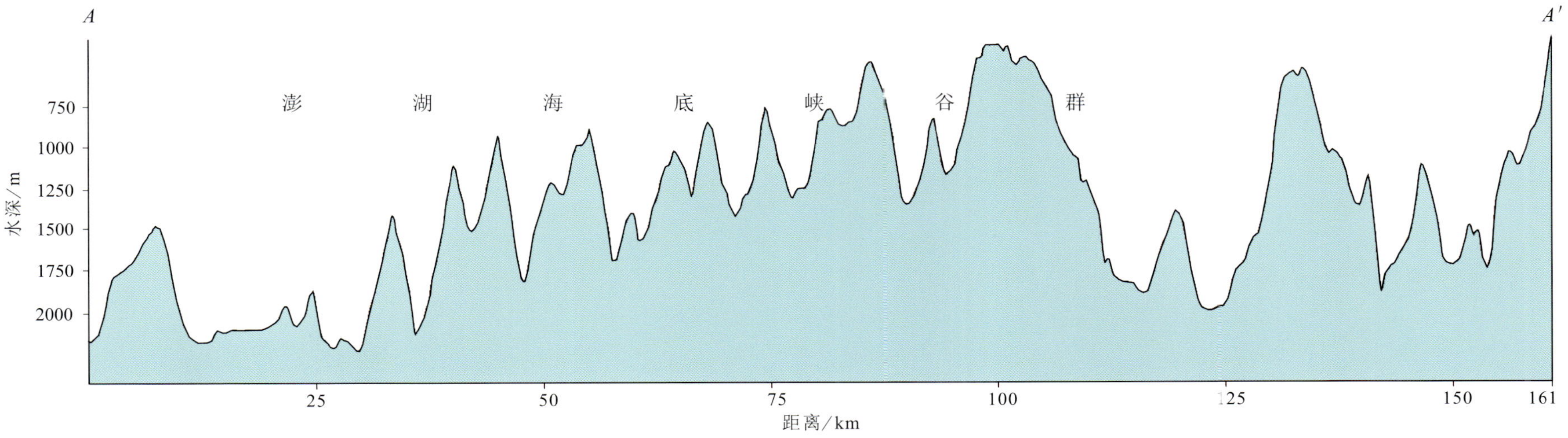

在南海及邻域大陆坡地貌单元中，以峡谷（峡谷群）的发育最广泛，最具代表性。位于大陆边缘的峡谷，是“源-汇系统”的重要组成部分，是沉积物搬运至深海的重要运输通道，同时构成了陆坡区的基本地貌格局。研究表明这些峡谷的发育受地形地貌、构造活动和沉积物供给等因素控制，主要形成于上新世—全新世时期。分析南海峡谷的形成演化及成因对该区的油气勘探和水合物勘探具有重要的指导意义。

南海陆坡东北部发育了南海及邻域规模最大、最壮观的峡谷群。此区域地形切割强烈，自西向东发育了笔架海底峡谷群、台湾海底峡谷、澎湖海底峡谷群，共计数10条规模不一的北西-南东走向的海底峡谷。这些峡谷呈环状分布，连成一片，总面积达4.5万km^2。其中，规模最大的峡谷为澎湖海底峡谷群中的台湾海底峡谷，水深范围为120～3500m，高差为3380m，长度约为250km。笔架海底峡谷群是新发现的峡谷，由近十条北西-南东走向为主的峡谷组成，众多峡谷呈树状最后汇集到主峡谷，主峡谷长约165km，水深范围为520～2760m。

南海北部陆坡东沙海域峡谷群和海台晕渲地形图

Shaded-relief map of the Dongsha canyons and plateau on the northern slope of the South China Sea

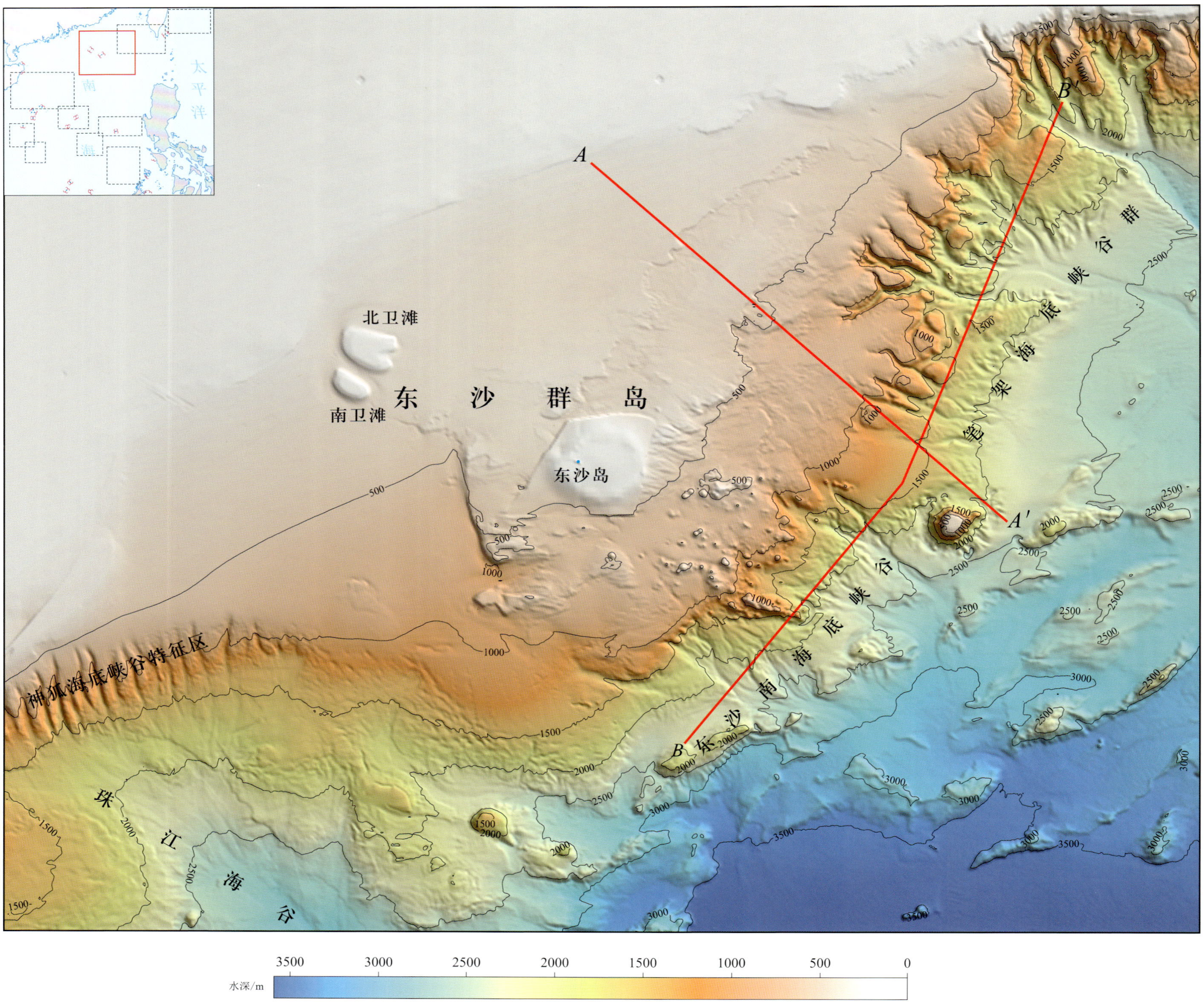

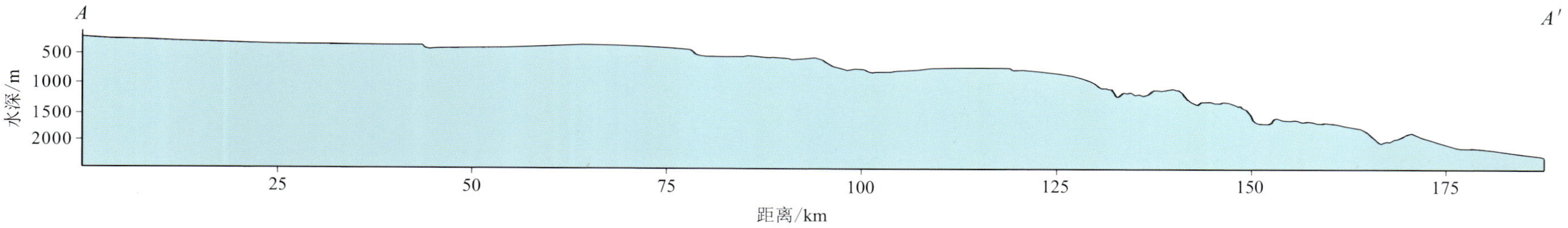

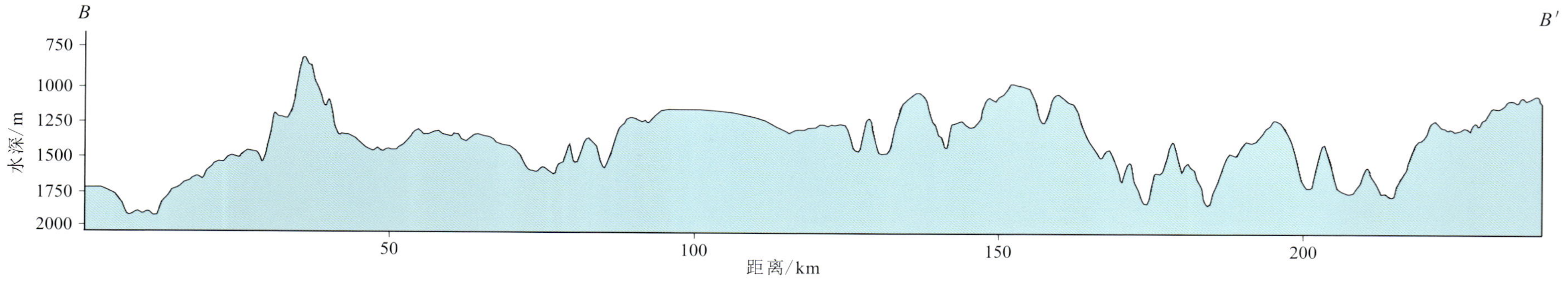

南海北部陆坡东沙海域为陆坡地形，整体地形趋势呈北西-南东向倾斜下降，水深范围为130～3500m，发育的典型地貌有东沙海台、笔架海底峡谷群、东沙南海底峡谷群、神狐海底峡谷特征区和珠江海谷等。海台平面形态呈不规则多边形，东北向长约338km，西北向宽约166km，总面积约为3.74万km^2，地形比较平缓，坡度约为0.2°，台面最大水深约为1612m，平均水深为452m，发育有南卫滩、北卫滩、东沙环礁和东沙岛，构成东沙群岛。海台的东北部和西南部地形特征有所不同，东北部地形呈三级台阶式缓慢倾斜下降，平均坡度约为0.24°，在坡折处发育笔架海底峡谷群；西南部海底表面相对光滑，平均坡度约为0.4°，在坡折处发育神狐海底峡谷特征区。另外，通过多波束全覆盖勘测，首次查明了南卫滩和北卫滩的地形地貌特征。

南海西部陆坡盆西海底峡谷和盆西南海岭东侧深海扇晕渲地形图

Shaded-relief map of the Penxi Submarine Canyon and Penxi'nan abyssal fan on the western slope of the South China Sea

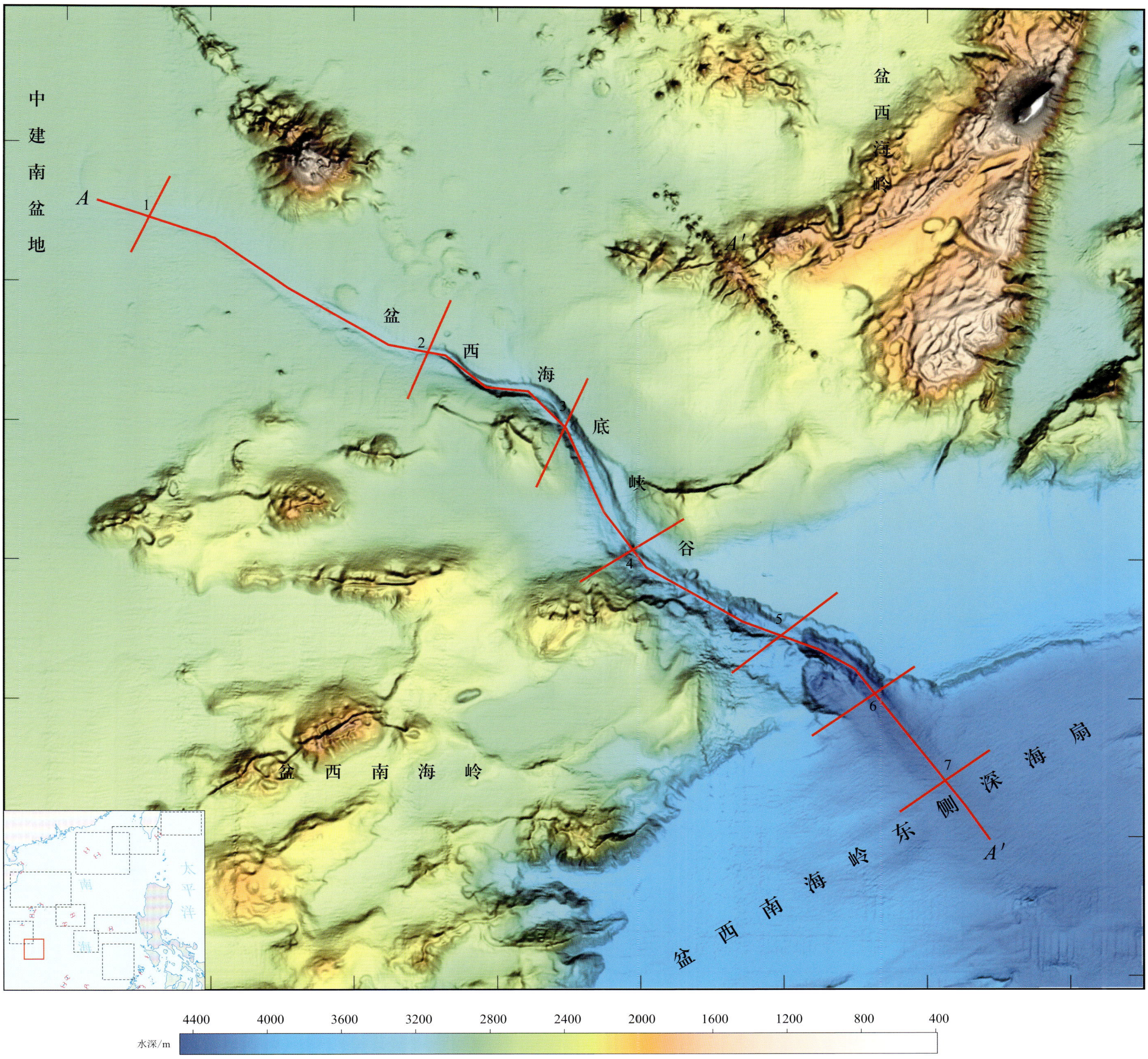

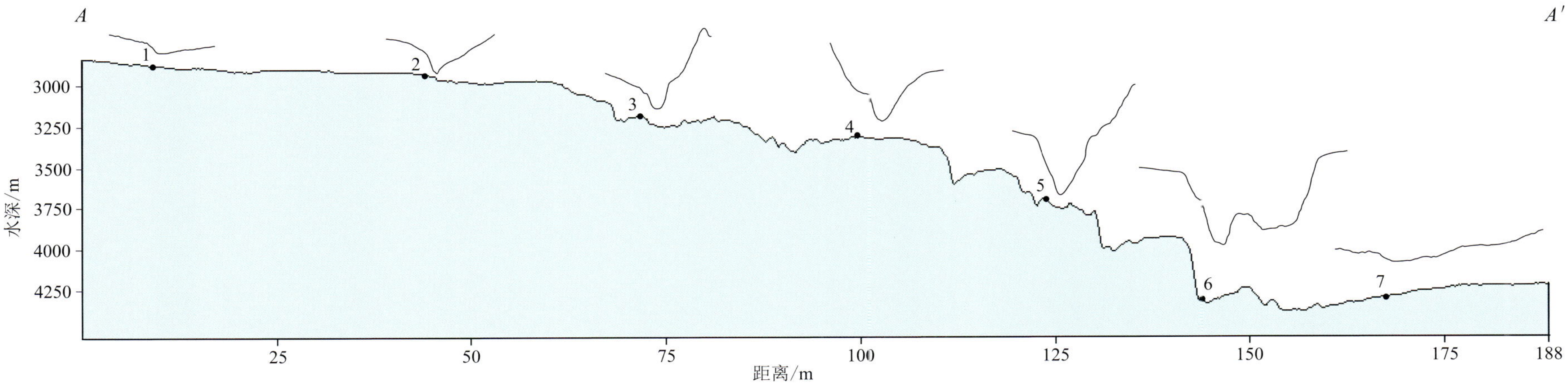

盆西海底峡谷和盆西南海岭东侧深海扇是南海西部陆坡的重要地貌单元。盆西海底峡谷是陆坡限制型峡谷，位于中建南海盆中东部，整体呈北西-南东向，水深范围为2850～4300m，全长约188km，宽1.5～14.5km，始于中建南海盆，延伸到西南次海盆。盆西海底峡谷具有“分段性”特征，剖面形态从西北向东南依次表现为上段U型、中上段V型、中下段下V上U型和下段U型四段。研究表明盆西海底峡谷搬运的沉积物源于中南半岛，最终汇聚于西南次海盆，在出口处逐渐形成盆西南海岭东侧深海扇。盆西南海岭东侧深海扇是经盆西海底峡谷搬运至深海平原的沉积体。初步认为其成因为在第四纪冰期，由于海平面下降，陆缘碎屑物经浊流作用通过盆西海底峡谷搬运至深海平原堆积而成，具备良好的潜在油气勘探前景。

南海西北部陆坡西沙海槽晕渲地形图

Shaded-relief map of Xisha Trough on the northwestern slope of the South China Sea

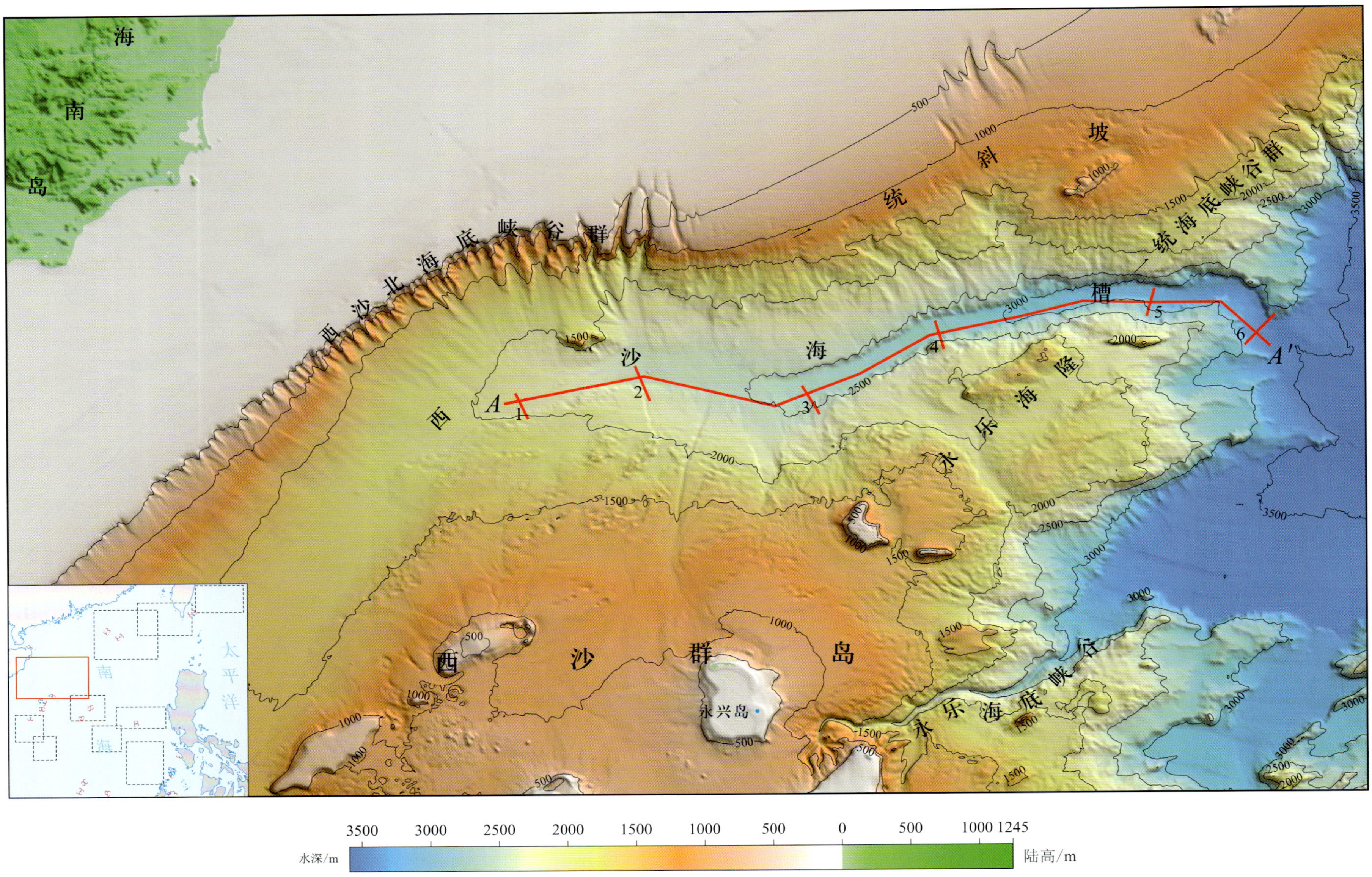

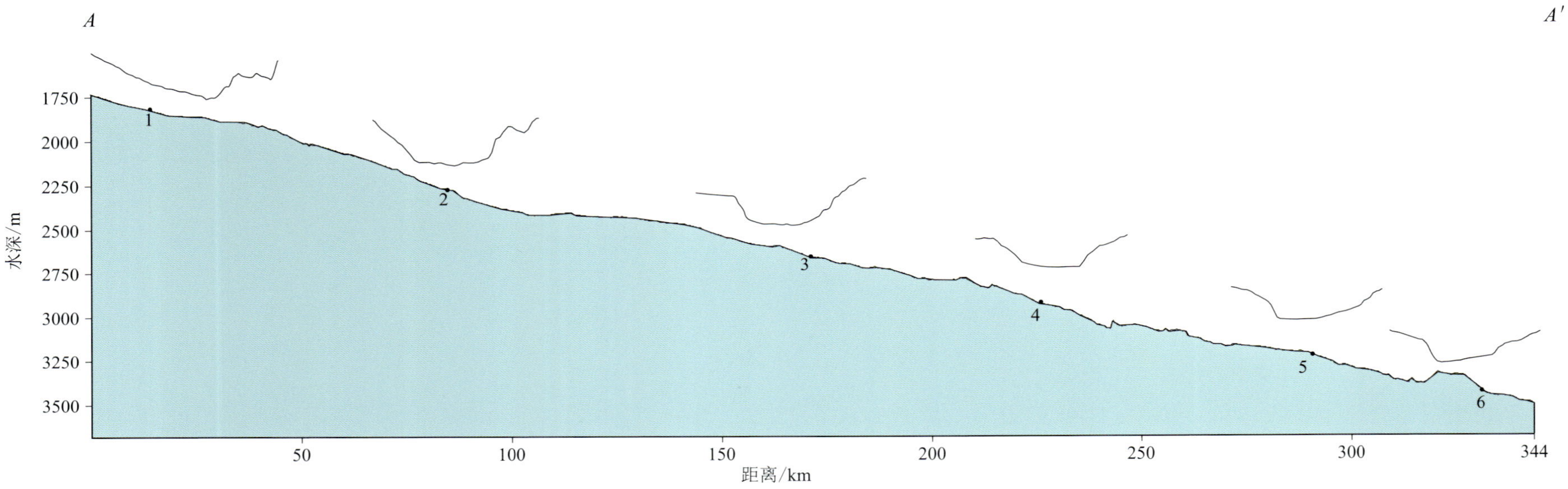

西沙海槽是南海西北部的重要地貌单元。西沙海槽环绕在西沙群岛的西面和北面，近东西向延伸，为地形低陷、长条带状展布的槽状地貌单元。海槽长约524km，宽度为22～130km。槽底平原水深为1158～3482m，自西南向东北地形缓缓倾斜，水深逐渐加大，坡度为0.2°～0.3°，宽度也逐渐变窄，最窄处为22km。海槽两侧斜坡的坡度变化大，从2°变化到10°，且有众多沟谷发育。研究表明西沙海槽为一条新生代裂谷，其形成演化与南海海底扩张密切相关。

南海西部陆坡麻坑群晕渲地形图

Shaded-relief map of the pockmarks on the western slope of the South China Sea

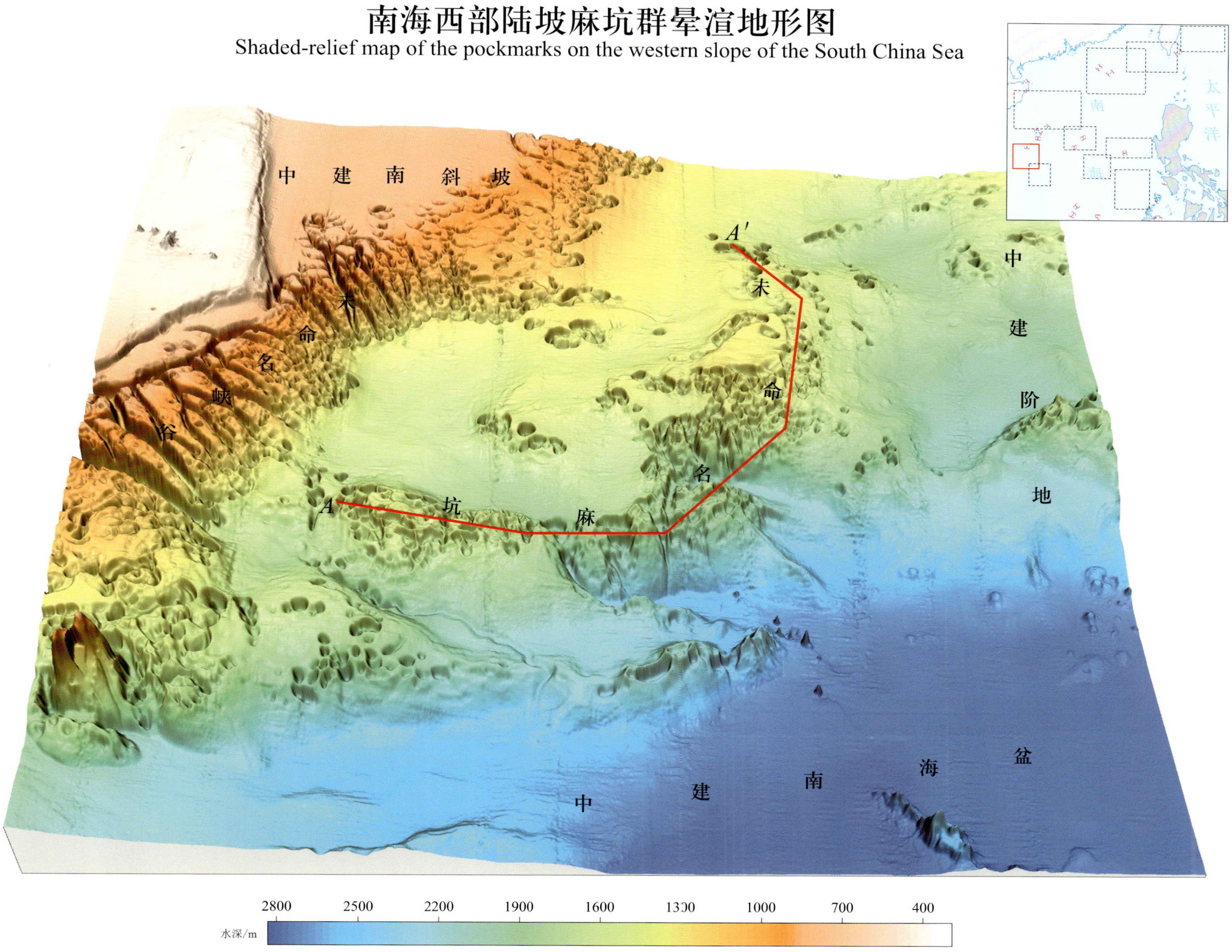

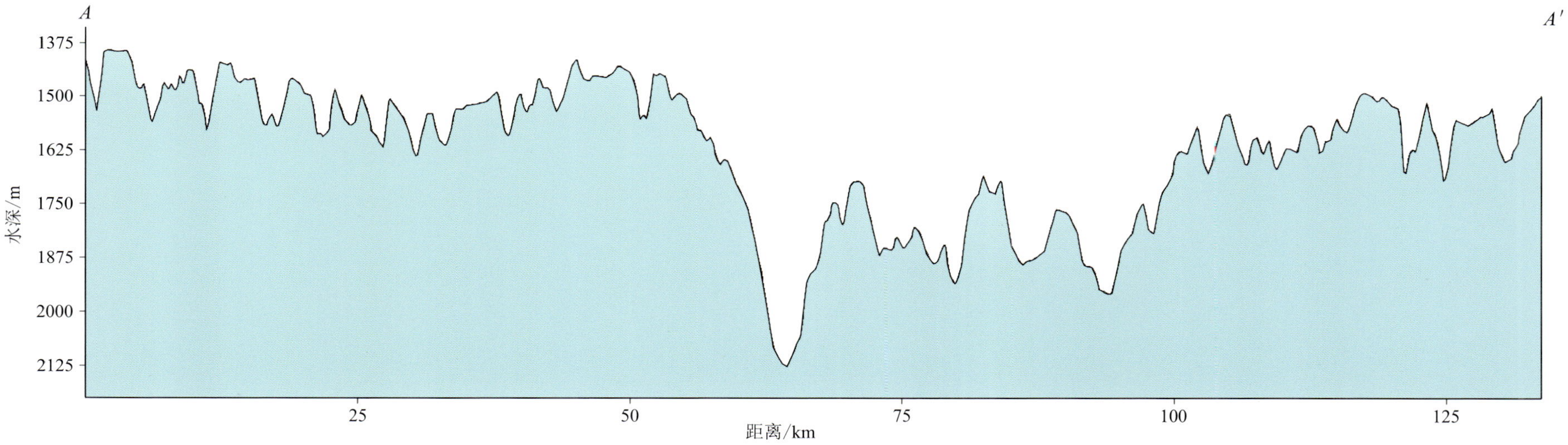

麻坑是一种类似泥火山的微地貌形态，海底麻坑代表了有海底流体溢出留下的地貌证据。气体持续从地层溢出可导致沉积物塌陷，进而在海底表面上形成麻坑。南海麻坑主要分布于南海北部、西部和南部的陆坡。最具代表性的麻坑为南海西部陆坡麻坑群，北东长约123km，北西宽约56.8km，坡度一般为1°～2°，麻坑呈片状大面积分布，麻坑直径从500～3000m不等，麻坑深度为50～200m。坑群边缘水深为1282m，最大水深为2736m。

麻坑作为海底流体活动最明显、最常见的指示之一，对环境变化和海底流体活动研究有着具有重要科学意义，是指示油气资源存在的一个重要标志。海底流体的逸散以及麻坑的形成，容易诱发海底滑坡等地质灾害；底流在对通过麻坑所喷出的沉积物进行搬运的过程中，又会对海底电缆等设施的安全造成一定的威胁。

南海西部陆坡中沙群岛晕渲地形图

Shaded-relief map of Zhongsha Islands on the western slope of the South China Sea

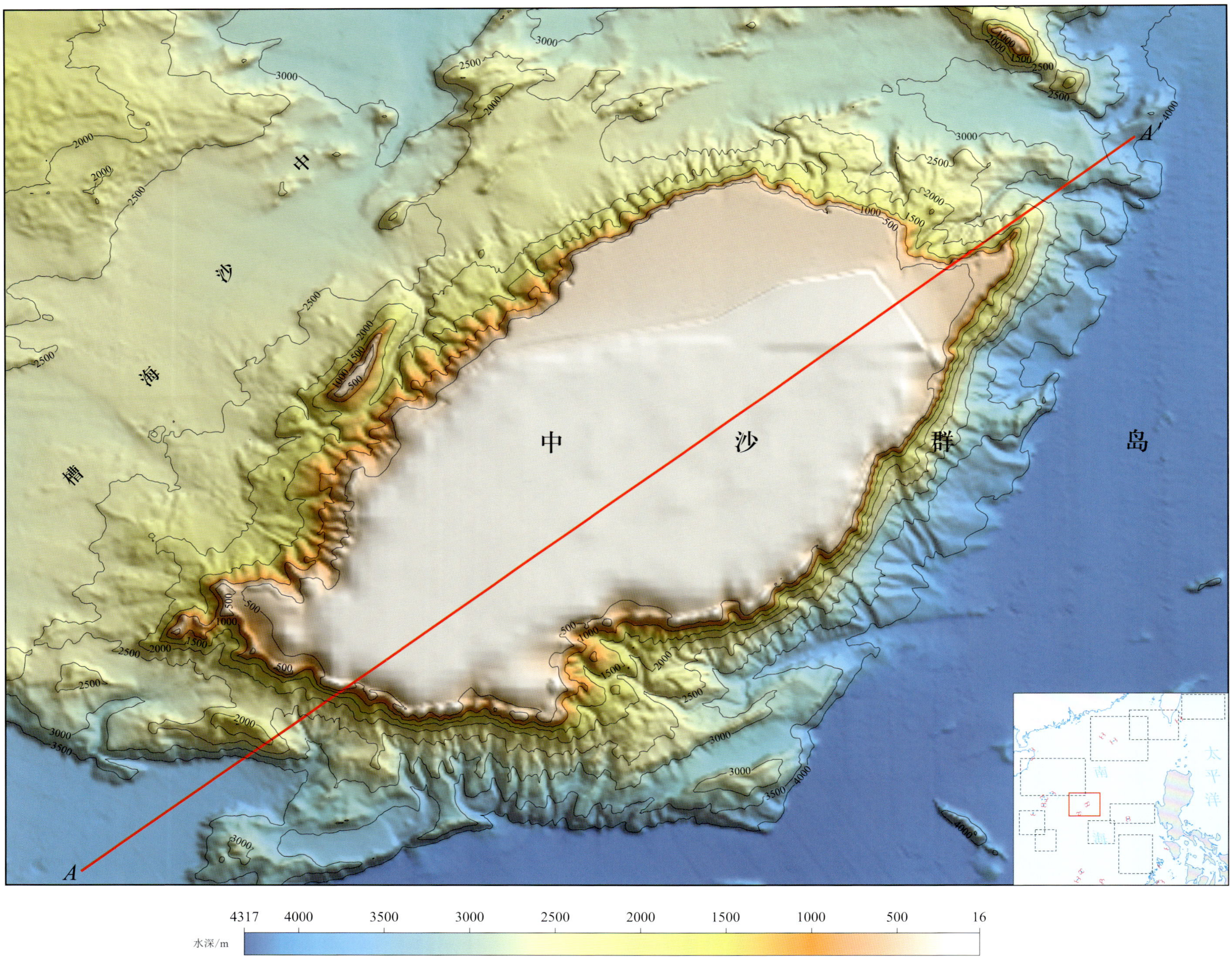

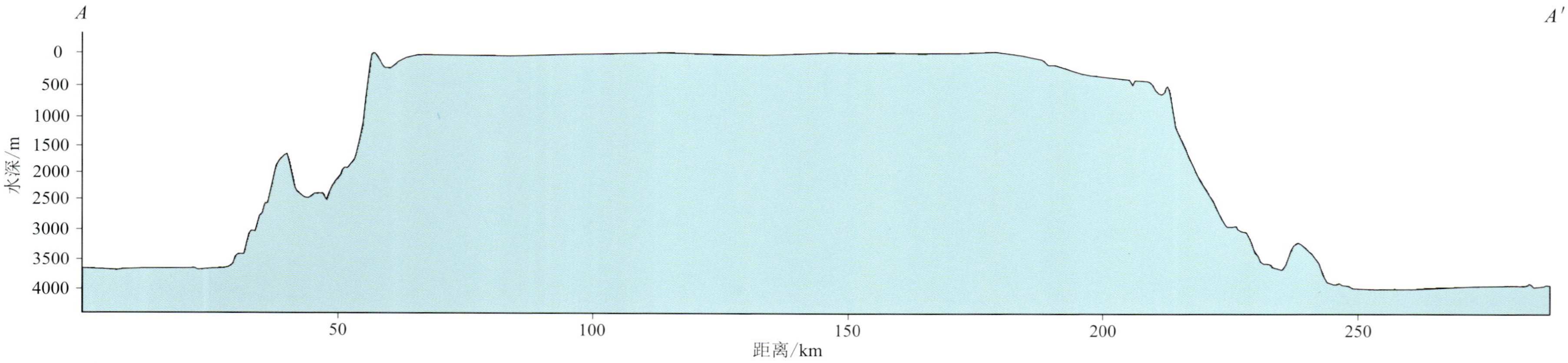

中沙群岛是南海西部陆坡的重要单元，面积达2.35万km^2，平面形态呈近椭圆形，长轴方向为北东-南西向，长约281km，最大宽度约为142km。顶面与整体形态一致，呈近椭圆形，长约16.5km，最大宽度约为76.5km，面积达8370km^2。水深范围为30～4280m，顶面大致以200～600m等深线圈闭，顶面水深范围为30～600m，地形相对平坦，发育南北两级台面，南部台面水深范围为30～400m，面积约为6360km^2；北部台面水深范围为240～600m，周边台坡陡坡地形陡峭，受海底断裂活动所控制，地貌界线与北东向大断裂相吻合，海底地形起伏大，形成最大高差4000m的大陆崖。陆坡上发育有山峰和沟谷。中沙群岛台面发育一群沙洲、浅滩和暗礁，组成大环礁，它们全都淹没在水下20m左右。台面北部和西部均为断裂构造的海槽，因此顶面是一个水深较浅的海底断块隆起区。

南海南沙陆坡东峡谷晕渲地形图

Shaded-relief map of canyons on the eastern Nansha Slope of the South China Sea

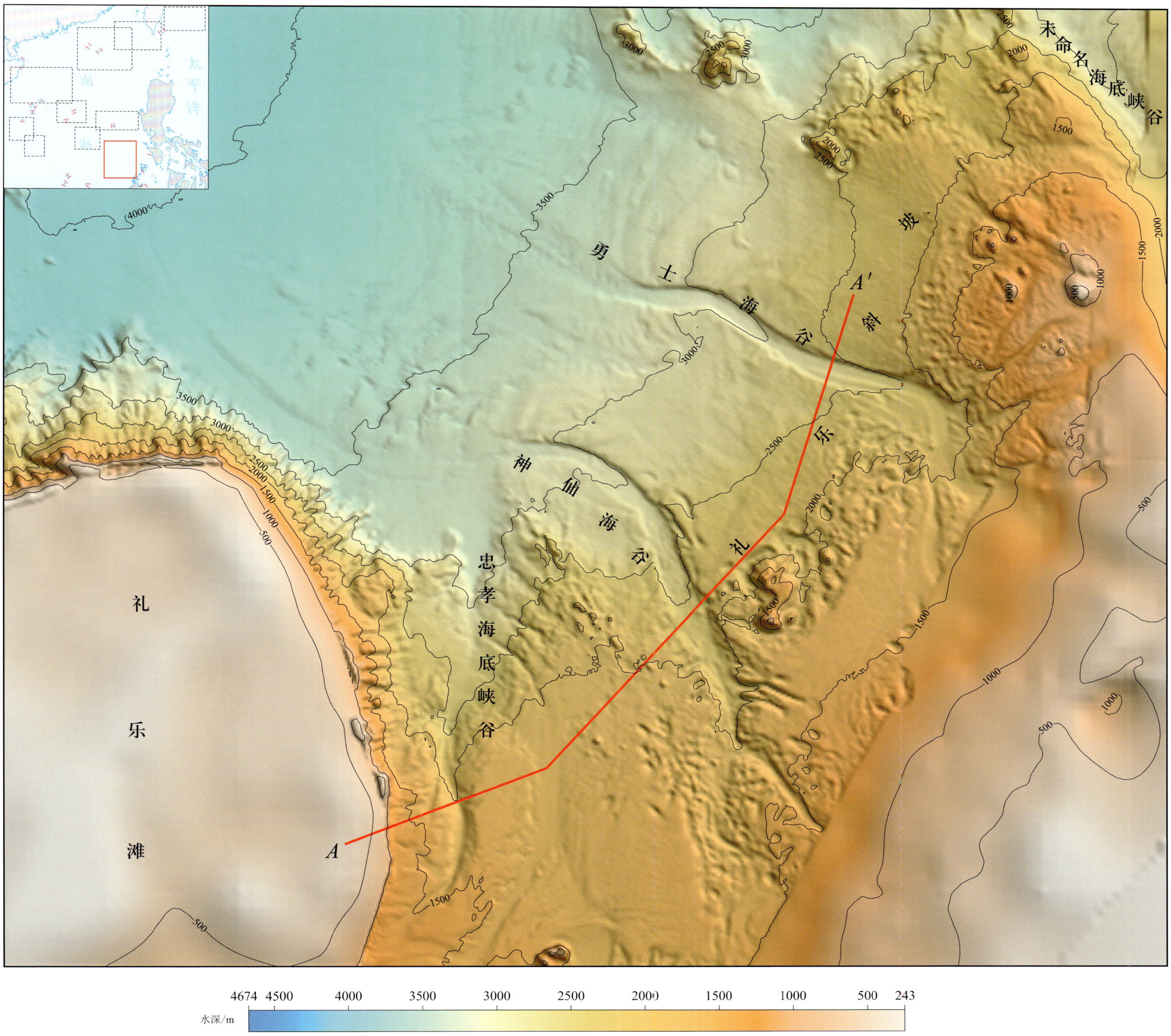

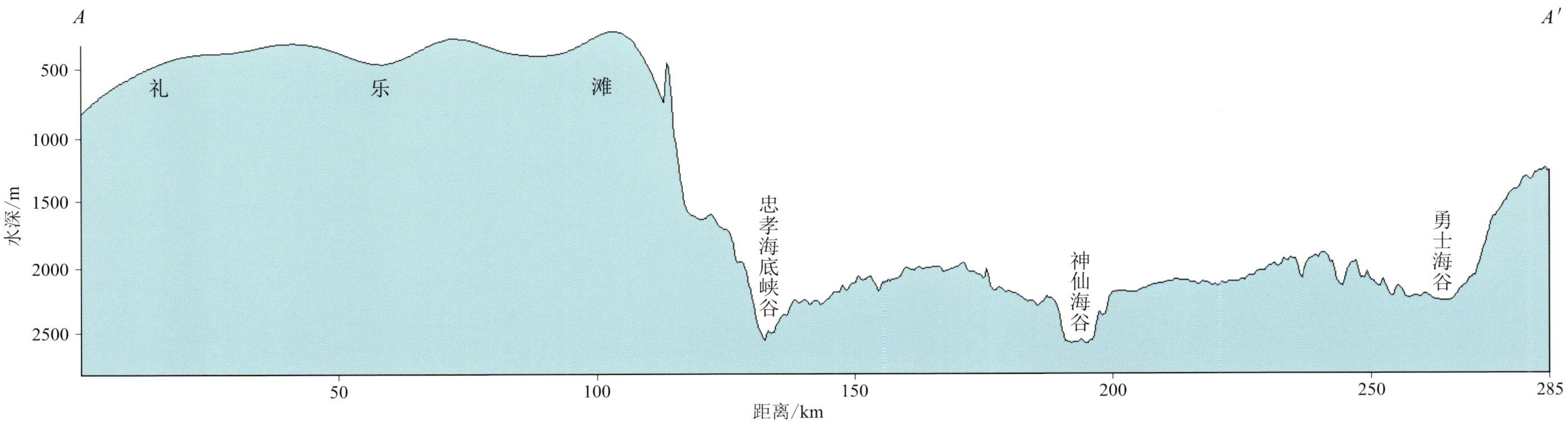

海（峡）谷是南沙陆坡的重要地貌单元，代表性海（峡）谷为在南沙陆坡东部的礼乐斜坡上发育的四个大型峡（海）谷：未命名海底峡谷、勇士海谷、神仙海谷和忠孝海底峡谷。前三个峡（海）谷规模较大，呈南东-北西走向，自东往西或自东南向西北海谷水深逐渐加深，水深范围为700～3700m，宽度为4～5km，最长的蜿蜒延伸约为146km。忠孝海底峡谷为近南北走向。

南海海盆中南海山和珍贝-黄岩海山链晕渲地形图

Shaded-relief map of the Zhongnan Seamount and the Zhenbei-Huangyan Seamount Chain in the South China Sea Basin

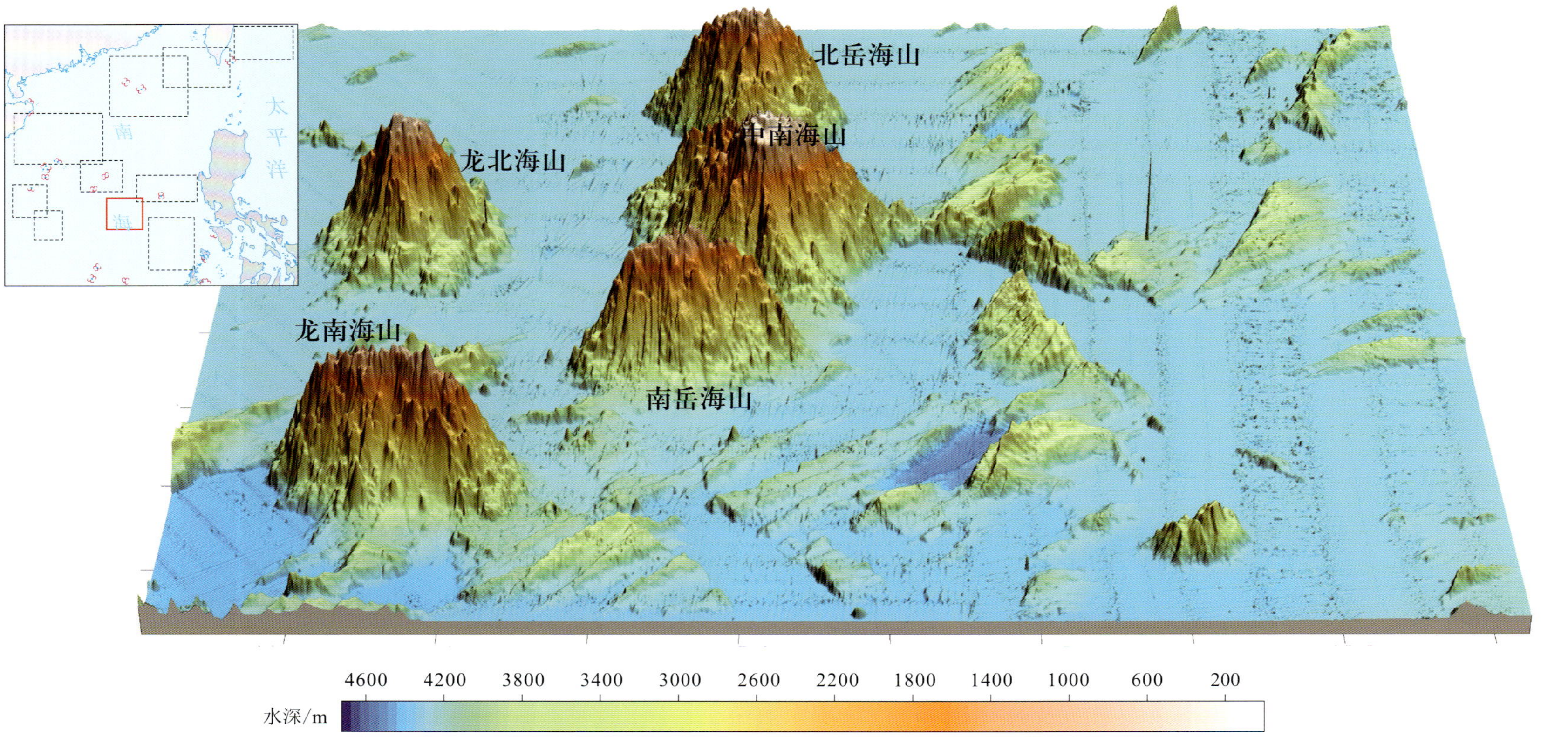

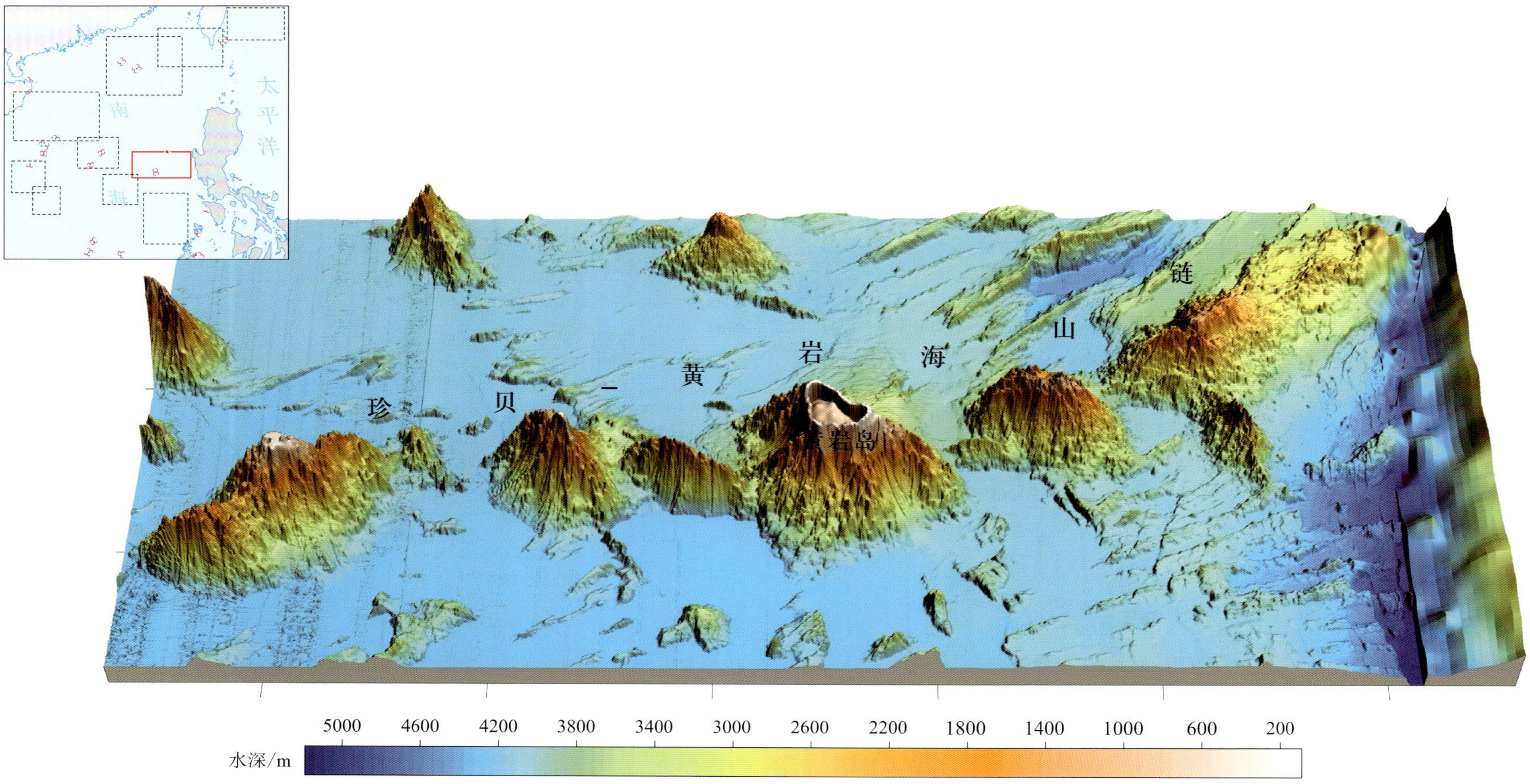

南海海盆整体地形平坦，平均水深超过4000m，发育的地貌类型相对简单，以众多规模不一的海山、海丘为主，有些孤立出现，有些成片出现，中南海山和珍贝-黄岩海山链是南海海盆的具有代表性的地貌。

中南海山周边发育四个规模较大的海山（北岳海山、南岳海山、龙北海山和龙南海山），以及几个小型海山、海丘，分布在4000～4500m水深段内。海山群平面形态不规则，北东长约195km，北西最宽处约168km。中南海山位于中部，山体规模庞大，平面形态不规则，海山峰顶水深为575m，山麓水深为4200～4350m，山体最大高差为3908m。

珍贝-黄岩海山链位于南海海盆中部，由黄岩西海山、黄岩岛、珍贝海山、紫贝海山、黄岩东海山和贝壳海山等六座大小不一的海山（岛）呈长条链状排列组成，中部和西部为近东西向展布，中东部转为北东-南西向，长约375km，宽40～90km，面积约为2万km^2。黄岩岛为一长15km，面积约为130km^2的大环礁。海山、海丘的形成主要受火山活动所控制，南海海盆中央区域的海山样品测年时代主要为中新世—晚上新世。海山链上的珍贝海山和黄岩岛岩石的同位素年龄分别为9～10Ma和7.7Ma。南海在约16Ma前停止扩张，因此该海山链是东部海盆扩张停止后的火山活动产物。

台湾岛以东海域海沟和峡谷群晕渲地形图

Shaded-relief map of the trenches and canyons on the eastern slope of Taiwan Island

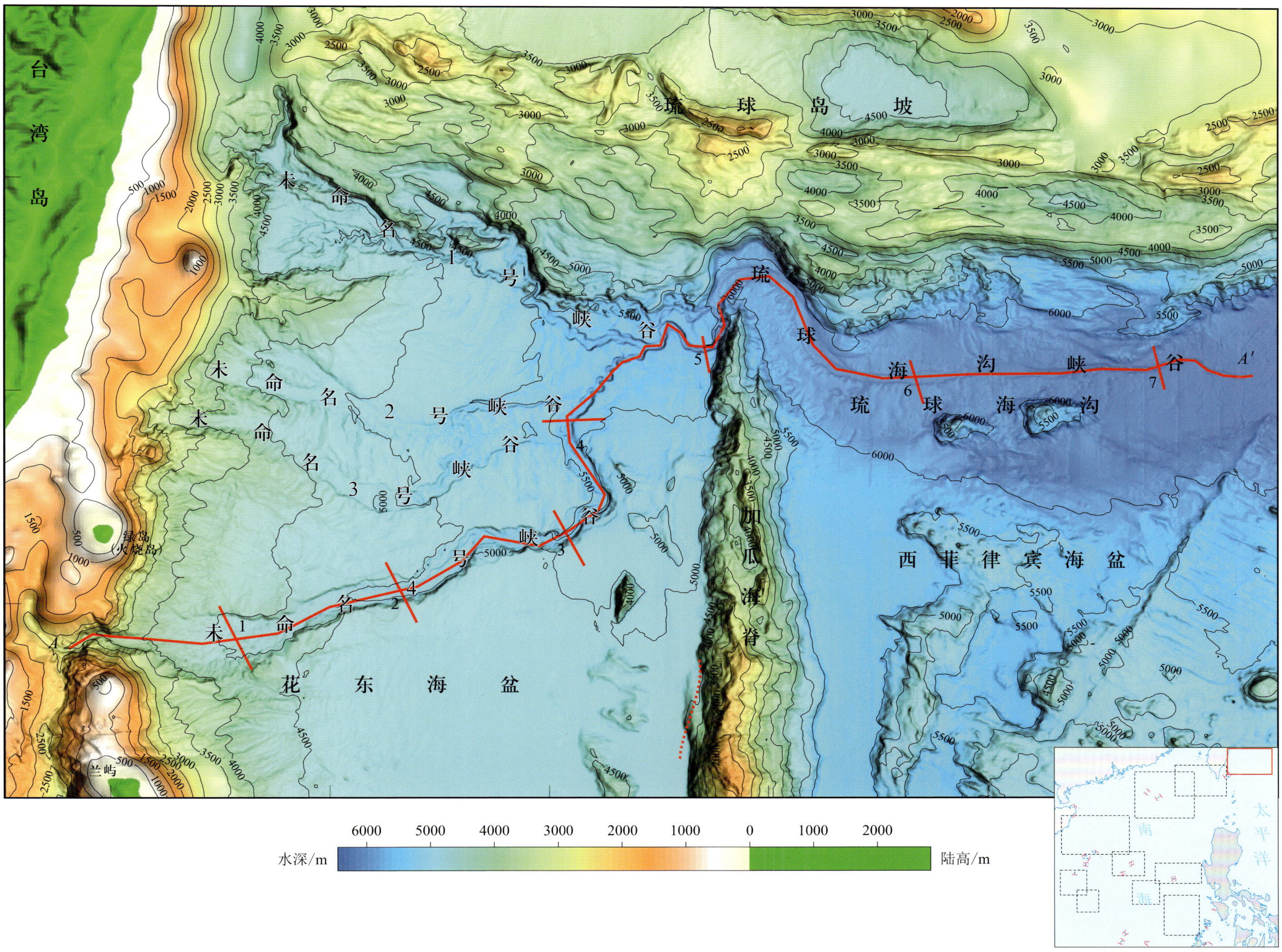

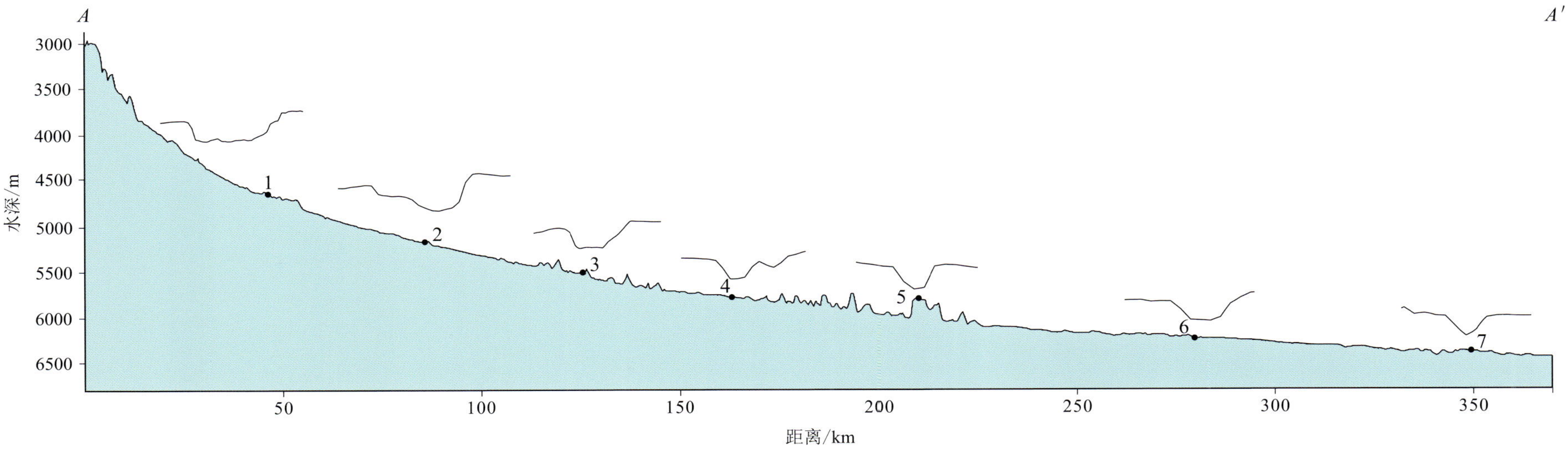

台湾岛以东海域整体地形复杂多变，发育的典型地貌有琉球海沟、未命名峡谷群、琉球岛坡和加瓜海脊等，水深变化巨大，与南海深海盆地相比较，深海盆地地形崎岖，整体水深更深，整体地形趋势为自西向东、自北向南倾斜下降。琉球海沟呈近东西向延伸，是台湾岛以东海区水深最大的海域，沟底平均水深超过6200m，海沟最大水深超过6800m。该海域的花东峡谷体系的物源主要来自台湾岛，沉积物经过狭小的台东岛架后，通过花东峡谷群输送到琉球海沟。花东峡谷群平面形态呈树型，峡谷的覆盖面积为6142km^2，此区域整体地形趋势为自西向东倾斜下降，峡谷群发育在500～6441m水深段，水深的最大高差近6000m，花东海盆范围内的平均坡度约为1.1°，地形切割强烈，最大切割深度约500m，形成众多V型或U型峡谷，主要由四条大型峡谷汇集而成；峡谷群最长的峡谷即未命名1号峡谷与琉球海沟峡谷汇集而成，总长度达371.8km。峡谷群位于岛坡-深海平原的位置，远离物源，其成因与特有的地形地貌特征及浊流沉积的重力作用、断裂活动紧密。峡谷群内充填物和天然堤系统内的沉积物可作为良好的储层。

南海及邻域晚第四纪地质及资源环境效应

Late Quaternary Geology and Its Resource and Environmental Effect of the South China Sea and Its Adjacent Areas

本篇图件组成包括表层沉积特征、浅表层地层对比与碳酸盐旋回分析、南海及邻域沉积物源－汇分析、环境与资源效应四大部分。

1. 表层沉积特征

基于南海及台湾岛东南部海域2600多个表层沉积物实测数据，编制了表层沉积物关键要素基础图件，涵盖表层沉积物的粒度、矿物、钙质微体古生物、地球化学等特征，以反映沉积分异作用的指标为核心内容。

1）表层沉积物粒度与矿物分布

沉积物平均粒径（Φ）指标综合反映沉积颗粒总体粗细程度；砂含量和砾石含量两个指标较能明确地反映沉积物近源特征和水动力条件，一般说来，砂砾级沉积颗粒易于沉积在近河口区和水动力较大区。对粒径介于0.063～0.25mm的颗粒物进行矿物学研究，可揭示物源特征。例如，海南岛周围陆架的碎屑矿物中石英占优势，反映海南岛物源对南海沉积颗粒的贡献；火山玻璃和微结核较能反映南海深海盆火山活动对海洋沉积颗粒输入的影响。

2）表层沉积物地球化学与微体古生物分布

地球化学指标优选了$CaCO_3$含量、SiO_2含量、Al_2O_3含量以及稀土元素含量，生物指标优选了浮游有孔虫丰度和钙质超微化石丰度。

$CaCO_3$含量、SiO_2含量、Al_2O_3含量、浮游有孔虫丰度、钙质超微化石丰度五个指标在沉积作用中存在着内在联系。一方面，沉积到海底的海洋生源物质中，钙质生物遗壳是优势组分，而浮游有孔虫和钙质超微化石又是海底钙质生物遗壳的主要组分，因此用$CaCO_3$含量、浮游有孔虫丰度和钙质超微化石丰度一定程度上可反映海洋生源物质的变化情况。另一方面，$CaCO_3$含量、浮游有孔虫丰度和钙质超微化石丰度又受到陆源物质稀释作用的影响。陆源物质输入一定程度上可由SiO_2含量和Al_2O_3含量分布反映。陆架、陆坡沉积物$CaCO_3$含量的变化主要反映海洋钙质生物产量及陆源物质稀释作用的程度；在深海平原沉积物$CaCO_3$含量通常很小，主要反映钙质生物被溶解程度。

稀土元素具有极其相似的地球化学性质，在岩石风化、剥蚀、搬运、沉积和早期成岩作用过程中不易发生元素间不均衡的分馏作用，可用于物源分析和沉积学研究。总稀土元素含量（ΣREE）和轻重稀土元素含量比值（ΣLREE/ΣHREE）反映陆源物质稀土含量与沉积分异作用；δEu是指示源区风化程度和环境变化的重要指标。

2. 浅表层地层对比与碳酸盐旋回分析

南海及邻域选取13个柱状样进行地层对比与碳酸盐旋回分析。总体来看，柱状样揭示的沉积速率差异较大，且南海南部沉积速率较低，南海北部沉积速率较高。

综合$CaCO_3$含量、Al_2O_3含量、SiO_2含量、浮游有孔虫丰度及钙质超微化石丰度来表征碳酸盐旋回的变化特征，发现南海不仅有“大西洋型”碳酸盐旋回，也有“太平洋型”碳酸盐旋回。“太平洋型”旋回不局限于现今碳酸钙溶跃面之下，其形成机制可能不完全是碳酸钙溶解所致，还有待进一步探讨。

3. 南海及邻域沉积物源－汇分析

南海及邻域主要物源类型包括陆源、海洋生源、海底火山喷发源。稀土元素含量与Sc含量比值的等值线分布及这些比值的因子得分（由因子分析得到）分布情况是识别陆源的关键手段，其他的识别物源的重要手段包括轻重稀土元素含量比值（ΣLREE/ΣHREE）、δEu分布、火山玻璃含量分布等。另外，近陆源海域浮游有孔虫丰度等值线分布也能一定程度上反映陆源物质的扩散途径。

综合利用粒度、$CaCO_3$含量、浮游有孔虫丰度、钙质超微化石丰度、石英含量等指标，划分出了若干南海及邻域沉积物的汇，主要包括南海陆架强沉积水动力汇区、南海陆坡强沉积分异作用汇区、普通沉积汇区、东沙群岛陆源物质弱稀释作用汇区、南海东南部陆坡陆源物质弱稀释作用汇区、碳酸钙强烈溶解作用汇区，整体上呈环带状分布。在水深较浅的陆架区，沉积物主要以粒径相对较粗的颗粒物为主。在南海陆坡区，以富含钙质生物壳体为特征。深海盆主要为深海泥土沉积。

4. 环境与资源效应

在第四纪基础图件编制的基础上，系统研究了与重矿物富集有关的MnO、Fe_2O_3、SiO_2、TiO_2、Zr、Ce等元素地球化学异常分布和南海沉积物中有用重矿物异常点分布，并对表层沉积物有用重矿物（独居石、锆石、钛铁矿、金红石）含量进行了品位计算，系统分析总结了南部海域砂矿分布特征和成矿规律，圈定了资源远景区，指引了海砂勘探新方向。

南海海域已发现的铁锰结核有12处、结壳有20处，包括了此次新发现的铁锰结壳八处、结核两处。通过对铁锰结核、结壳的矿物组成、化学成分及稀土元素等分析，发现部分新获取的结壳具有极高的稀土元素含量，总量平均值达2356.86×10^{-6}，接近工业开采品位，展现了一定的工业勘探前景。

根据第四纪地质、地球物理数据分析，采用点线面、浅层与深层、外因与内因相结合的工作原则，编制了环境地质因素图。将环境地质因素类型划分为构造类、海底表层类和海底浅层类共三类，主要有24种。其中构造类的主要环境地质因素类型两种，包括活动断层、地震；海底表层类的主要包括潮流沙脊、潮流冲刷槽、侵蚀沟槽、海底（峡）谷、陆（岛）架浅谷、海底滑坡、沙席、水下三角洲、海底扇、沙波、陡坡（陡坎）、海山、海丘、珊瑚礁、浅滩、暗沙、暗礁等17种；海底浅层类的主要包括浅层气、埋藏古河道、埋藏古三角洲、埋藏古湖沼洼地、（泥）底辟等五种。环境地质因素由内动力、水动力和重力等控制作用形成。

表层沉积物平均粒径（Φ）分布图

Distribution of average particle size (Φ) of surface sediments

0 91 182 273 364 km

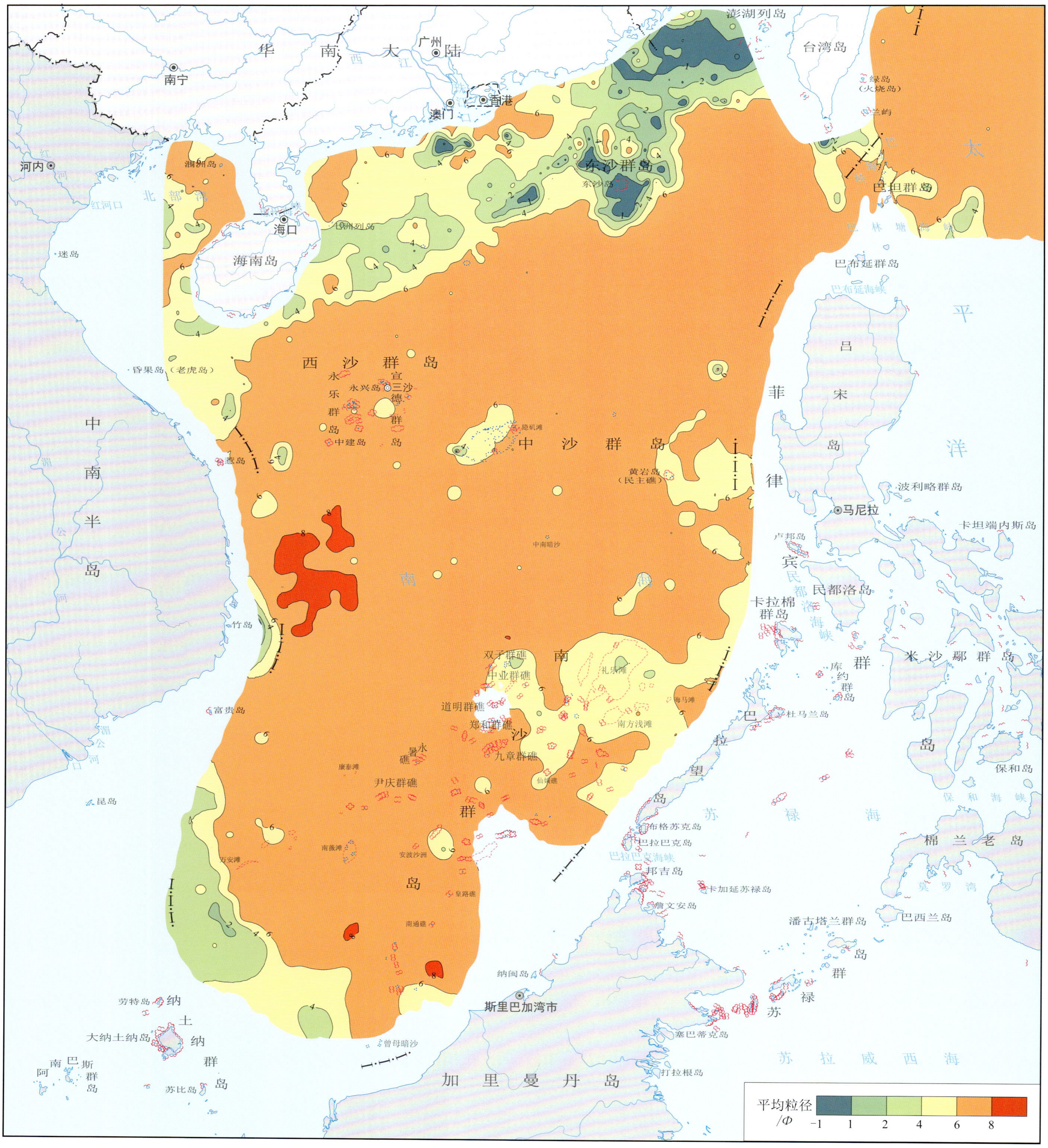

平均粒径（M_z）与水深散点图

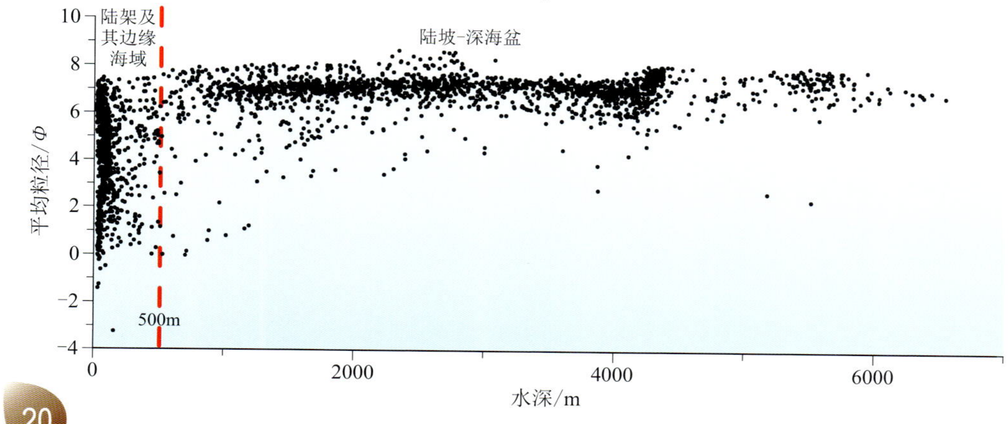

平均粒径（M_z）代表沉积物粗细的整体状况，南部海域平均粒径介于-3.24Φ~8.64Φ，平均值为6.09Φ。说明南海及台湾岛以东海域表层沉积物整体偏细，但部分海域颗粒较粗。

海洋沉积物平均粒径分布与水动力强弱关系密切，一定程度上受水深、地形影响。在陆架及其边缘海域（水深约500m以浅）平均粒径变化较大，以砂、粗粉砂沉积为主，在台湾浅滩、中沙群岛海域分布丰富的砂砾沉积物。从陆架边缘到陆坡，平均粒径急剧增大，颗粒明显变细，以细粉砂为主，最细颗粒物分布在南海西部陆坡中西部海域，以黏土级颗粒为主。从下陆坡到深海盆，平均粒径较稳定，以细粉砂为主。

表层沉积物砂含量分布图
Distribution of sand content in surface sediments

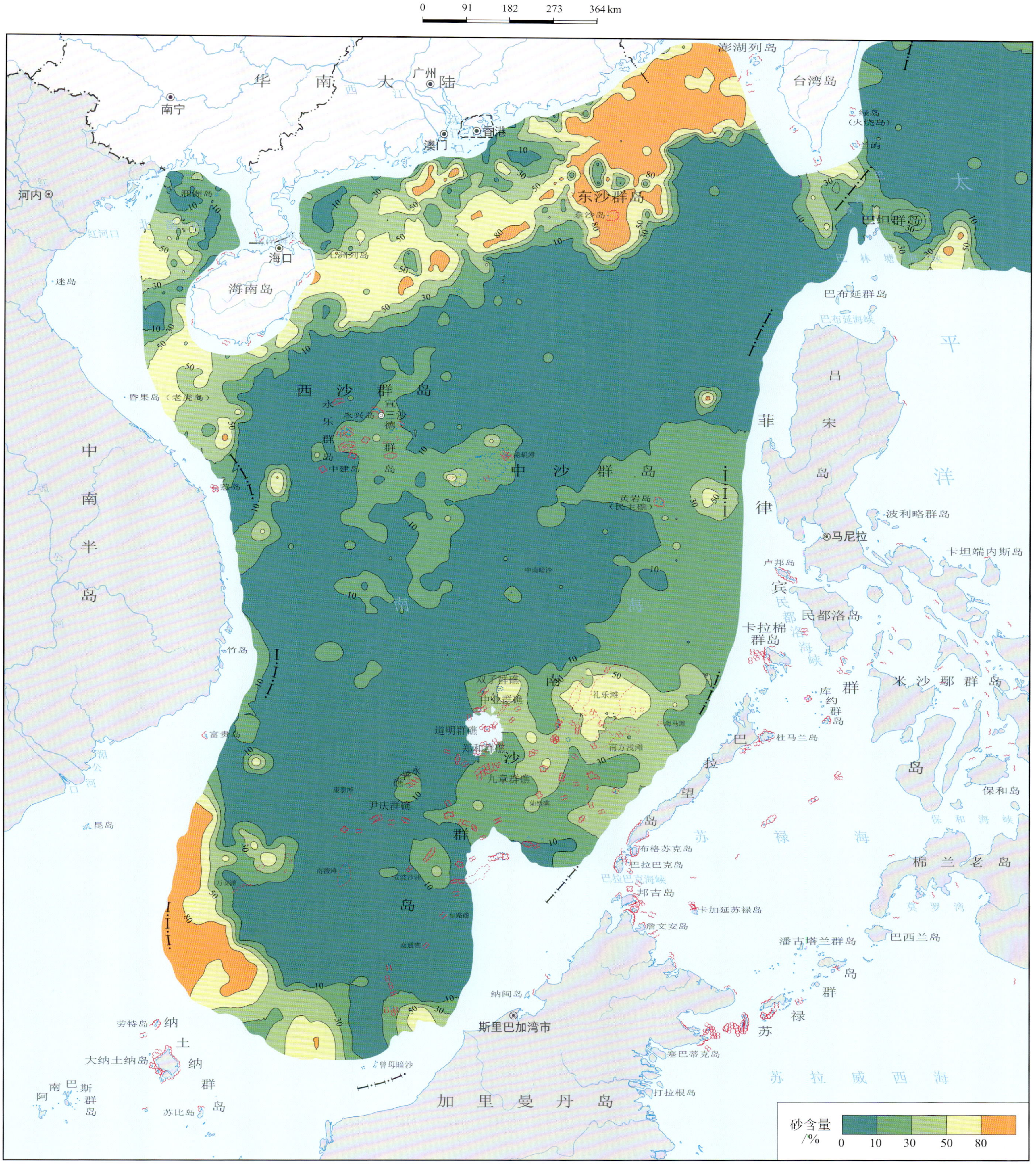

水深大于3000m
砂含量异常分类图

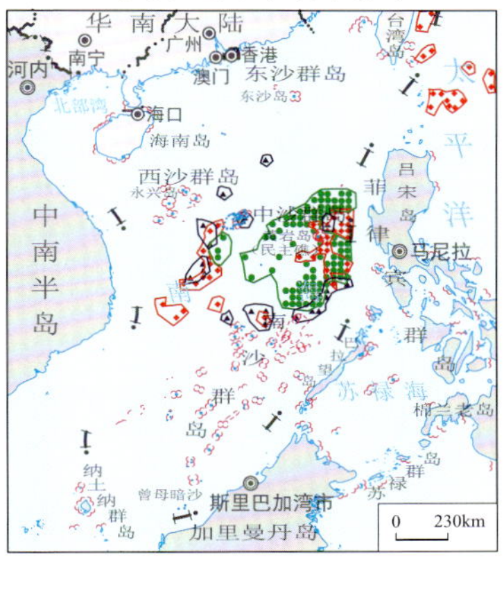

陆源碎屑富集站位
火山物质富集站位
浮游有孔虫富集站位

南海及台湾岛东南部海域表层沉积物砂含量介于0～100%，平均值为21.26%。最高值位于南海北部陆架东北部和中部海域。砂含量分布一定程度上受水深和地形的控制。在陆架区到陆架边缘海域，砂含量变化较大。从陆架边缘海域到陆坡，砂含量急剧减少。在水深大于500m的陆坡海域，随着水深增大，砂含量有缓慢减少的趋势；在水深大于3000m的下陆坡和海盆区，砂含量较为稳定。

在南海海盆东部和西南部，南海西部陆坡与海盆的过渡区域，以及台湾岛东南侧菲律宾海盆水深大于3000m的海域，砂含量出现10%～30%异常分布区。根据$CaCO_3$含量、碎屑矿物丰度、浮游有孔虫丰度，以及火山玻璃、石英、长石、角闪石等碎屑矿物含量的分布情况，可知这些砂含量异常可能是由陆源碎屑颗粒、火山喷发物或浮游有孔虫等钙质生物造成，推测这些海域很可能存在火山沉积和非正常的浊流沉积。

表层沉积物砾石含量分布图

Distribution of gravel content in surface sediments

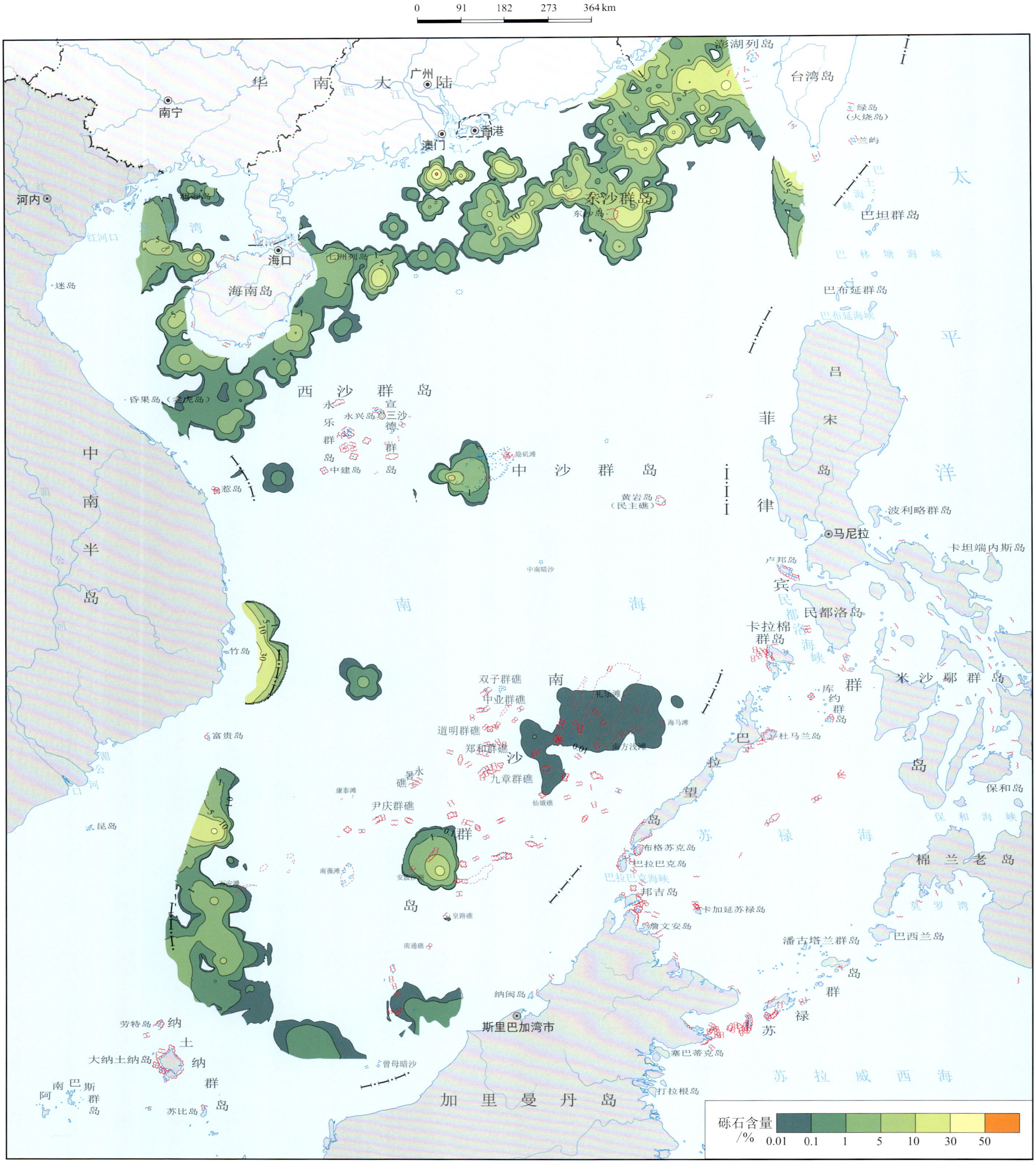

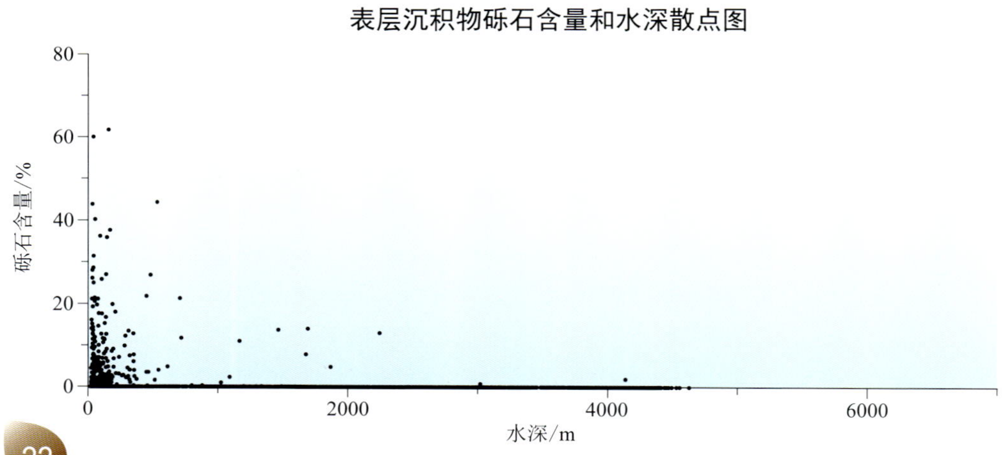

南海及台湾岛东南部海域表层沉积物砾石含量介于0.01%～61.71%，平均值为0.71%，大多数分布在水深小于500m的海域。

砾石的分布指示了水动力强度大。砾石主要分布区位于南海北部大陆架，包括台湾浅滩、东沙群岛、珠江口外的陆架边缘、海南岛周围陆架等海域。在南海南部巽他陆架北部边缘也有较多砾石分布。在其他海域，有砾石零星分布，可能说明有浊流发育。

表层沉积物碎屑矿物（粒径为0.063～0.25μm）丰度分布图

Distribution of detrital minerals (particle size 0.063–0.25μm) abundance in surface sediments

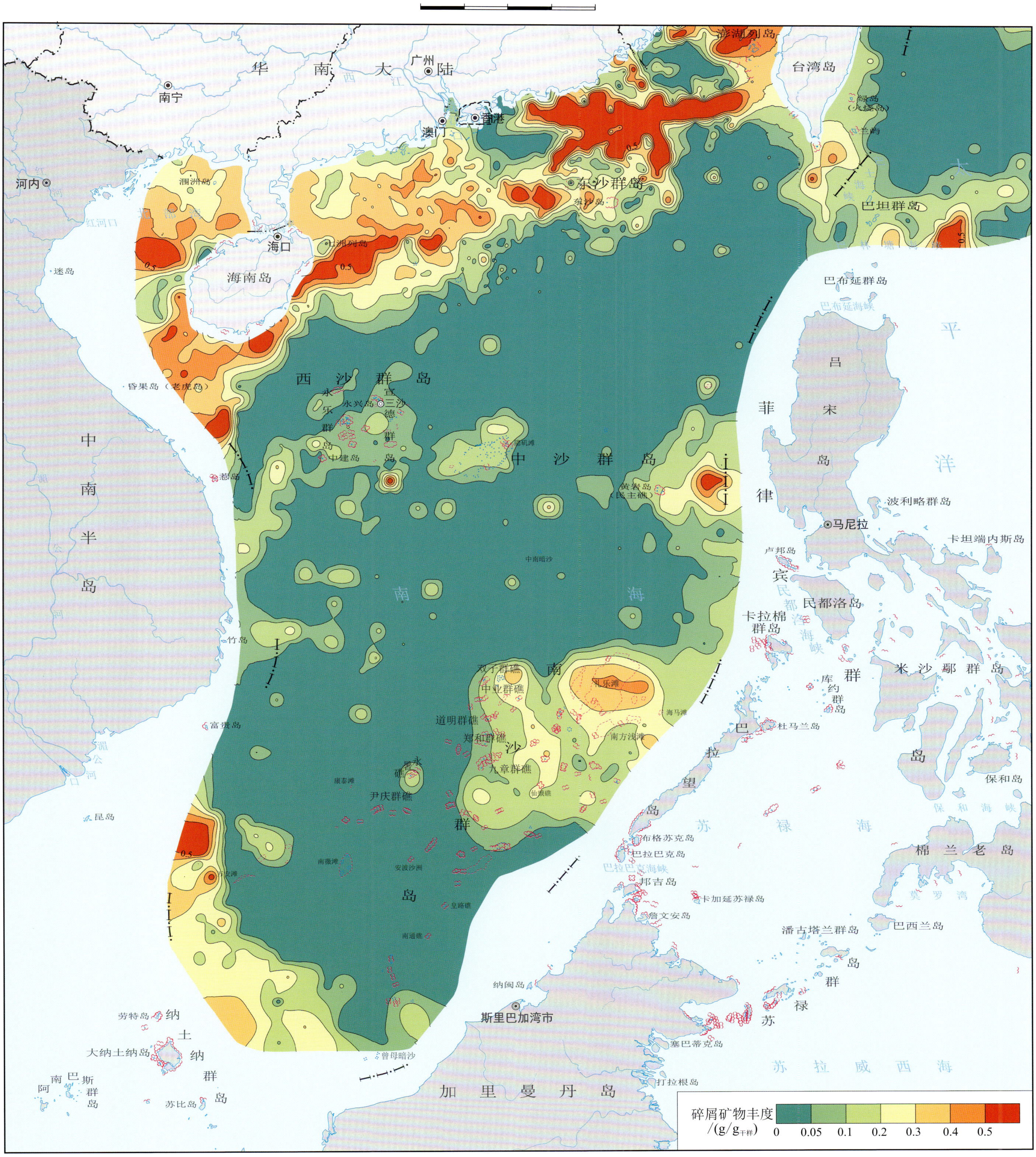

表层沉积物碎屑矿物丰度与水深散点图

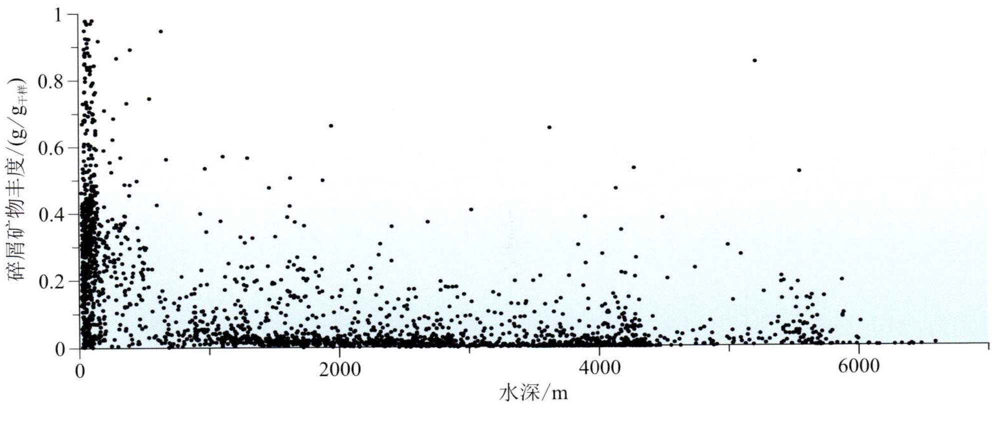

南海及台湾岛东南部海域表层沉积物碎屑矿物丰度（每克干样中含碎屑矿物的重量）平均值为 $0.12g/g_{干样}$。南海北部陆架区碎屑矿物丰度较高，在北部湾北部、海南岛近岸、台湾浅滩西南海域碎屑矿物丰度普遍高于 $0.5g/g_{干样}$。在南海南部巽他陆架、南海东南部陆坡，以及黄岩岛周围的深海平原，碎屑矿物丰度略高，主要介于 $0.1\sim0.3g/g_{干样}$ 范围内。其余海域含量均小于 $0.1g/g_{干样}$。

碎屑矿物丰度总体上受水深和地形影响明显，从由陆架到海盆呈现逐渐降低的趋势。

表层沉积物石英（粒径为0.063～0.25μm）含量分布图

Distribution of quartz (particle size 0.063−0.25μm) content in surface sediments

0 91 182 273 364 km

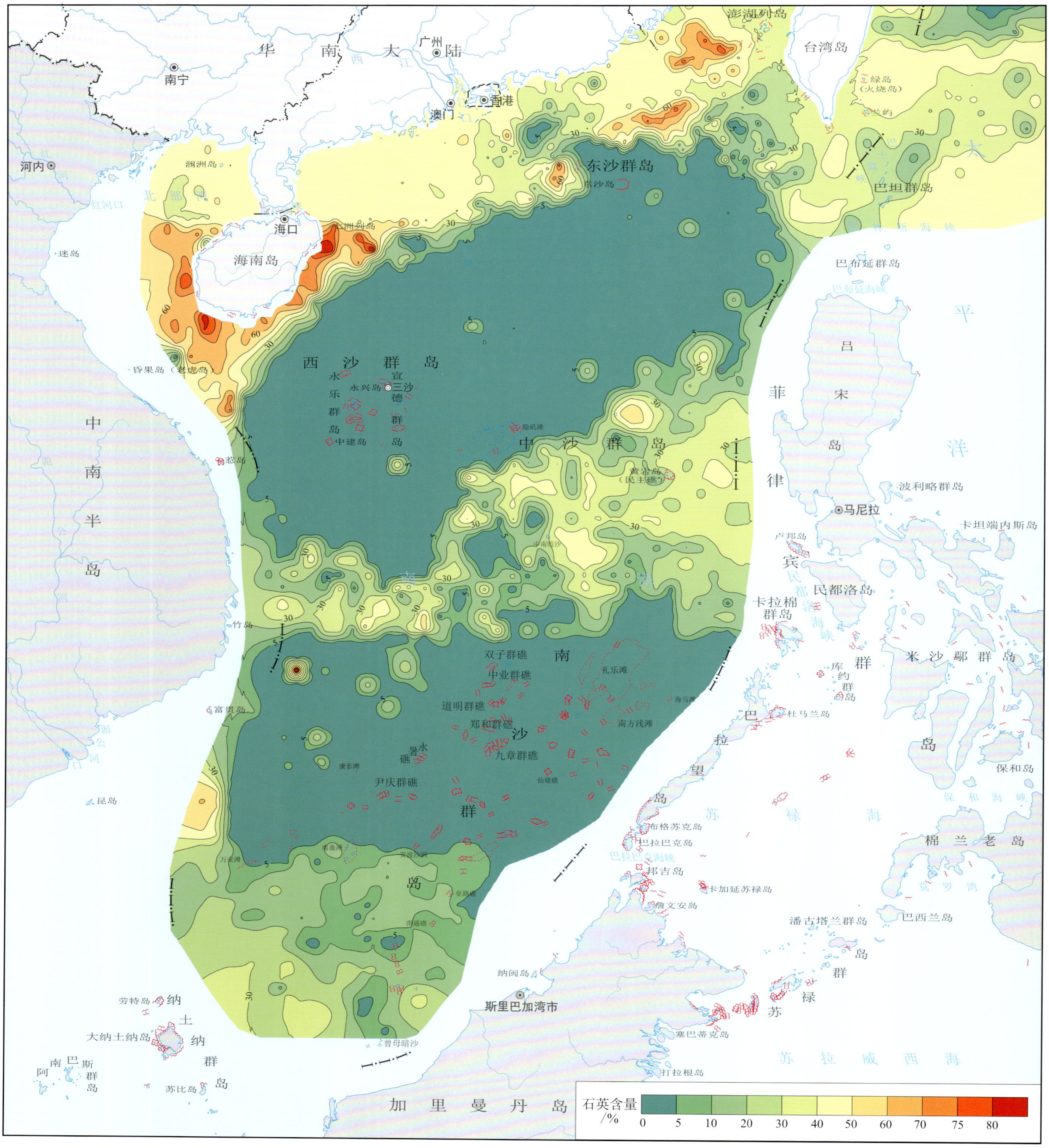

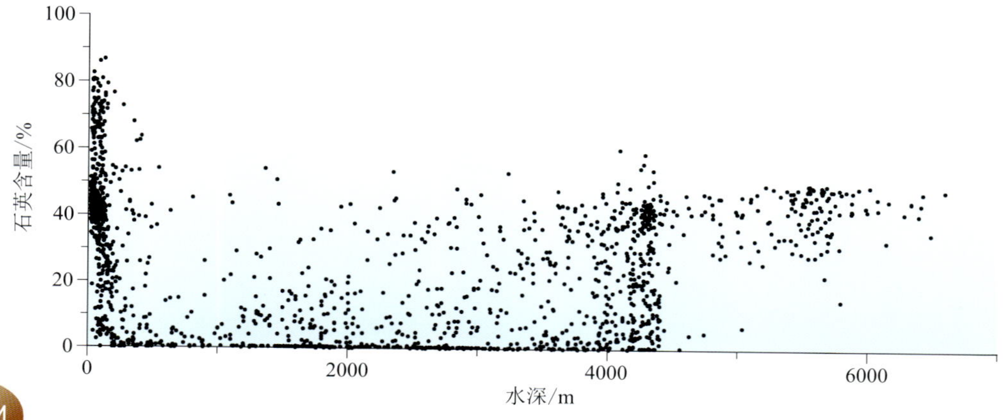

石英是南海及台湾岛东南部海域表层沉积物优势矿物种之一，在粒径介于0.063～0.25mm的沉积物中，石英颗粒百分含量平均值为25.61%，石英呈碎屑状、粒状，颜色多样，如无色、乳白色、淡黄色等。

在水深小于200m的南海陆架区，石英含量普遍偏高，常高达60%以上，可能是陆源碎屑颗粒供给充分和沉积水动力较强共同作用的结果；水深介于200～4500m处均有石英分布，含量介于0～50%；水深大于4500m的黄岩岛周围海域，石英含量常高于30%，可能系海底火山喷发成因或吕宋岛火山物质搬运沉积的结果。

表层沉积物火山玻璃（粒径为0.063～0.25μm）含量分布图

Distribution of volcanic glass (particle size 0.063–0.25μm) content in surface sediments

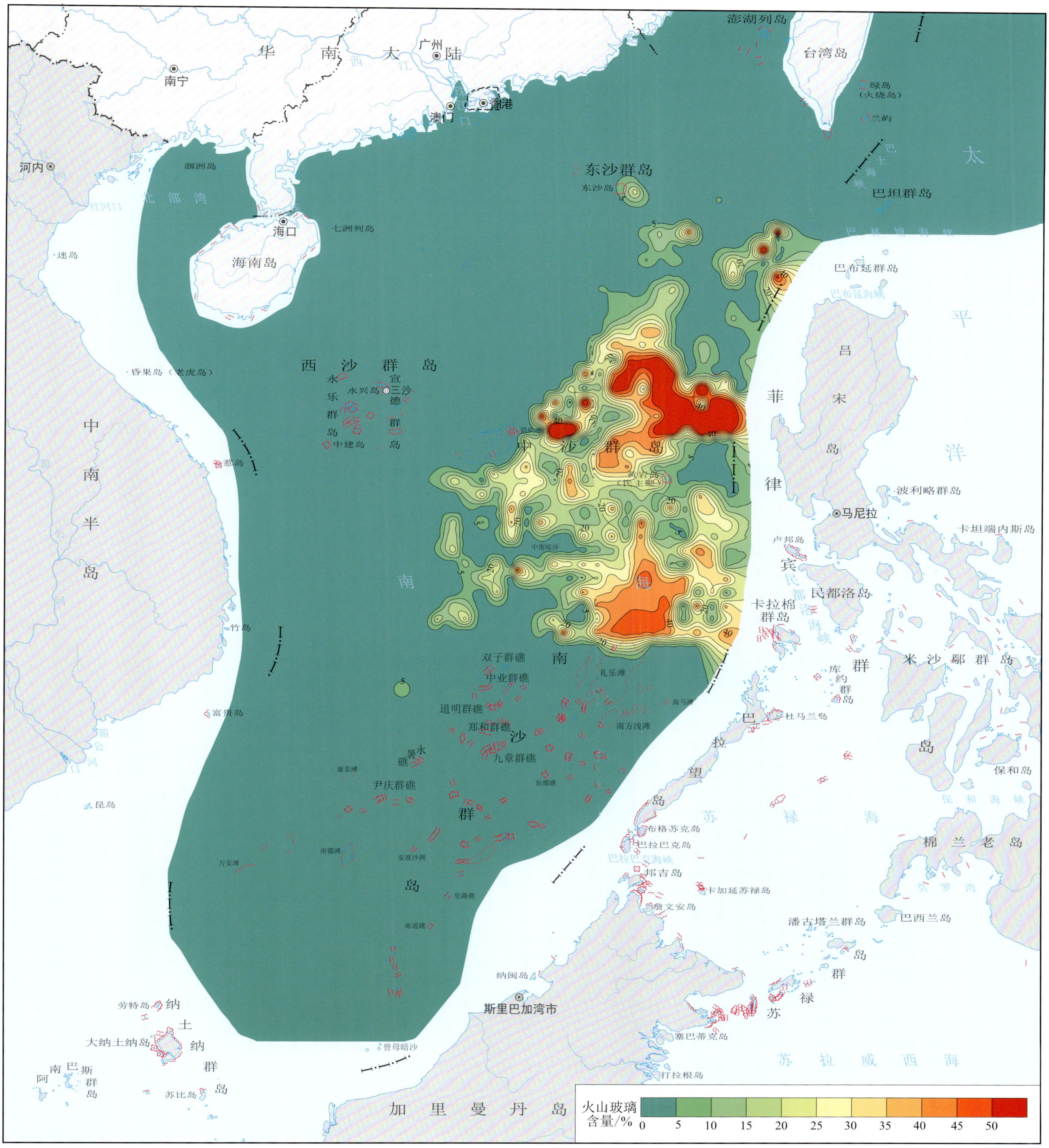

表层沉积物火山玻璃含量与水深散点图

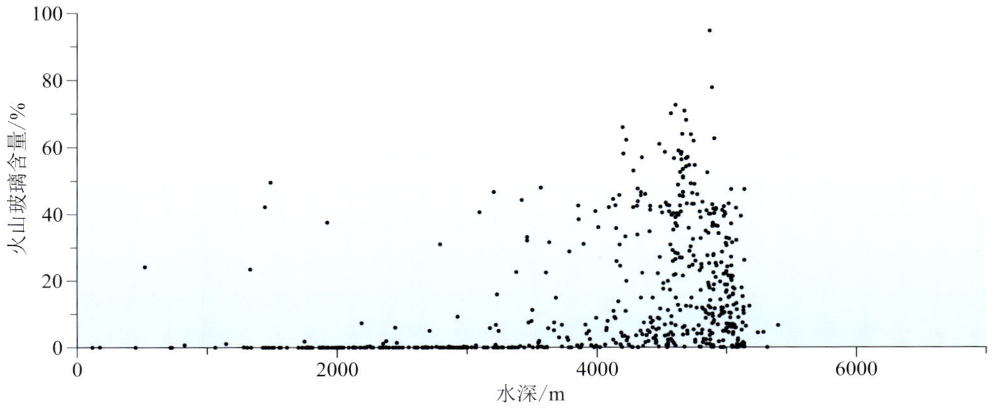

南海及台湾岛东南部海域表层沉积物火山玻璃主要呈橙黄色、浅褐色、灰白色等，透明至半透明，性脆，主要呈不规则的多角状、平板状等。

在粒径介于0.063～0.25mm的沉积物中，火山玻璃颗粒百分含量平均值为12.91%。火山玻璃主要分布于水深处于4000m海域的南海中央海盆东部，其形成原因可能有：①南海海盆火山作用喷出物散落至海底；②琉球–台湾–菲律宾火山带的火山喷发借助风力沉降至海底。

表层沉积物微结核（粒径为0.063～0.25μm）含量分布图

Distribution of micro-nodules (particle size 0.063–0.25μm) content in surface sediments

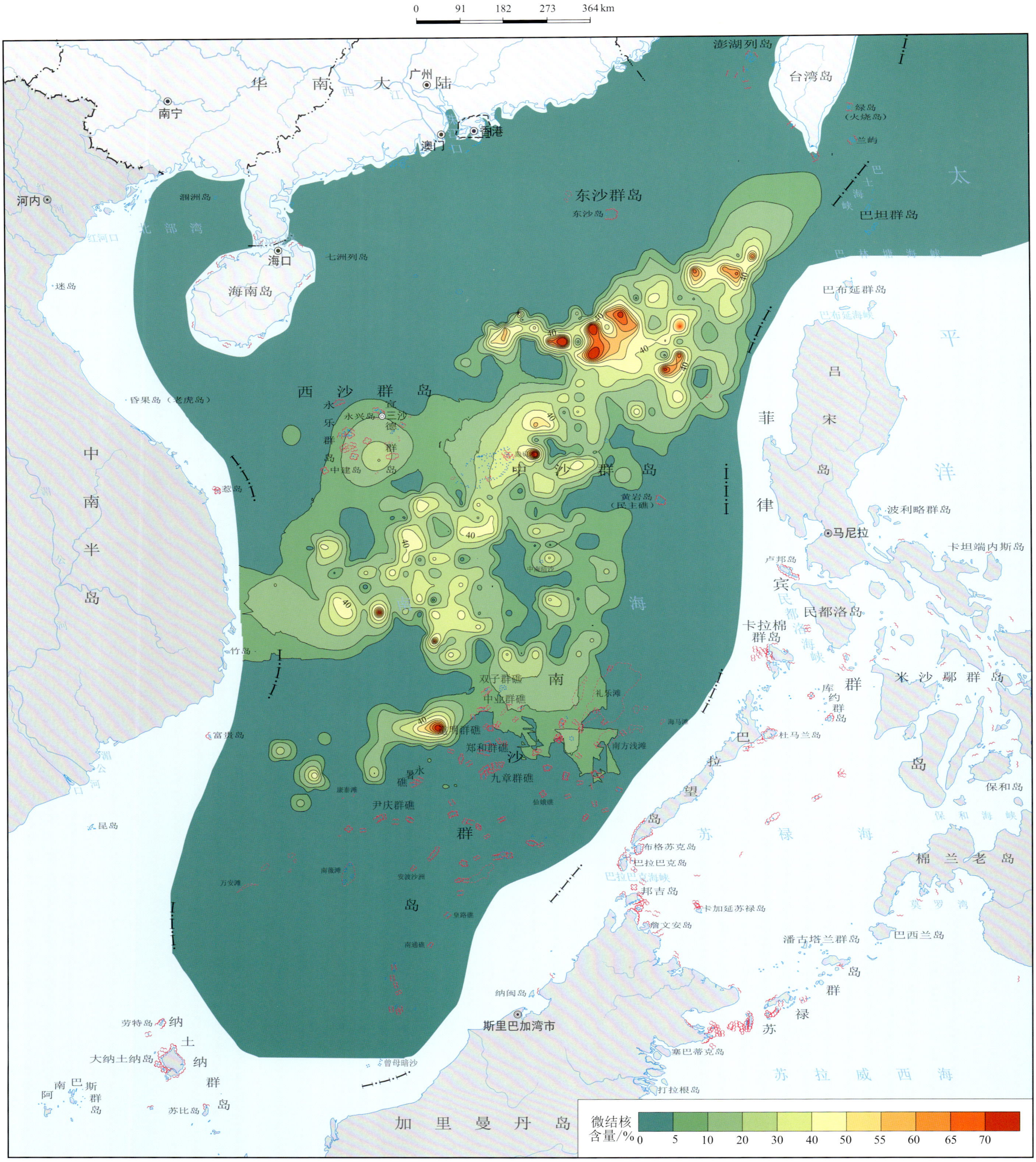

表层沉积物微结核含量和水深散点图

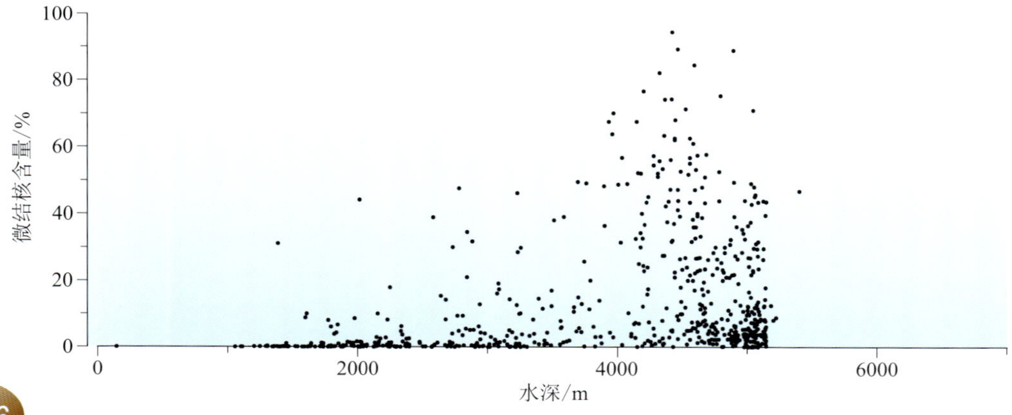

南海及台湾岛东南部海域表层沉积物微结核在水深1000～4500m处均有分布，呈黑色，不透明，粒状，土状光泽，硬度小。在粒径介于0.063～0.25mm的沉积物中，微结核颗粒百分含量平均值为12.27%。微结核主要分布于南海北部陆坡以及南海海盆区，最高值区位于南海海盆西北部。

微结核为海底自生成因，可能与南海深海平原火山活动向南海底层水团输入可溶性铁锰铁有关。在海底弱碱性氧化条件下，海水中呈溶解状态的Mn^{2+}和Fe^{2+}被氧化为难溶的Mn^{4+}和Fe^{3+}，最终形成微结核。

表层沉积物$CaCO_3$含量分布图

Distribution of $CaCO_3$ content in surface sediments

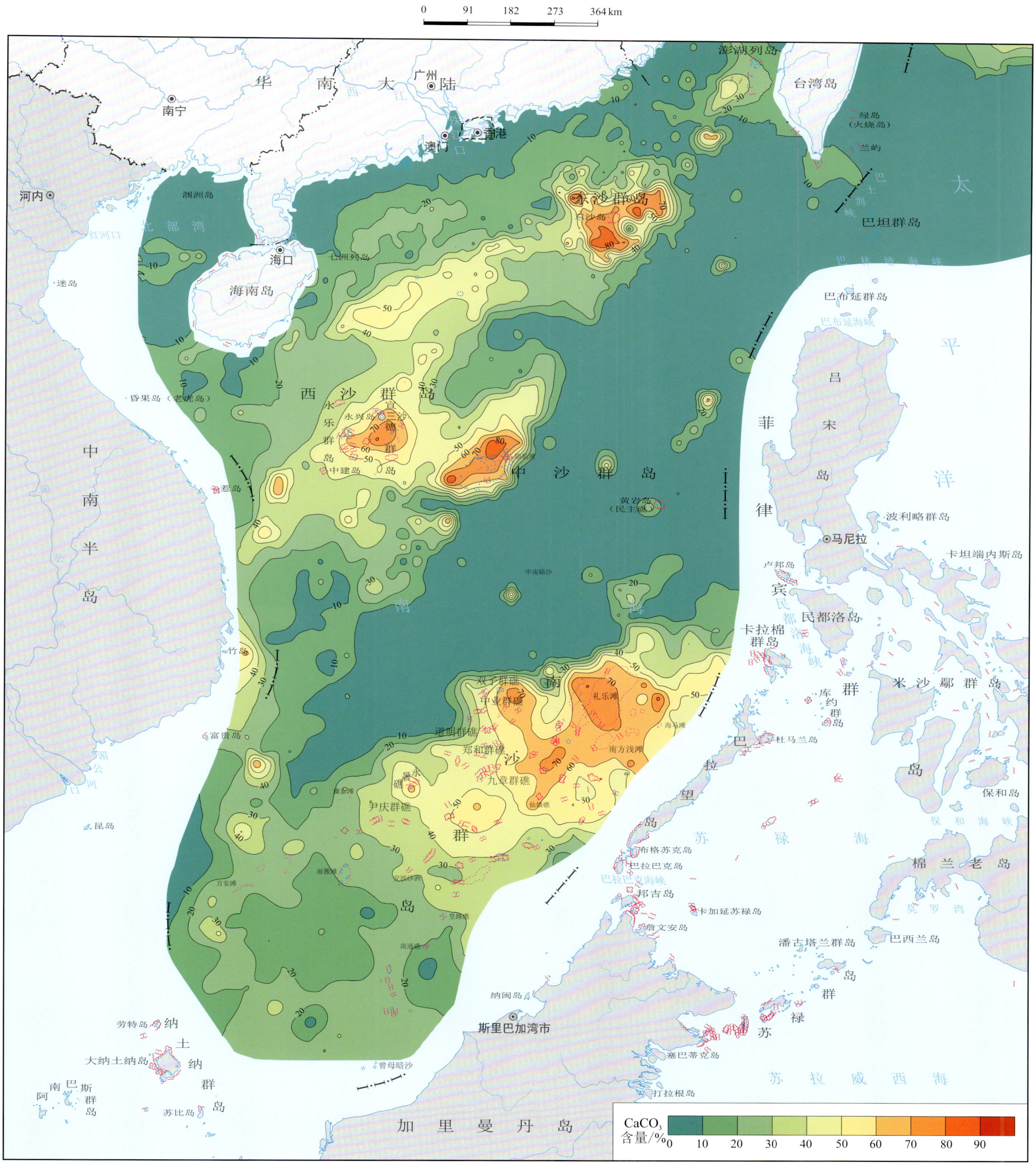

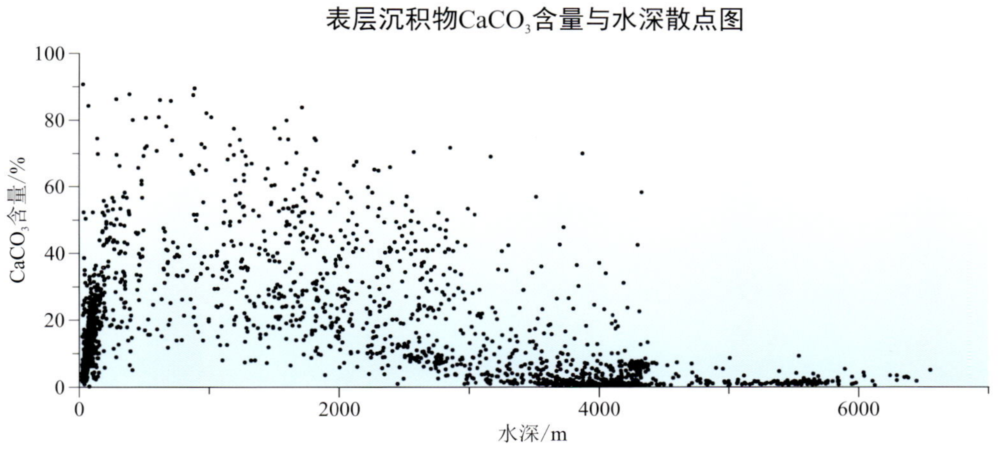

南海及台湾岛东南部海域表层沉积物$CaCO_3$含量变化范围在0.20%～90.68%，平均值为17.42%。高值区主要位于陆坡处的珊瑚岛礁、台地区，包括南海北部的东沙群岛、西沙群岛、中沙海台，以及南海东南部的南沙群岛、礼乐海台附近，$CaCO_3$含量均在25%以上；浅水陆架$CaCO_3$含量较低，约为10%；深海盆$CaCO_3$含量较低，通常在5%以下。

$CaCO_3$含量与水深之间有一定的相关性。在1000m以浅区域，$CaCO_3$含量随着水深增加而快速增加；在大于1000m的深水区域，$CaCO_3$含量随水深增加而逐渐降低。

表层沉积物浮游有孔虫丰度分布图

Distribution of planktonic foraminifera abundance in surface sediments

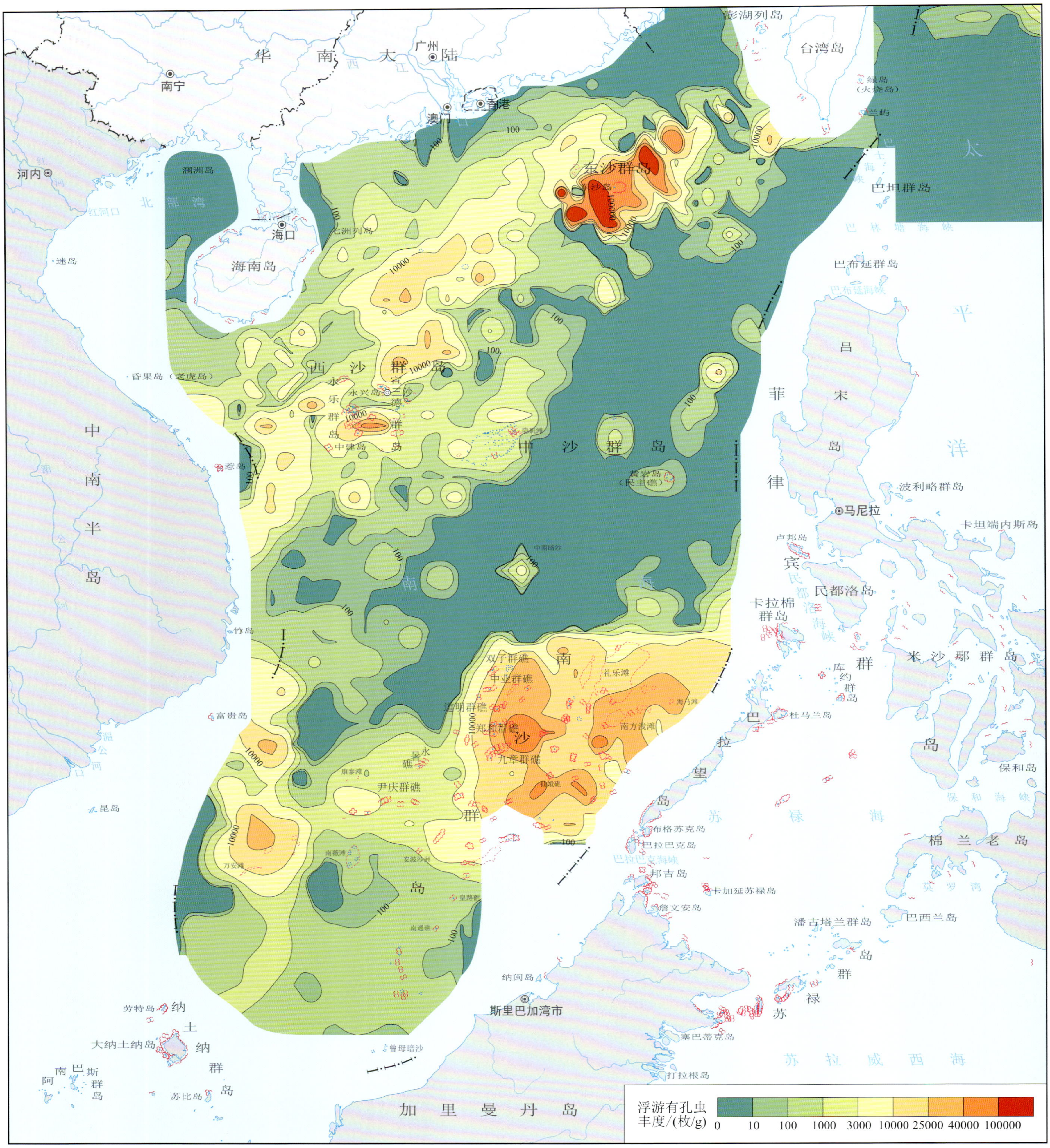

浮游有孔虫丰度和水深散点图

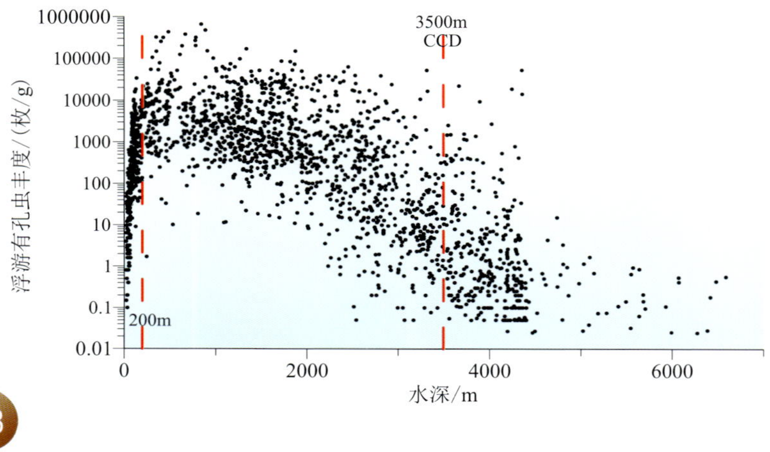

南海及台湾岛东南部海域表层沉积物浮游有孔虫丰度变化较大，变化范围介于0～648403枚/g，丰度平均值约为4978枚/g。浮游有孔虫丰度的分布与水深有关，在水深约200m以深的海底，浮游有孔虫丰度随深度增加呈减小趋势，该趋势可能主要是浮游有孔虫丰度受陆源物质稀释作用造成的，陆源黏性颗粒物倾向于随水深增大而富集；在水深小于约200m的海底，浮游有孔虫丰度随水深增大而增大，该趋势可能是陆源稀释作用随水深增大逐渐减弱的结果，陆架区水动力强，细颗粒物不易沉积。

南海现今碳酸钙补偿深度（carbonate compensation depth，CCD）约为3500m，在水深大于3500m的海底，有很多表层沉积物不含浮游有孔虫或浮游有孔虫丰度接近1枚/g，这是碳酸钙溶解作用的结果，但浮游有孔虫丰度较高现象可能系快速沉积作用造成。

表层沉积物钙质超微化石丰度分布图

Distribution of calcareous nannofossil abundance in surface sediments

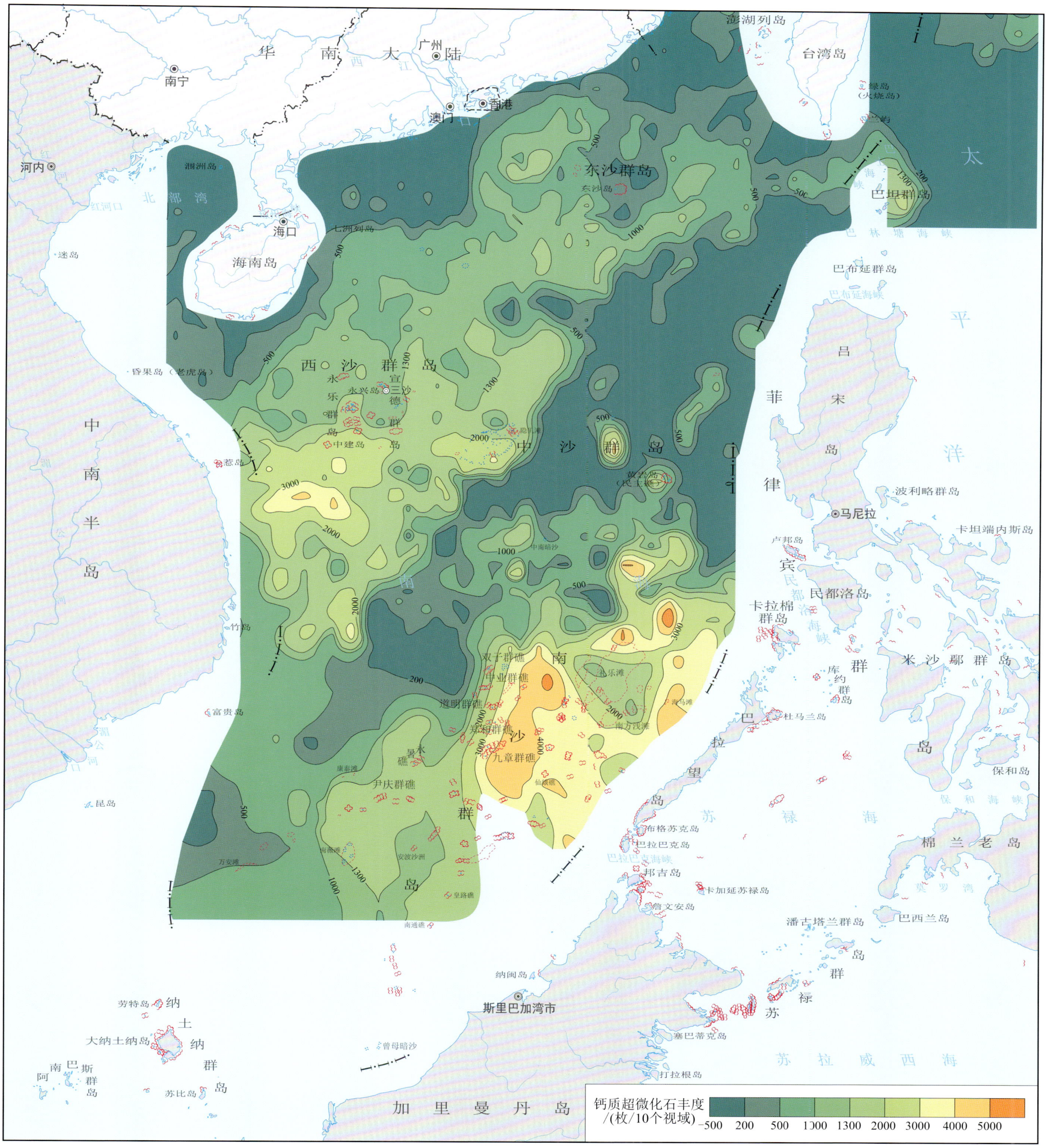

钙质超微化石丰度和水深散点图

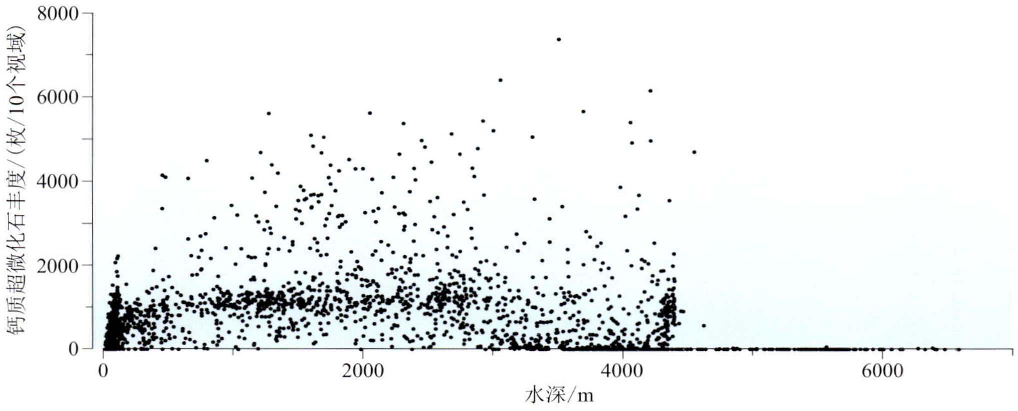

南海及台湾岛东南部海域表层沉积物钙质超微化石丰度介于0～7400枚/10个视域，平均丰度约为800枚/10个视域。钙质超微化石丰度高值区分布在南海东南部和南海西部陆坡的中建阶地–中建南斜坡。钙质超微化石丰度低值区主要位于南海海盆区和太平洋深水区。

表层沉积物SiO_2含量分布图

Distribution of SiO_2 content in surface sediments

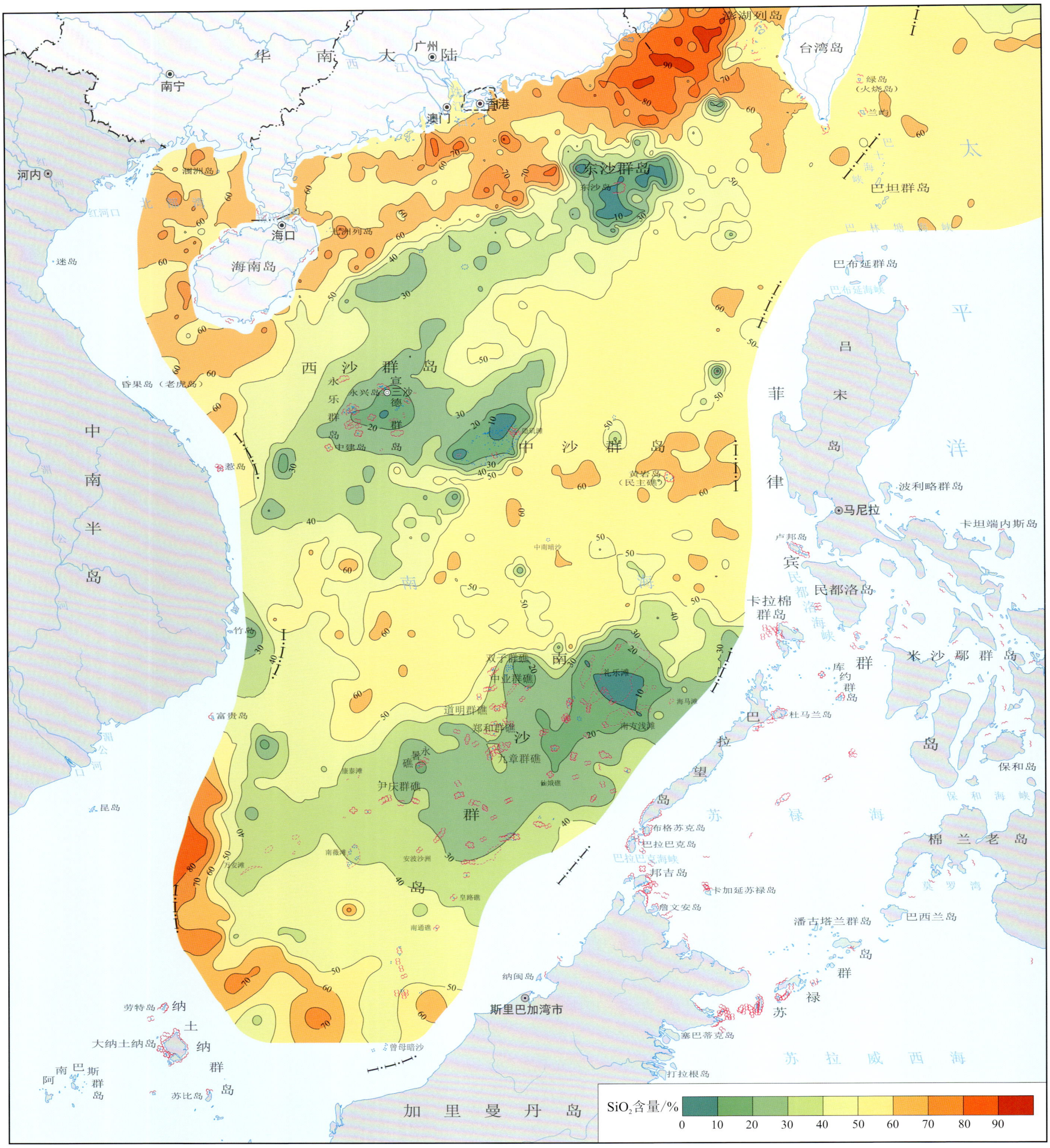

表层沉积物SiO_2含量与平均粒径（M_z）散点图

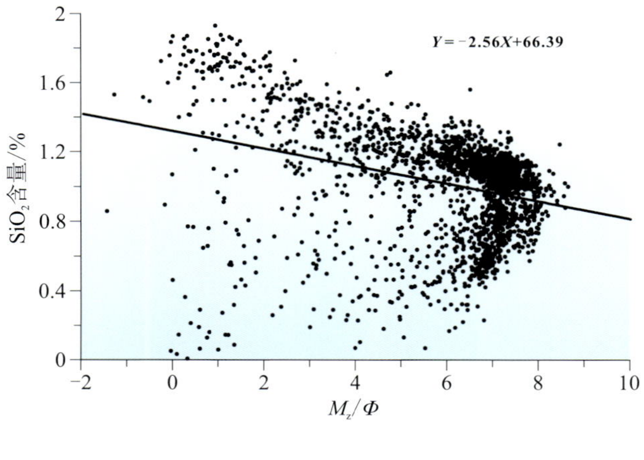

南海及台湾岛东南部海域表层沉积物SiO_2含量变化范围为0.34%～97.08%，平均值为50.99%。SiO_2含量高值区主要位于南海北部陆架（尤其是台湾浅滩区）以及南海南部巽他陆架区；中东部的南海海盆中央区域及台湾岛以东花东海盆等深水区SiO_2含量处于中等水平，以细粒黏土沉积为主，局部区域存在斑块状高值区；SiO_2含量低值区主要位于南海北部、西北部陆坡，特别是东沙群岛、西沙群岛、中沙海台，以及南部的南沙群岛、礼乐海台附近。

SiO_2含量与沉积物平均粒径（M_z）呈一定程度的负相关性，高值主要富集在砂质沉积物中，主要受陆源粗粒碎屑沉积控制，很可能与浅水区波浪、潮汐及沿岸流等水动力作用有成因联系，深水区局部斑块状SiO_2含量高值区可能由于含较多生物成因硅。

表层沉积物Al_2O_3含量分布图

Distribution of Al_2O_3 content in surface sediments

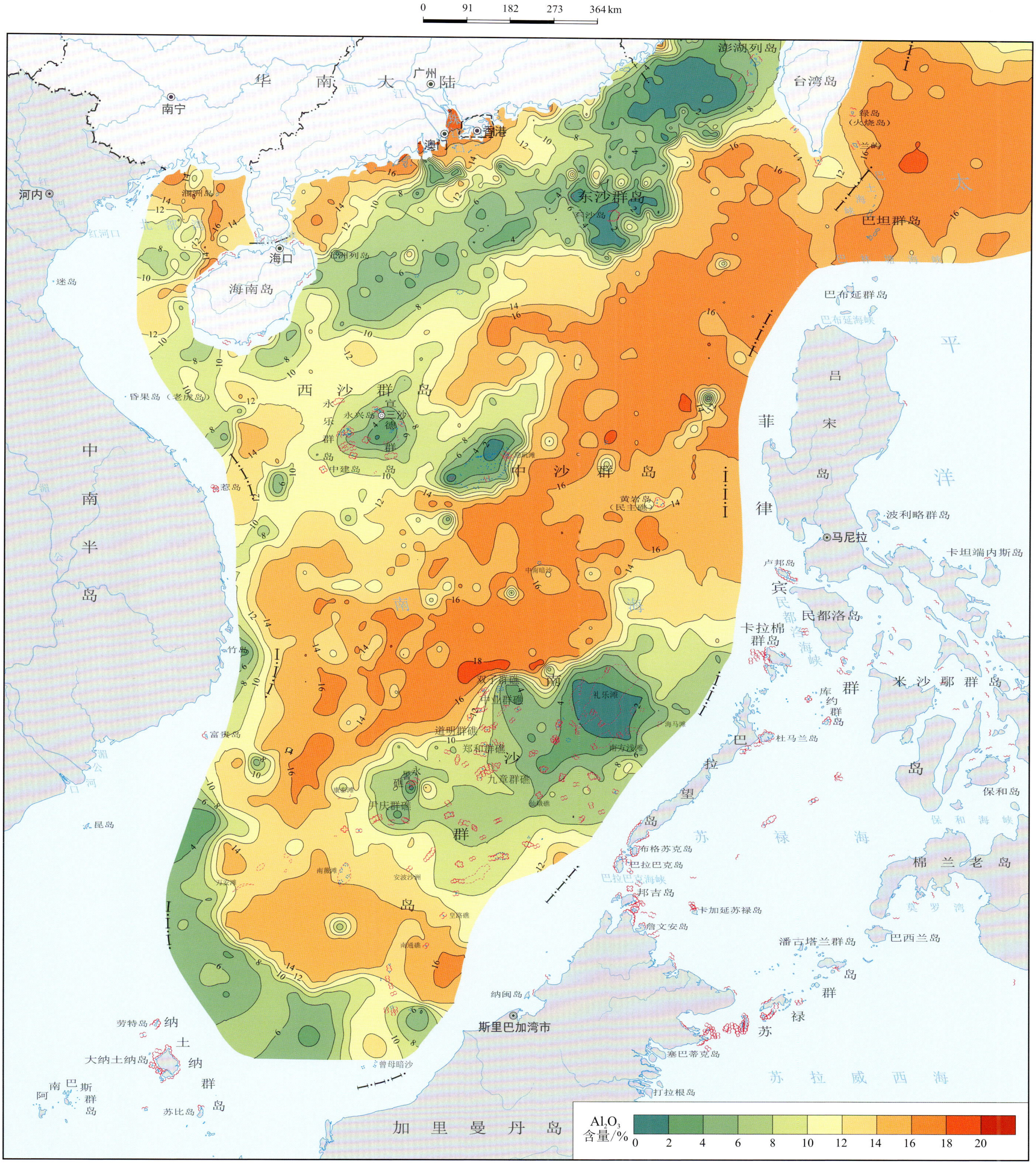

表层沉积物Al_2O_3含量与平均粒径(M_z)散点图

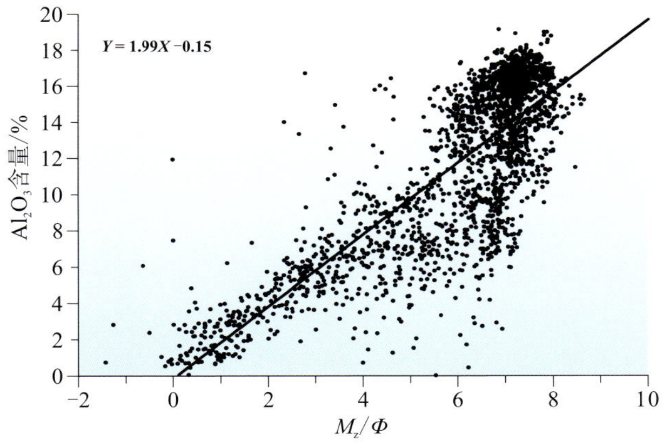

南海及台湾岛东南部海域表层沉积物Al_2O_3含量变化范围为0.03%～19.21%，平均值为11.71%。Al_2O_3含量高值区主要位于南海海盆中央区域及花东海盆区，北部近岸陆架次之；Al_2O_3含量低值区主要为南海北部陆架（特别是台湾浅滩、北部湾陆架）以及南部巽他陆架等浅水区，岛礁发育的北部东沙群岛、西沙群岛、中沙海台Al_2O_3含量基本在8%以下。

Al_2O_3含量与沉积物平均粒径（M_z）呈显著的正相关性，明显体现了“粒度的元素控制律”，随水深增加含量呈逐渐增大趋势，反应出Al_2O_3等元素主要赋存共生于细粒碎屑和黏土矿物中，受陆源物质输入和粒度分布控制。Al_2O_3与SiO_2含量分布大体呈此消彼长的关系。岛礁区周围Al_2O_3含量较低可能与生源碳酸盐碎屑的“稀释”作用有关。

表层沉积物总稀土元素（ΣREE）含量分布图

Distribution of ΣREE content in surface sediments

0 91 182 273 364 km

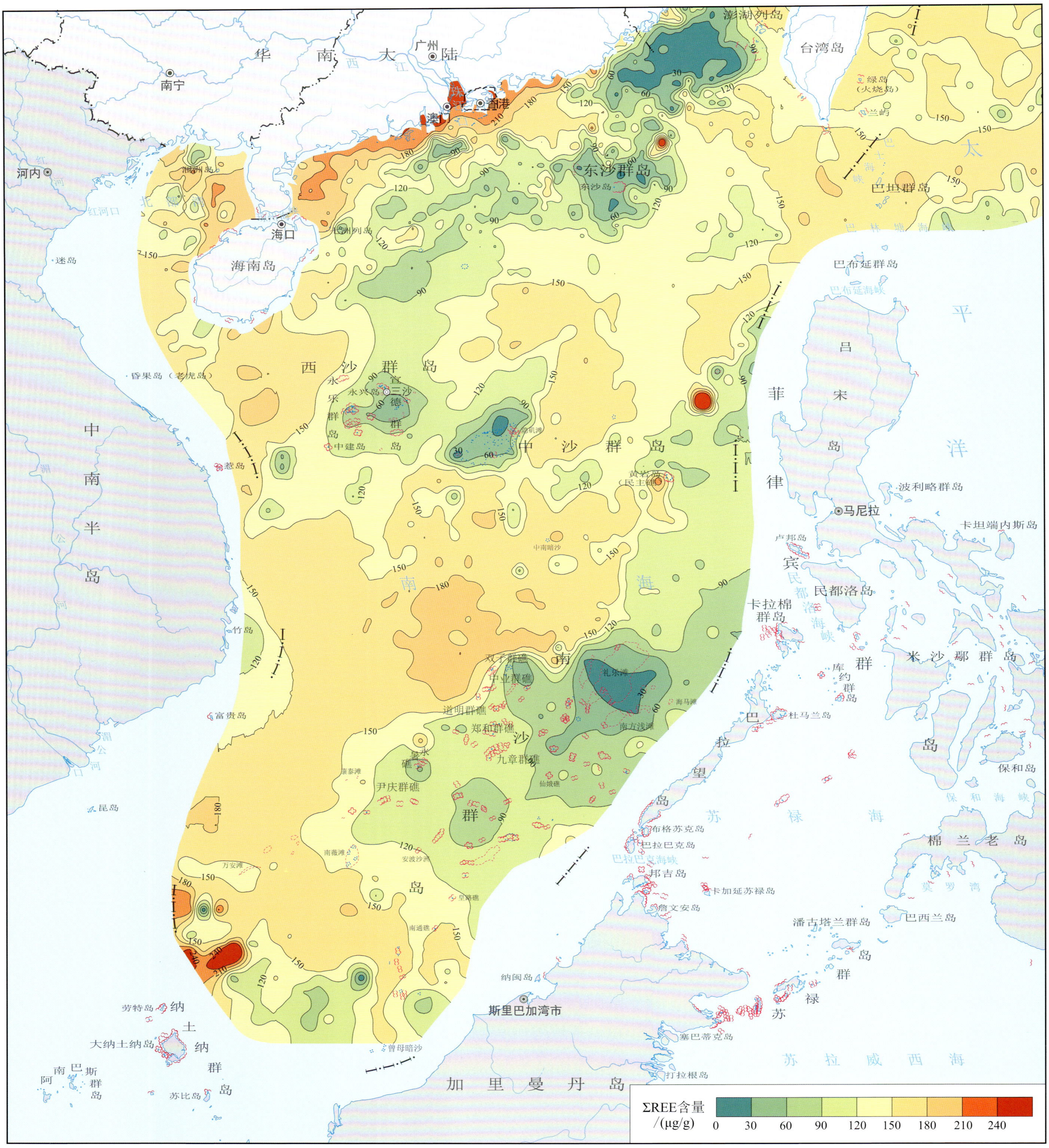

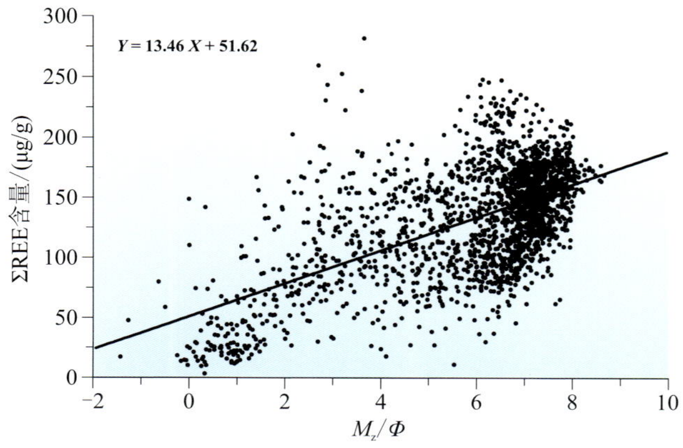

南海及台湾岛东南部海域表层沉积物总稀土元素（ΣREE）含量变化范围为4.55～440.48μg/g，平均值为131.68μg/g。ΣREE含量高值区主要位于南海西北部内陆架，南海南部巽他陆架浅水区，东沙群岛以南的南海海盆中央区域、花东海盆区以及中南半岛中东部等。ΣREE含量低值区主要分布于南海北部陆架砂质沉积区、岛礁发育区，中南半岛东南部海域以及南海海盆中央区域东部海域。

ΣREE含量整体上与沉积物粒径（M_z）呈显著负相关性，稀土元素（rare earth element，REE）趋向于在细粒沉积物中富集，在粗粒沉积物中亏损，粗粒沉积物中生物碎壳较多，碳酸盐中REE含量很低，进一步使得REE在粗粒沉积物中亏损。

表层沉积物轻重稀土元素含量比值（ΣLREE/ΣHREE）分布图

Distribution of ΣLREE/ΣHREE in surface sediments

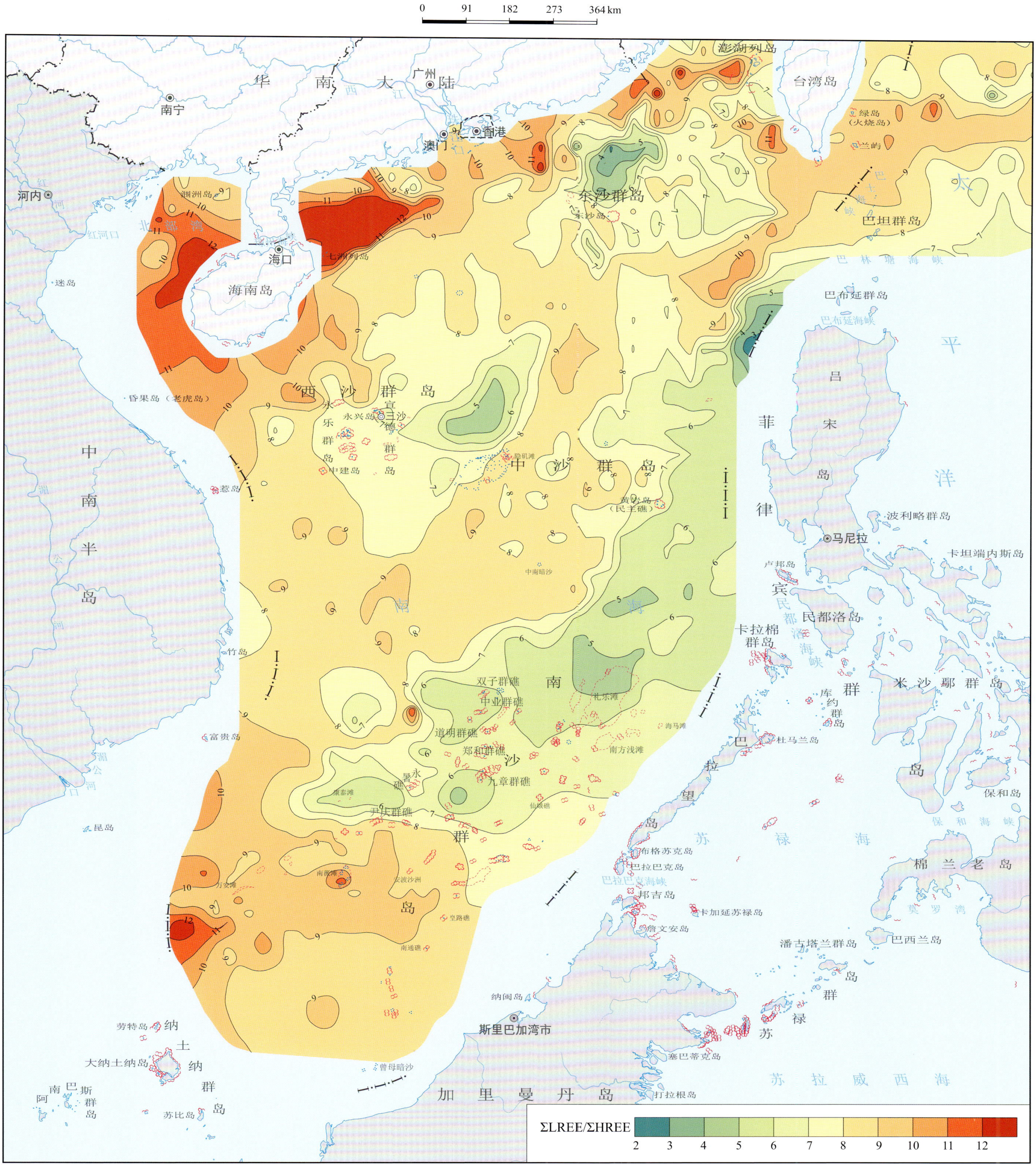

表层沉积物ΣLREE/ ΣHREE与平均粒径（M_z）散点图

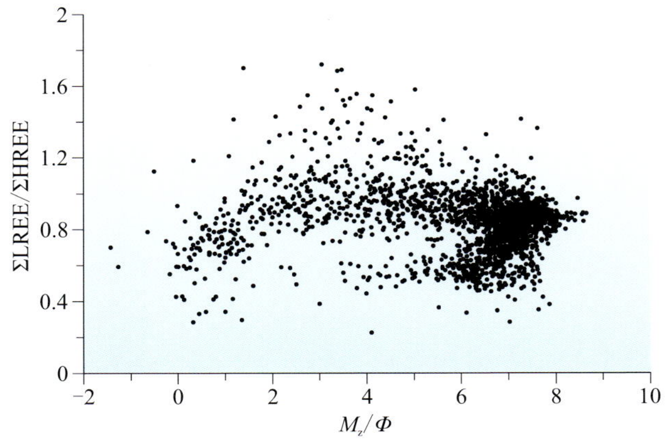

南海及台湾岛东南部海域表层沉积物轻重稀土元素含量比值（ΣLREE/ΣHREE）变化范围为2.09～17.23，平均值为8.35，其中，陆架、陆坡、海盆的ΣLREE/ΣHREE均值分别为9.69、7.69、7.93。陆架区轻稀土比重稀土明显富集，而陆坡区和海盆区则轻稀土含量相对降低，显示陆架区主要为陆源，而陆坡和海盆则有幔源物质的加入。

沉积物ΣLREE/ΣHREE主要受物源的ΣLREE/ΣHREE影响，受沉积分异作用的影响较弱，ΣLREE/ΣHREE与平均粒径（M_z）基本不相关。

表层沉积物δEu分布图

Distribution of δEu in surface sediments

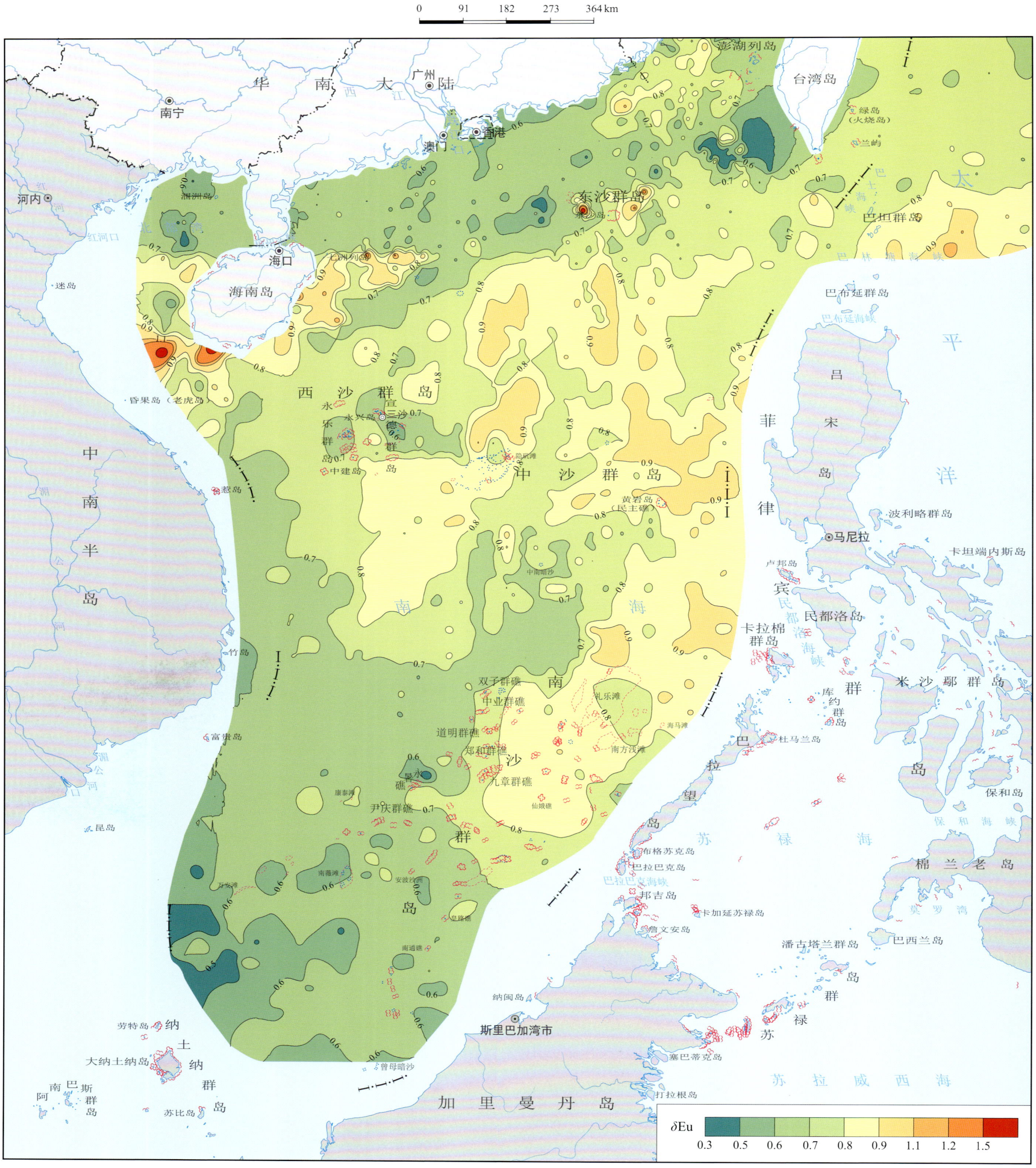

表层沉积物δEu与平均粒径（M_z）散点图

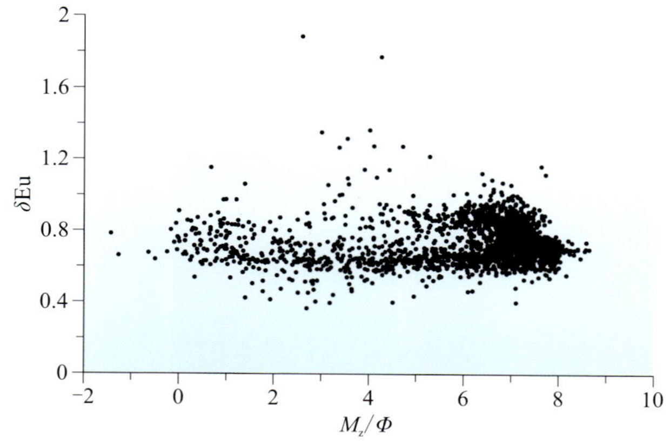

南海及台湾岛东南部海域表层沉积物稀土元素δEu变化范围为0.30～2.03，平均值为0.73。陆架、陆坡、海盆的δEu平均值依次为0.68、0.73、0.79。δEu值普遍具有一定程度的负异常，反映了南海表层沉积物对上陆壳沉积物具有很大的继承性，南海沉积物物源很可能为陆源。

δEu分布主要受陆源区δEu影响，与平均粒径（M_z）相关性很弱，说明受沉积分异作用的影响小。δEu显著负异常区主要位于南海北部陆架及南海南部巽他陆架区，这与亚洲大陆多为中酸性长英质岩石母岩具有明显δEu负异常有关。δEu弱负异常主要出现在海南岛周边海域，以及吕宋岛、巴拉望岛等以西的陆坡、海盆区，分别与海南岛发育基性玄武质基岩，以及陆坡和海盆区沉积物中存在的幔源物质的加入密切相关。

表层沉积物稀土元素与Sc含量比值分布图

Distribution of ratios of rare earth elements to Sc in surface sediments

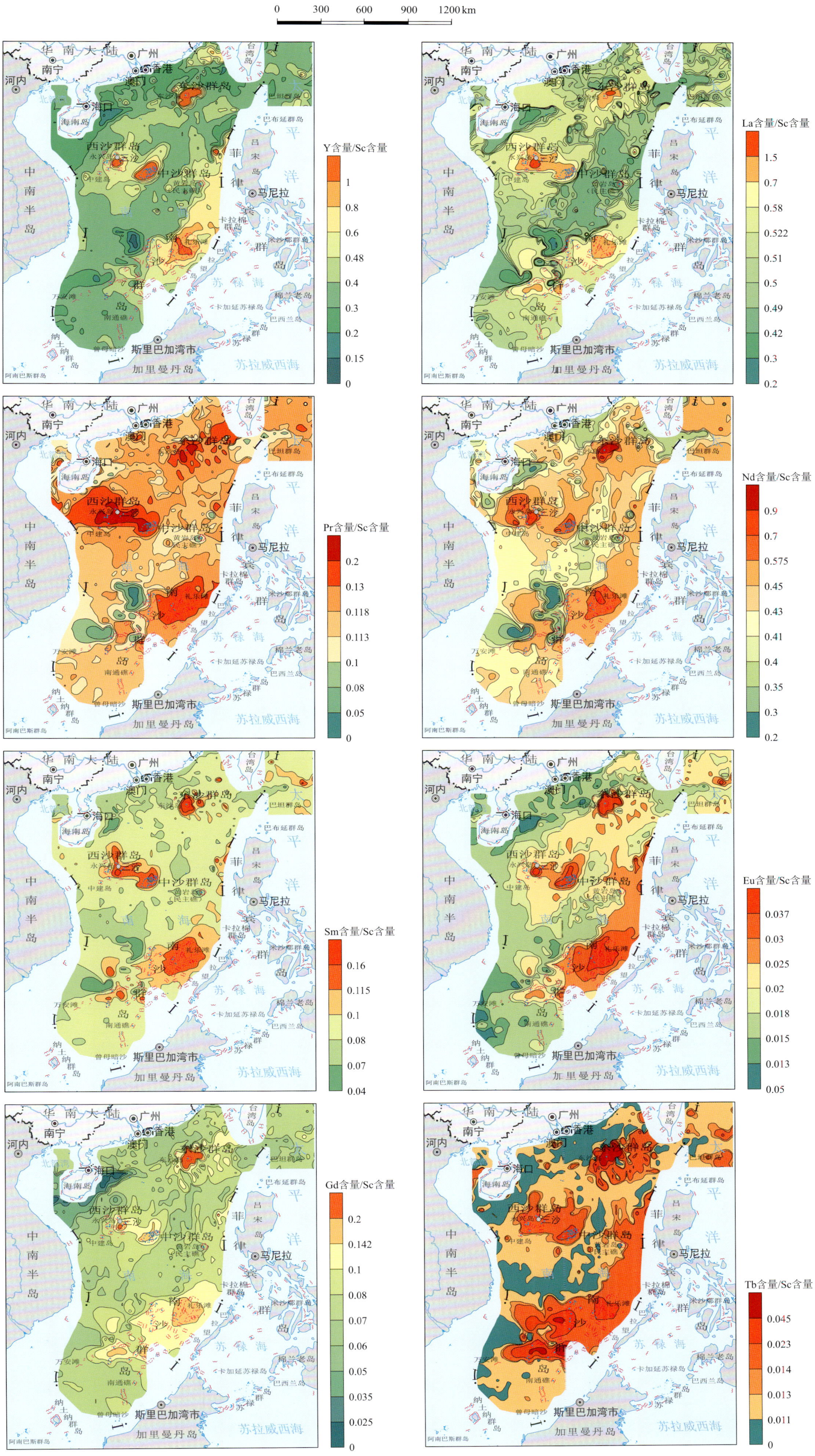

（1）稀土元素具有相似的地球化学性质，在岩石风化、剥蚀、搬运、沉积和早期成岩作用过程中不易发生元素间不均衡的分馏作用，在离源区一定距离的海域，稀土元素比值分布能保留、反映源岩信息。

（2）在海南岛周缘、珠江口以东、中南半岛以东、台湾岛周缘的近海区域，物源分布信息都能被一系列稀土元素含量比值等值线分布所反映。

（3）在东沙群岛、礼乐滩、西沙群岛附近系列稀土元素含量比值较高，这可能与陆源物质在这些地方的沉积量较少、对海洋生源物质的稀释作用较弱有关。

（4）稀土元素含量比值之间的变化相关性强，用主成分法可抽取两个因子。这两个因子的得分等值线分布趋势可以反映主要的物源区。其中，因子2的因子得分在南海东南部的高值区可能反映了吕宋岛、巴拉望岛源区的信息。礼乐滩附近的富含钙生物引起的稀土元素高比值可能被因子1的得分情况所反映。

表层沉积物稀土元素与Sc含量比值分布图（续）

Distribution of ratios of rare earth elements to Sc in surface sediments (continued)

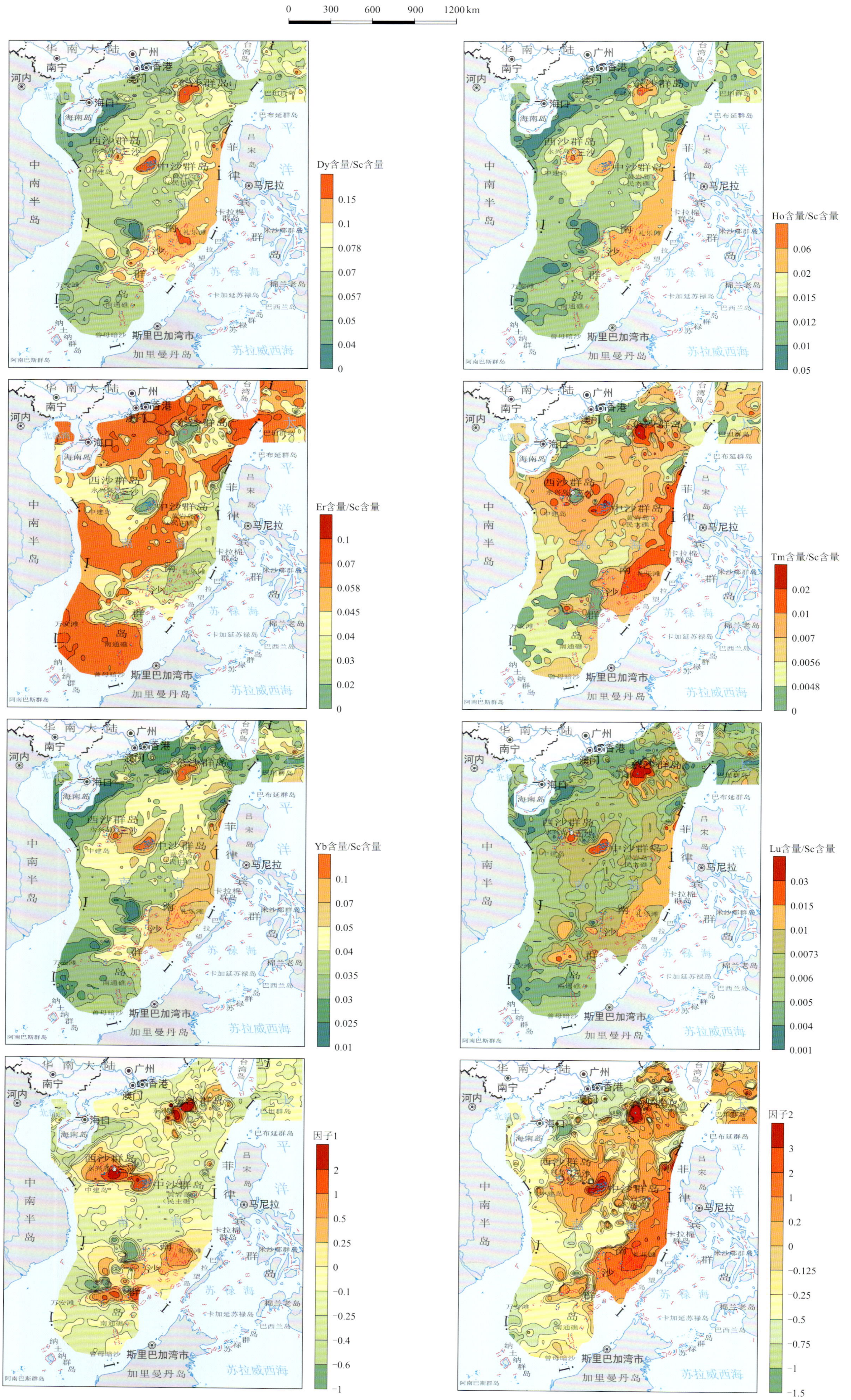

南海及邻域浅表层地层对比

Comparison of shallow sub-surface strata of the South China Sea and its adjacent areas

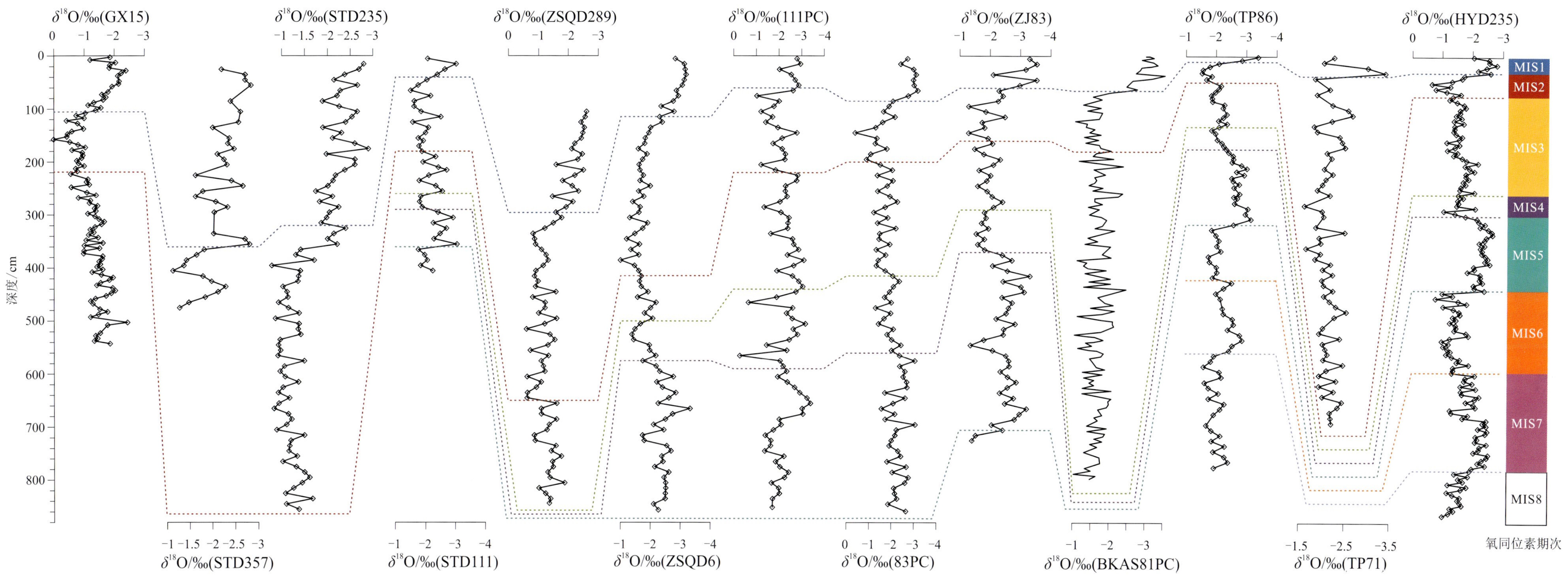

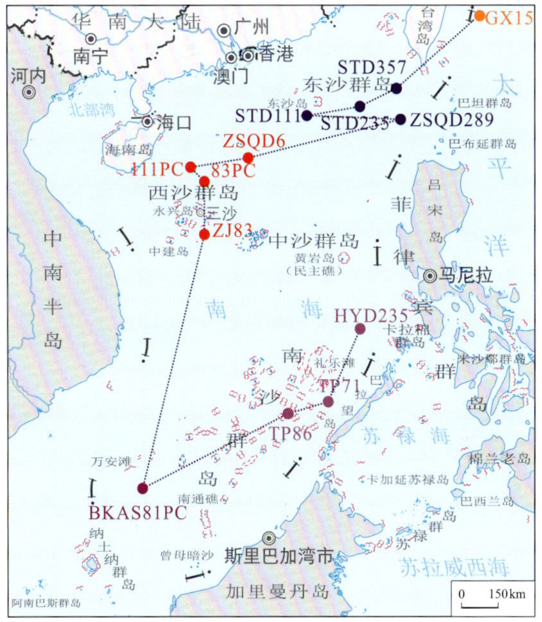

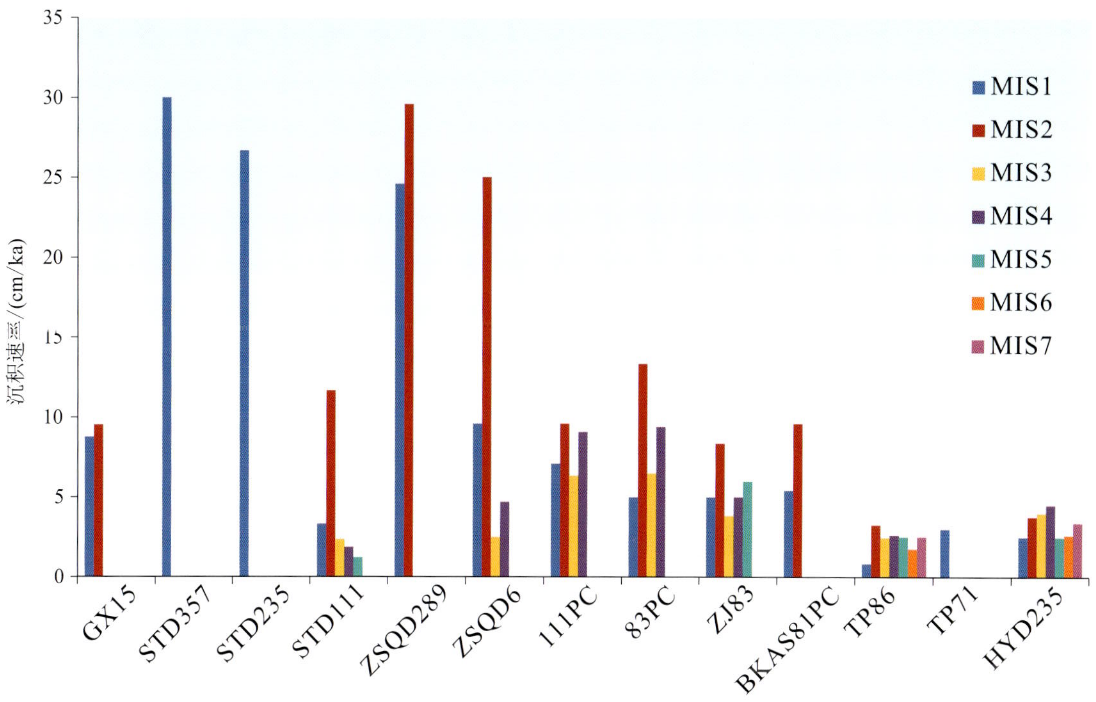

13个柱状样记录的最老地层为MIS8期地层，沉积速率在空间和时间上都表现出明显差异。

从区域上来看，南海北部陆坡沉积速率最高，但北部陆坡同样存在沉积速率低值区。南海西部陆坡沉积速率处于中等水平，平均沉积速率介于5.42~7.97cm/ka。南海南部沉积速率偏低，但局部区域沉积速率异常高。

从冰期旋回看，冰期沉积速率明显高于间冰期，MIS2期沉积速率最高。

南海及邻域浅表层碳酸钙旋回

Calcium carbonate cycle of shallow sub-surface strata of the South China Sea and its adjacent areas

(a) 站位图

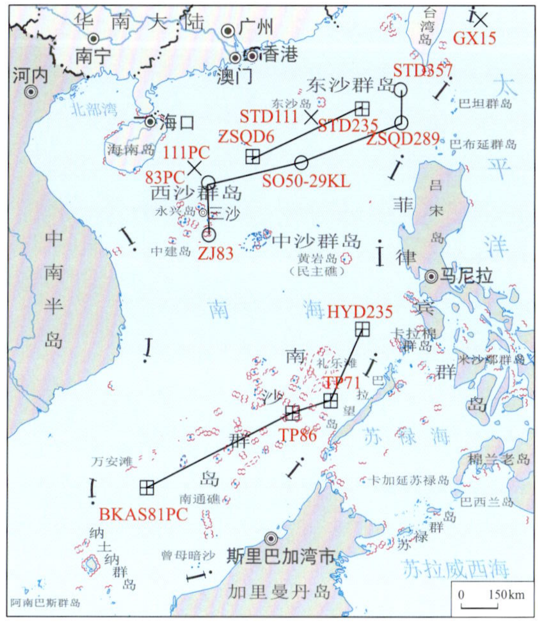

(b) 碳酸盐旋回类型及各类型柱状样水深分布图

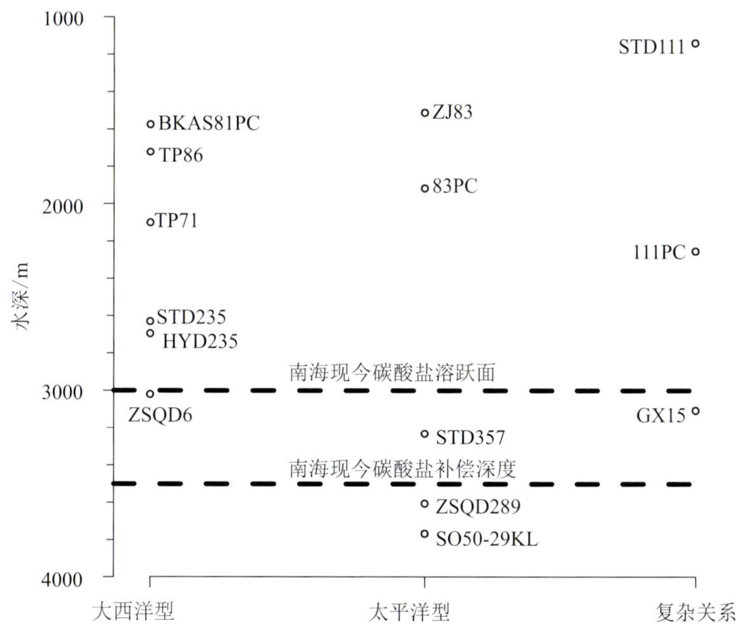

(c)“大西洋型”碳酸盐旋回的柱状样图

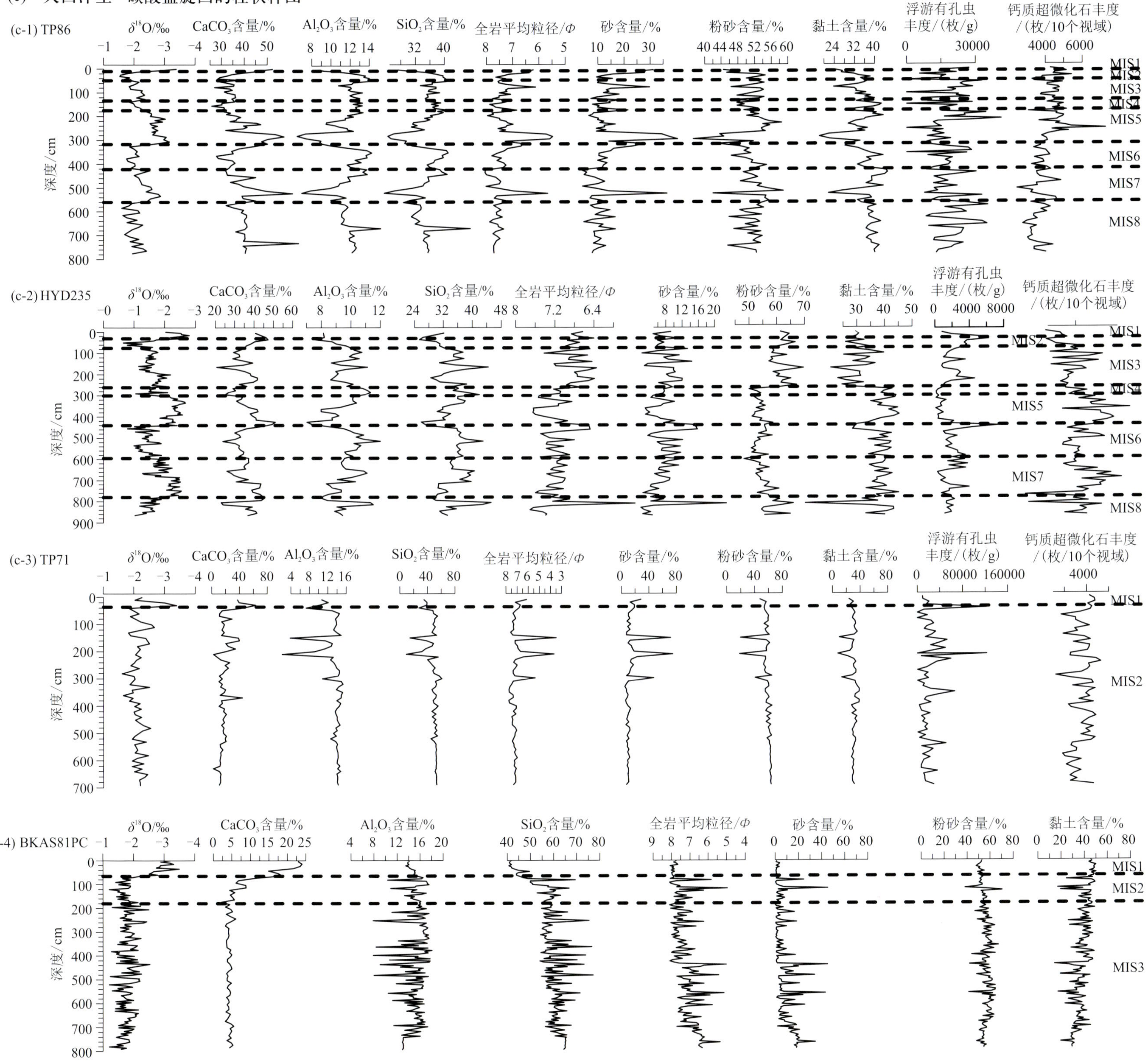

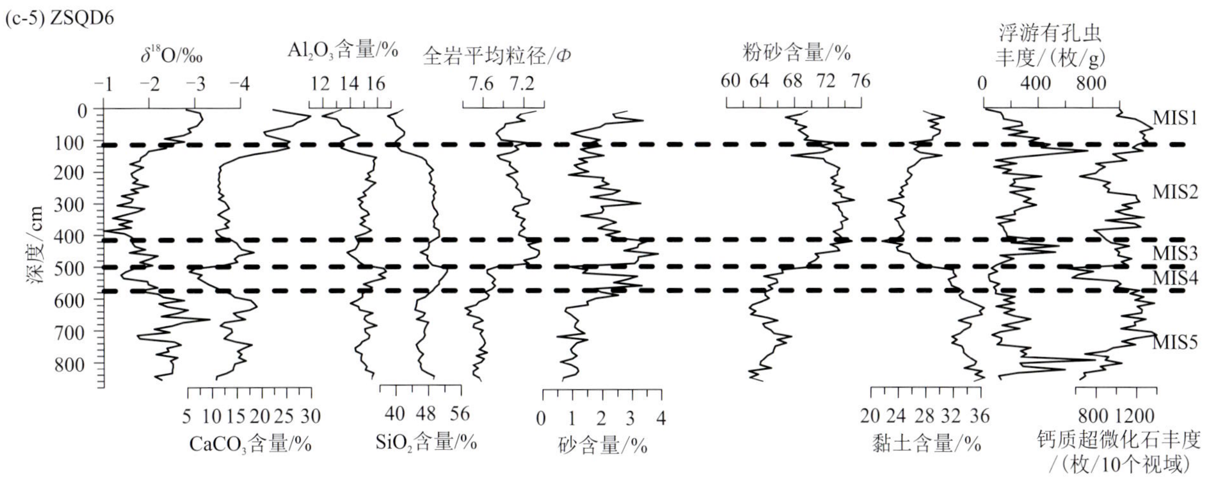

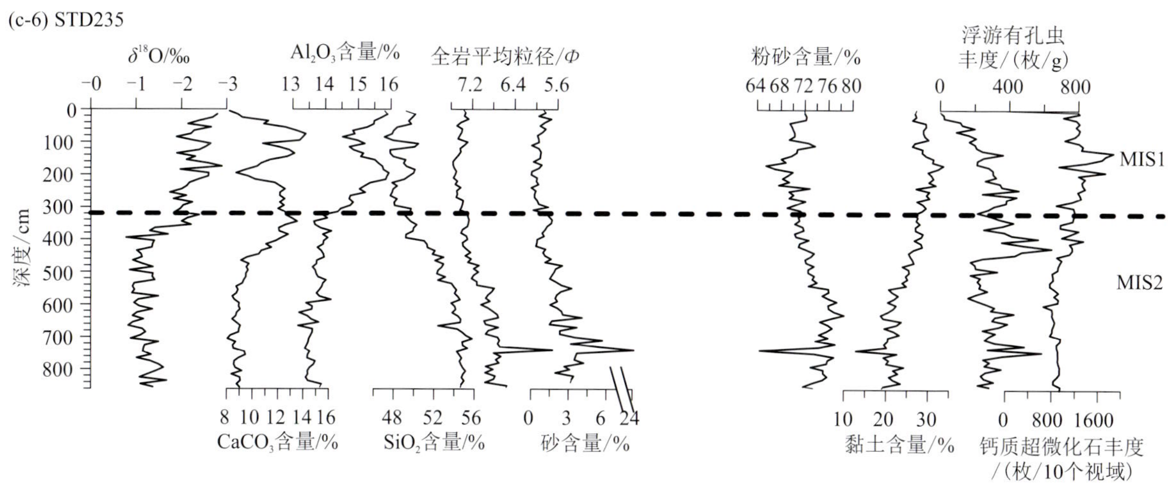

(d)"太平洋型"碳酸盐旋回的柱状样图

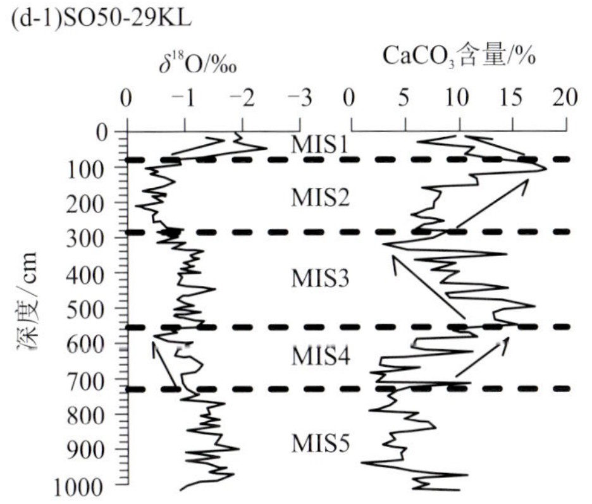

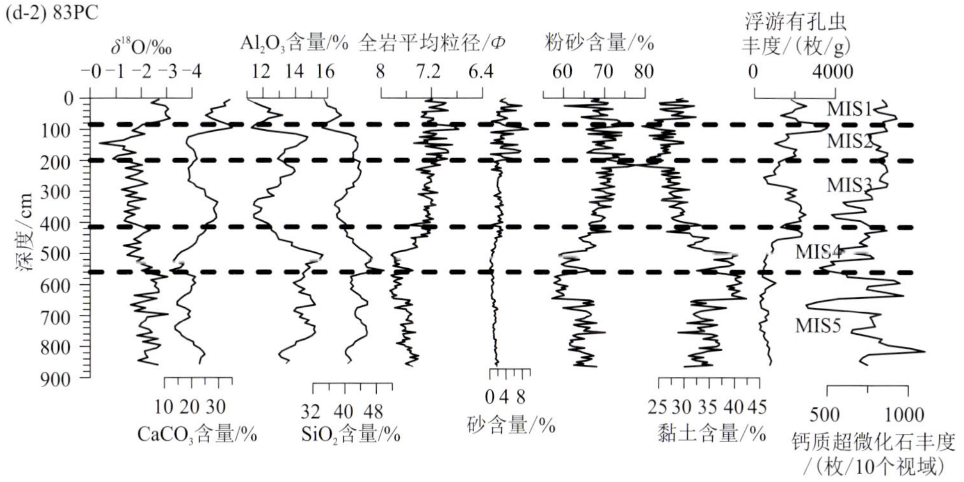

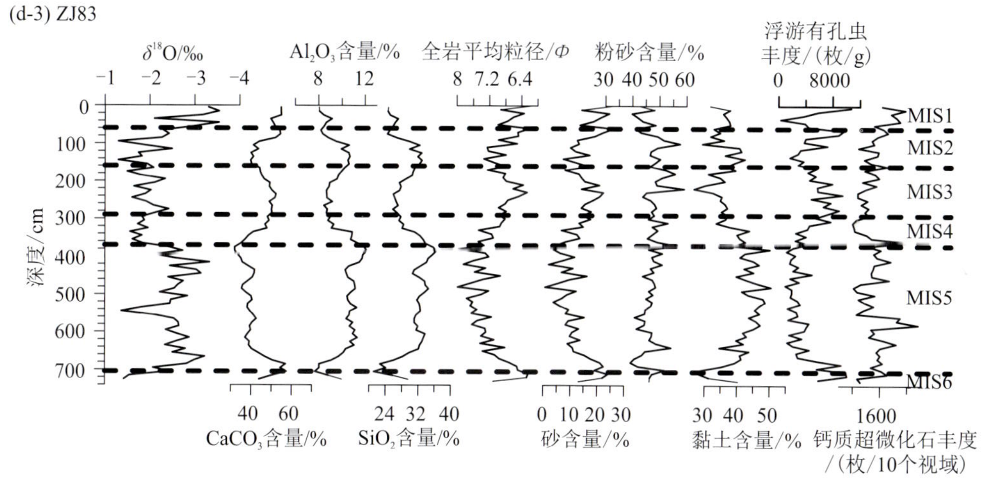

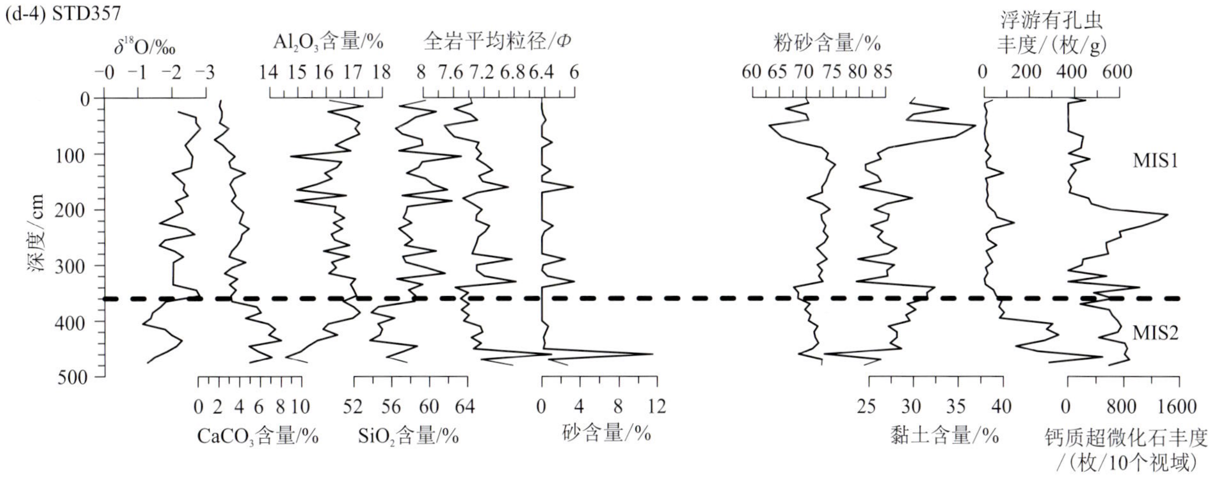

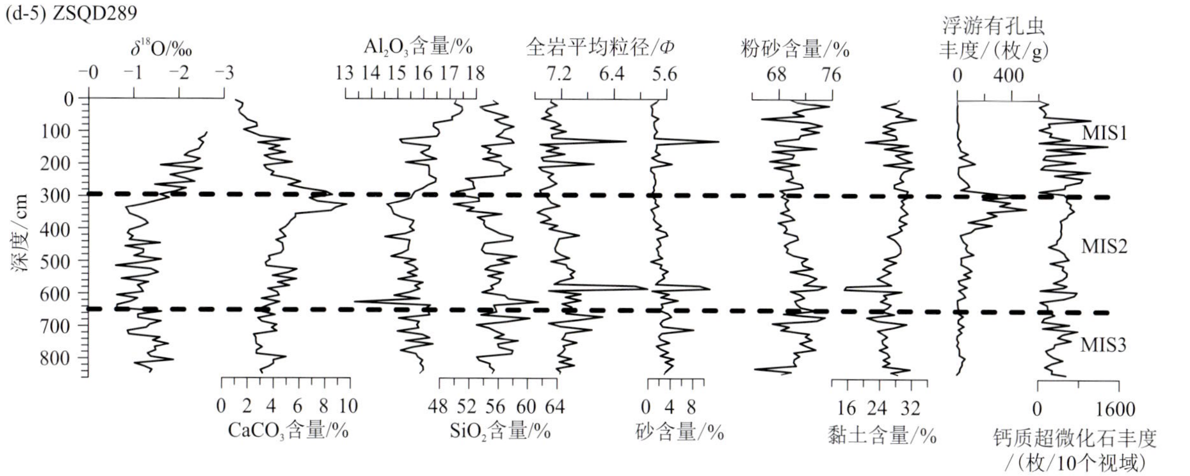

南海及邻域浅表层碳酸钙旋回（续）

Calcium carbonate cycle of shallow sub-surface strata of the South China Sea and its adjacent areas (continued)

(e) $CaCO_3$含量与$\delta^{18}O$关系复杂的柱状样

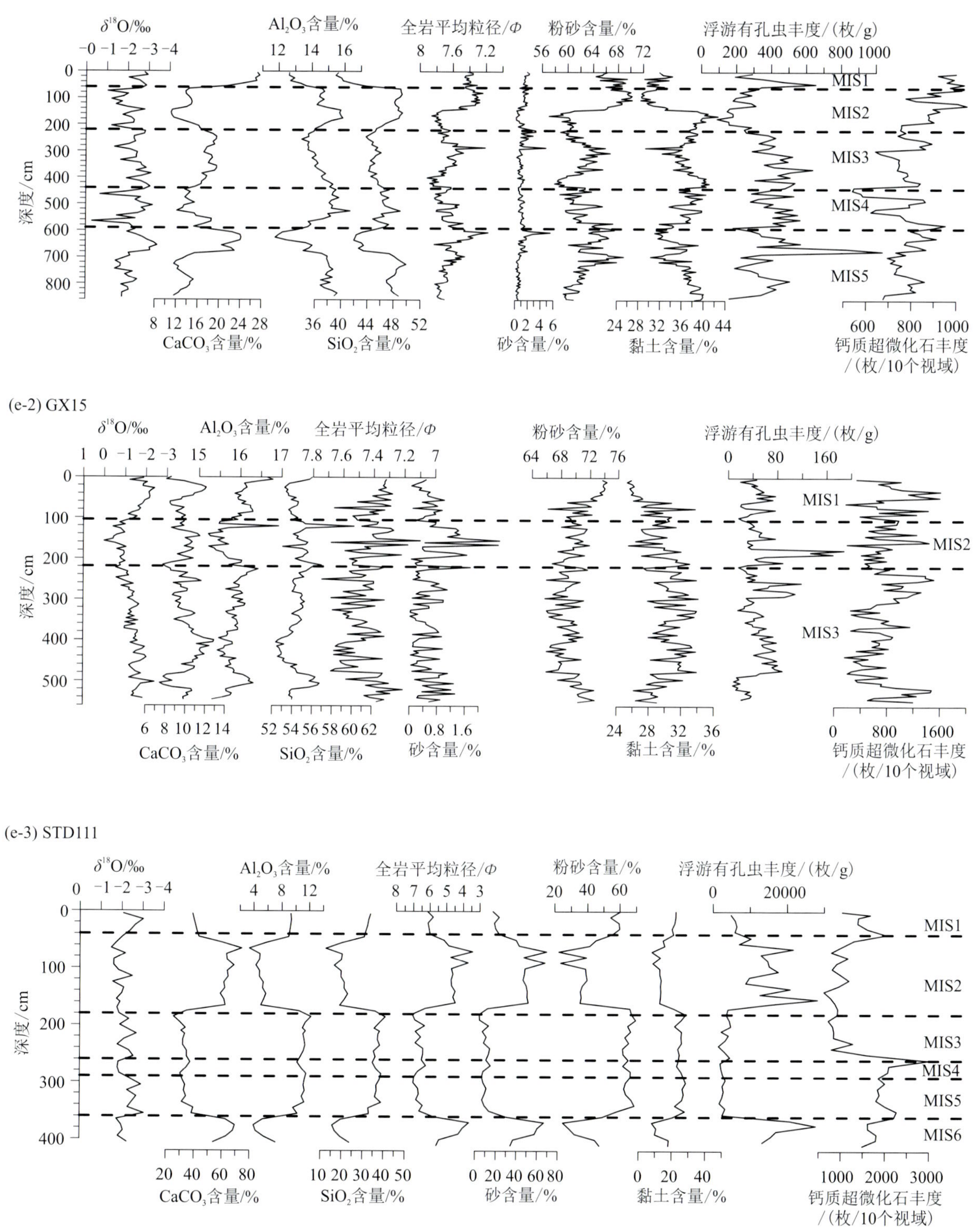

(f) MIS1期和MIS2期柱状样沉积速率随水深的变化

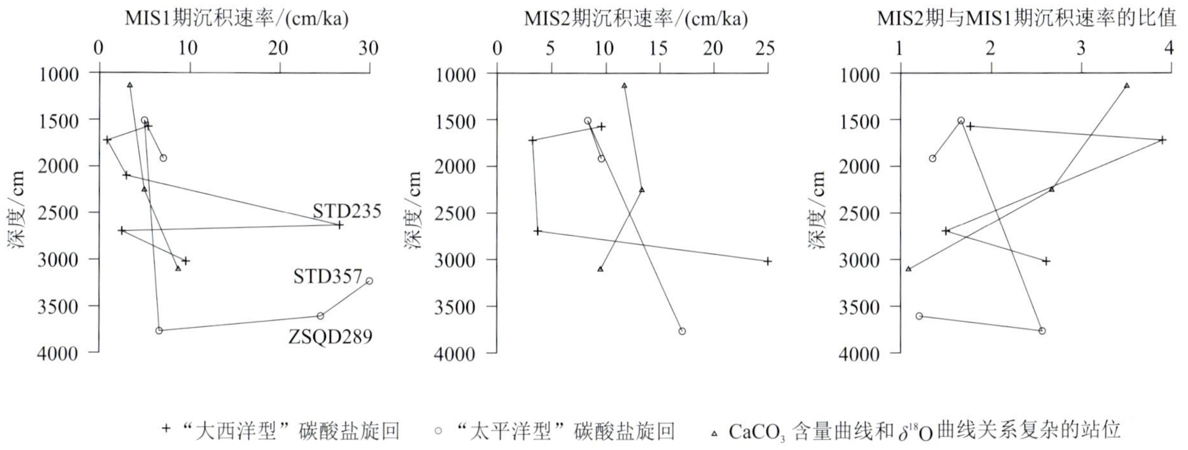

（1）本次研究综合对比13个柱状样的$\delta^{18}O$、$CaCO_3$含量、Al_2O_3含量、SiO_2含量、粒度、浮游有孔虫丰度及钙质超微化石丰度，以表达南海与台湾岛东南部海域浅地层碳酸盐旋回[图(a)]，前人探讨南海碳酸盐旋回时主要使用$\delta^{18}O$、$CaCO_3$含量数据。精选的这些柱状样长度多数介于7~9m，最短的柱状样长度为4.10m，这些柱状样因沉积速率差异较大而记录的地质历史跨度差异也较大，最老地层达MIS8期，有些沉积速率高的柱状样底部年龄仅处于MIS2期。

（2）20世纪90年代以前，前人已发现南海晚第四纪“大西洋型”和“太平洋型”碳酸盐旋回，并认为这两种类型碳酸盐的分布受控于水深：大约水深3000m以浅的“大西洋型”碳酸盐旋回主要受陆源碎屑沉积物的稀释作用控制；大约水深3000m以深的“太平洋型”碳酸盐旋回主要受深海溶解作用控制。本次综合对比的柱状样中，以TP86、HYD235为代表的六个柱状样碳酸盐旋回属于“大西洋型”[图(c)]，它们分布的最大水深为3020m，基本符合前人总结出的“大西洋型”碳酸盐旋回水深分布范围。但本次研究发现水深小于2000m的柱状样ZJ83、83PC碳酸盐旋回也具有“太平洋型”特征[图(d-2)、(d-3)]，其碳酸盐旋回模式与南海深海平原柱状样SO50-29KL典型“太平洋型”旋回可比性强[图(d-1)]，这说明南海碳酸盐旋回机理仍需深入研究。本次研究的柱状样中，有四个柱状样碳酸盐旋回属于“太平洋型”，水深范围介于1511~3605m[图(b)]。此外，发现有三个柱状样碳酸盐旋回既不属于“大西洋型”，也不属于“太平洋型”[图(e)]，分布水深大体小于3000m[图(b)]。

（3）南海“大西洋型”碳酸盐旋回与全球海平面冰期-间冰期升降旋回有着成因联系，从南海西南部陆坡，到南海西北部陆坡，再到南海东北部陆坡，海平面上升过程导致柱状样相对富集细颗粒物、海平面下降过程导致柱状样相对富集粗颗粒物，该过程与河流入海口在冰期旋回中进退过程保持一致。但南海东南部陆坡处于高海平面时柱状样沉积物粒径较大，其古海洋学意义有待进一步研究。

（4）南海“太平洋型”碳酸盐旋回可能分布在“大西洋型”碳酸盐旋回分布范围的离岸方向，$\delta^{18}O$、$CaCO_3$含量关系复杂站位的碳酸盐旋回可能与局部区域复杂的沉积过程有关。

（5）MIS1期和MIS2期柱状样平均沉积速率均随水深增大而增大，与碳酸盐旋回类型关系不大[图(f)]。

南海及邻域沉积物物源分布图

Source areas of sediments in the South China Sea and its adjacent areas

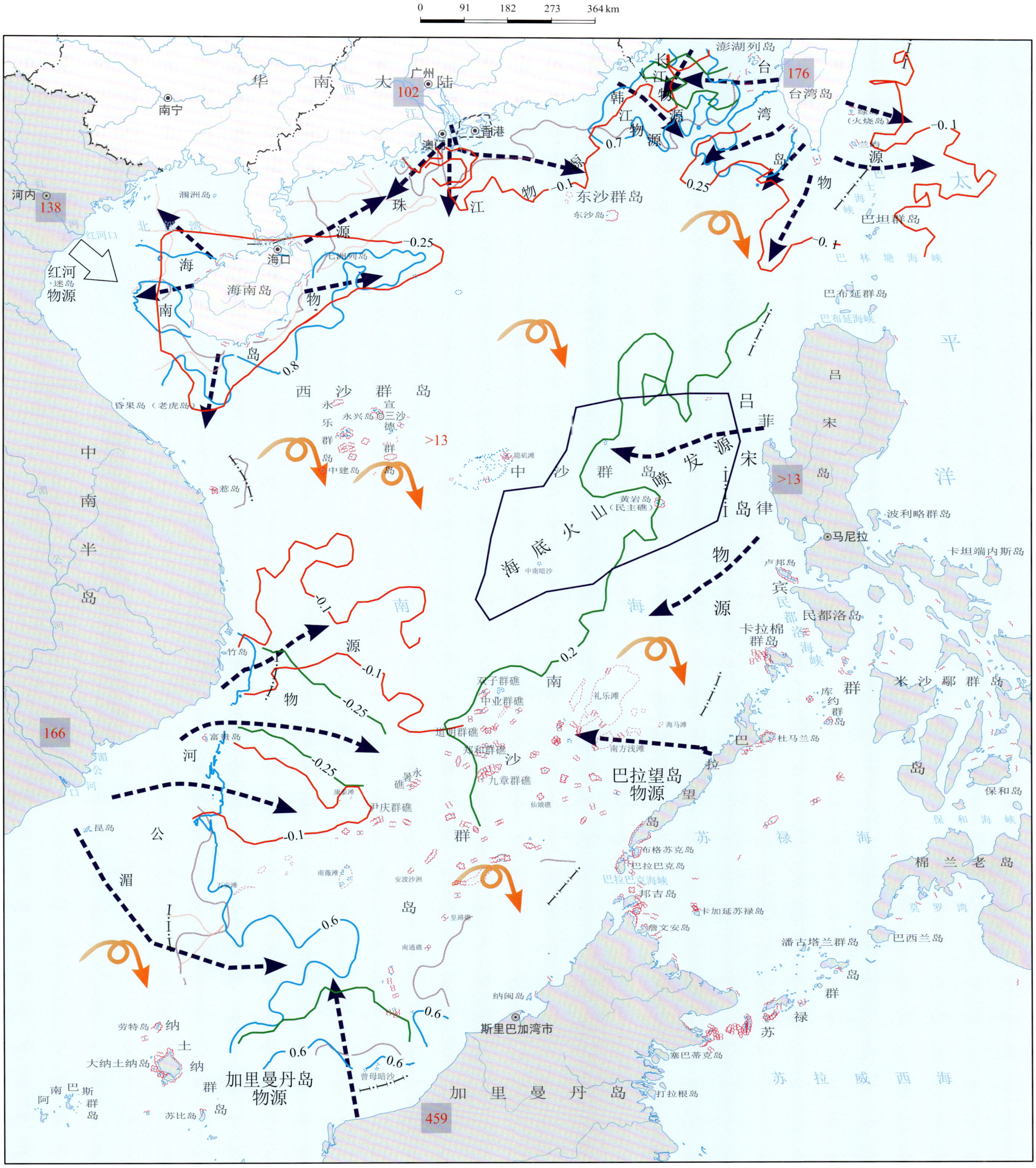

ΣLREE/ΣHREE等值线

浮游有孔虫丰度（100枚/g）等值线

δEu等值线

138 河流入海泥沙通量（Mt/a）

基于实测资料示意的近源区陆源物质扩散趋势

基于河口走向推测的近源区陆源物质扩散方向

基于稀土元素与Ce比值的因子1得分等值线

示意海洋生源物质向海底沉降

基于稀土元素与Ce比值的因子2得分等值线

海底火山喷发物核心沉积区

（1）南海及台湾岛以东海域沉积物物源包括三类：海洋生源、陆源、海底火山喷发源。多数陆源物质输入海洋的过程都与河流有关，但海南岛物源似乎主要与沿岸流等海洋动力系统有关。

（2）南海及台湾岛以东海域沉积物陆源的识别主要基于稀土元素比值因子分析结果，以及δEu、浮游有孔虫丰度、ΣLREE/ΣHREE的分布趋势。海底火山喷发源的识别主要是南海海盆火山玻璃富集区。本图仅给出了能表征陆源和海底火山喷发源的相关指标的典型等值线。

（3）沉积物带有明显的源区信息，识别出的主要陆源包括台湾岛物源、珠江物源、韩江物源、长江物源、海南岛物源、湄公河物源、加里曼丹岛物源、巴拉望岛物源、吕宋岛物源。虽然缺乏红河口附近沉积物样品数据，但推测红河应该也是一个重要物源。

南海及邻域沉积物汇区分布图

Sink areas of sediments in the South China Sea and its adjacent areas

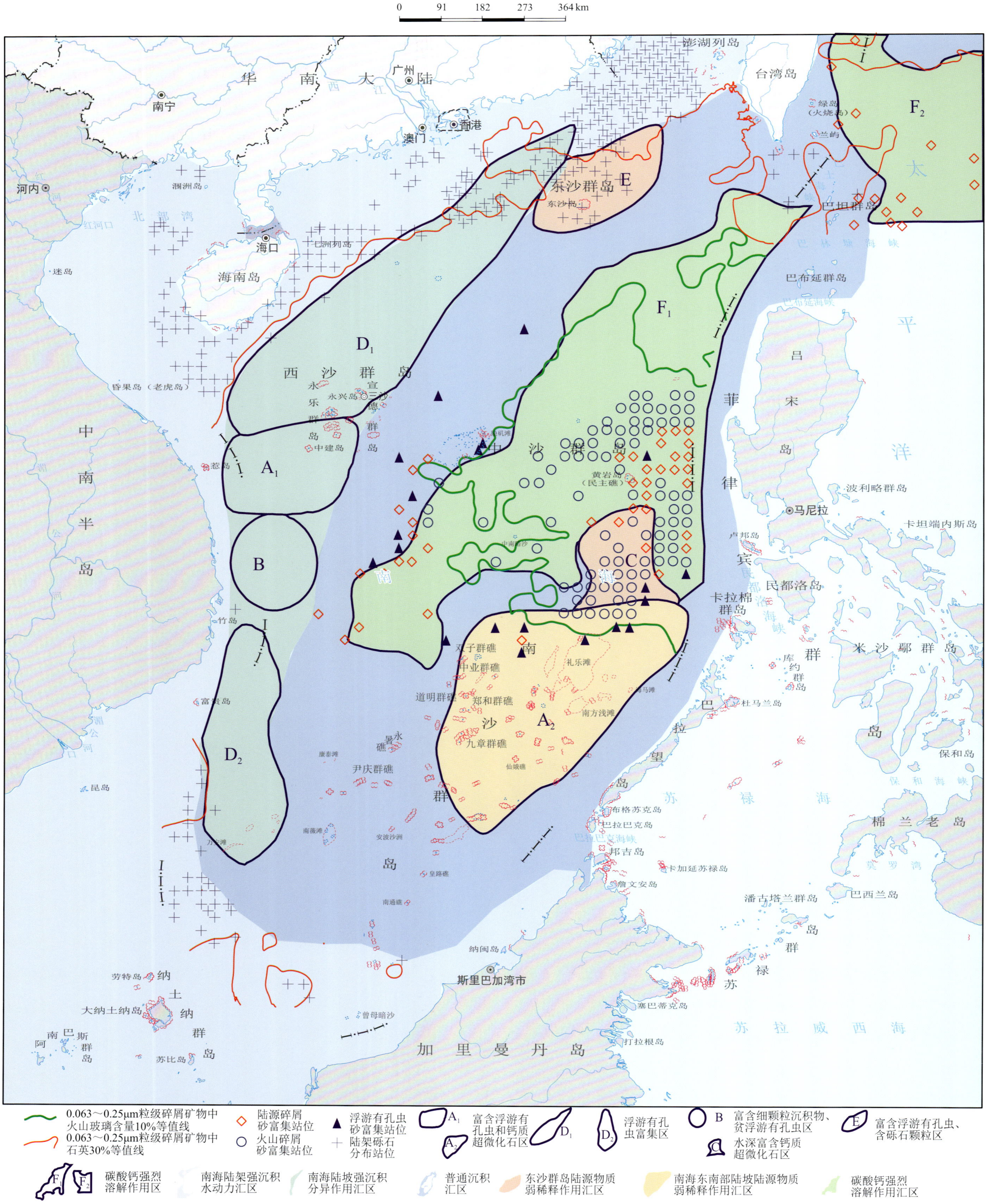

沉积物汇区分布图的编制主要依据沉积动力学、碳酸钙溶解作用以及陆源物质对碳酸钙含量的稀释作用等。南海陆架强沉积水动力汇区以沉积砂、砾等粗颗粒为特点。南海陆坡强沉积分异作用汇区的主要特征为同样来自海洋上层的浮游有孔虫和钙质超微化石的丰度分布出现了显著分化，局部海域富含陆源细颗粒物质。东沙群岛陆源物质弱稀释作用汇区以水动力强、沉积物含砾、富浮游有孔虫、贫陆源物质为特点。南海东南部陆坡陆源物质弱稀释作用汇区以富含钙质生源颗粒、贫陆源物质为特点。碳酸钙强烈溶解作用汇区以贫钙质生物遗壳为特点，但局部区域富含钙质超微化石、浮游有孔虫，推测钙质物质被保存可能与快速沉积有关，在地形复杂的陆坡底部发育浊流沉积。南海深海平原区以碳酸钙溶解作用强、富含火山物质为特点。其余区域为普通沉积物汇区。

南海及邻域环境地质因素图

Environmental geological factors map of the South China Sea and its adjacent areas

0 91 182 273 364 km

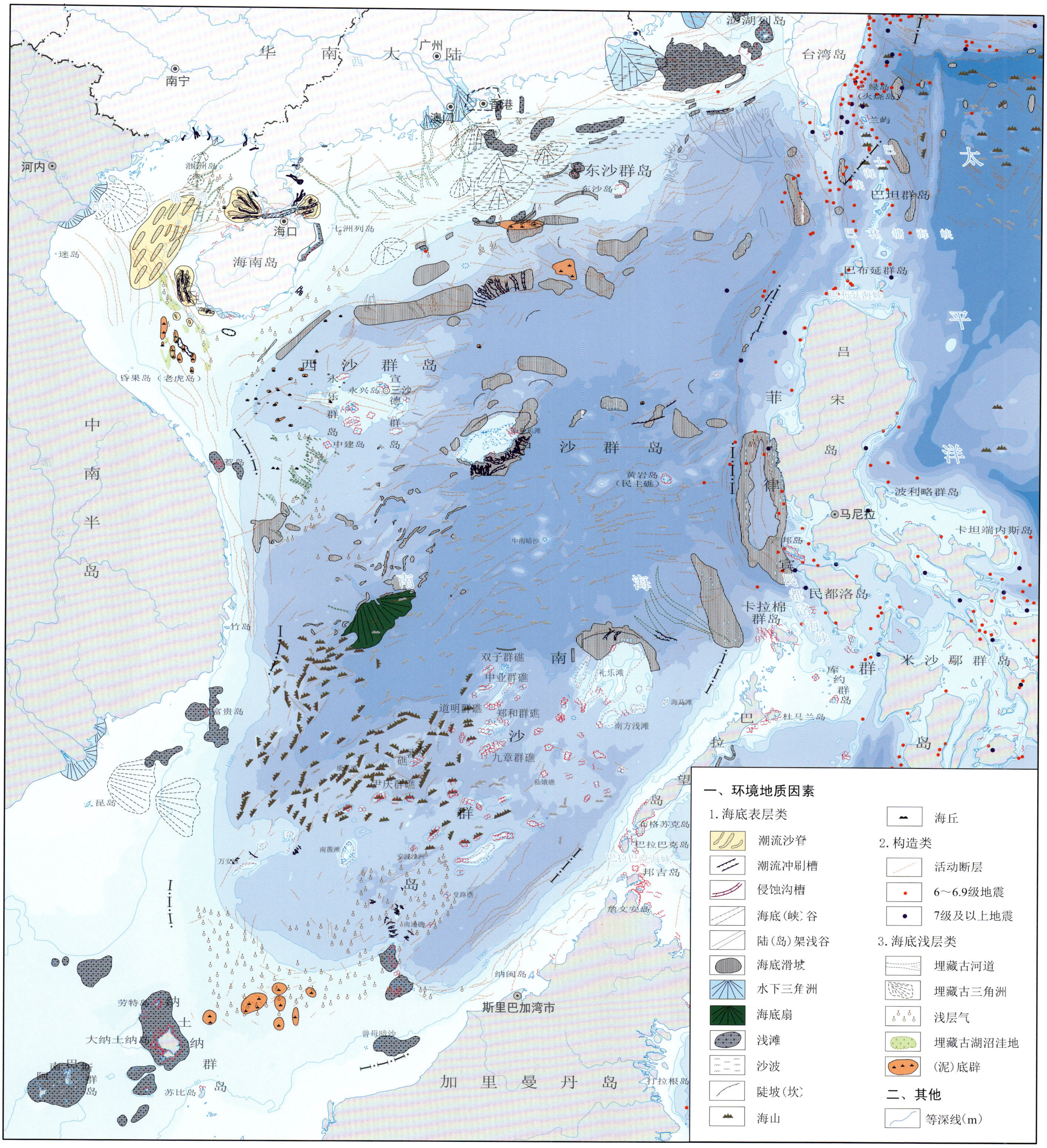

环境地质因素分类表

类别	地质动力	环境地质因素
构造类	内动力	活动断层、地震
海底表层类	水动力、重力	潮流沙脊、潮流冲刷槽、侵蚀沟槽、海底（峡）谷、陆（岛）架浅谷、海底滑坡、沙席、水下三角洲、海底扇、沙波、陡坡（坎）、海山、海丘、珊瑚礁、浅滩、暗沙、暗礁
海底浅层类		浅层气、埋藏古河道、埋藏古三角洲、埋藏古湖沼洼地、（泥）底辟

南海及邻域与重矿物富集有关的地球化学异常分布图

Distribution of geochemical anomalies associated with heavy mineral enrichment in the South China Sea and its adjacent areas

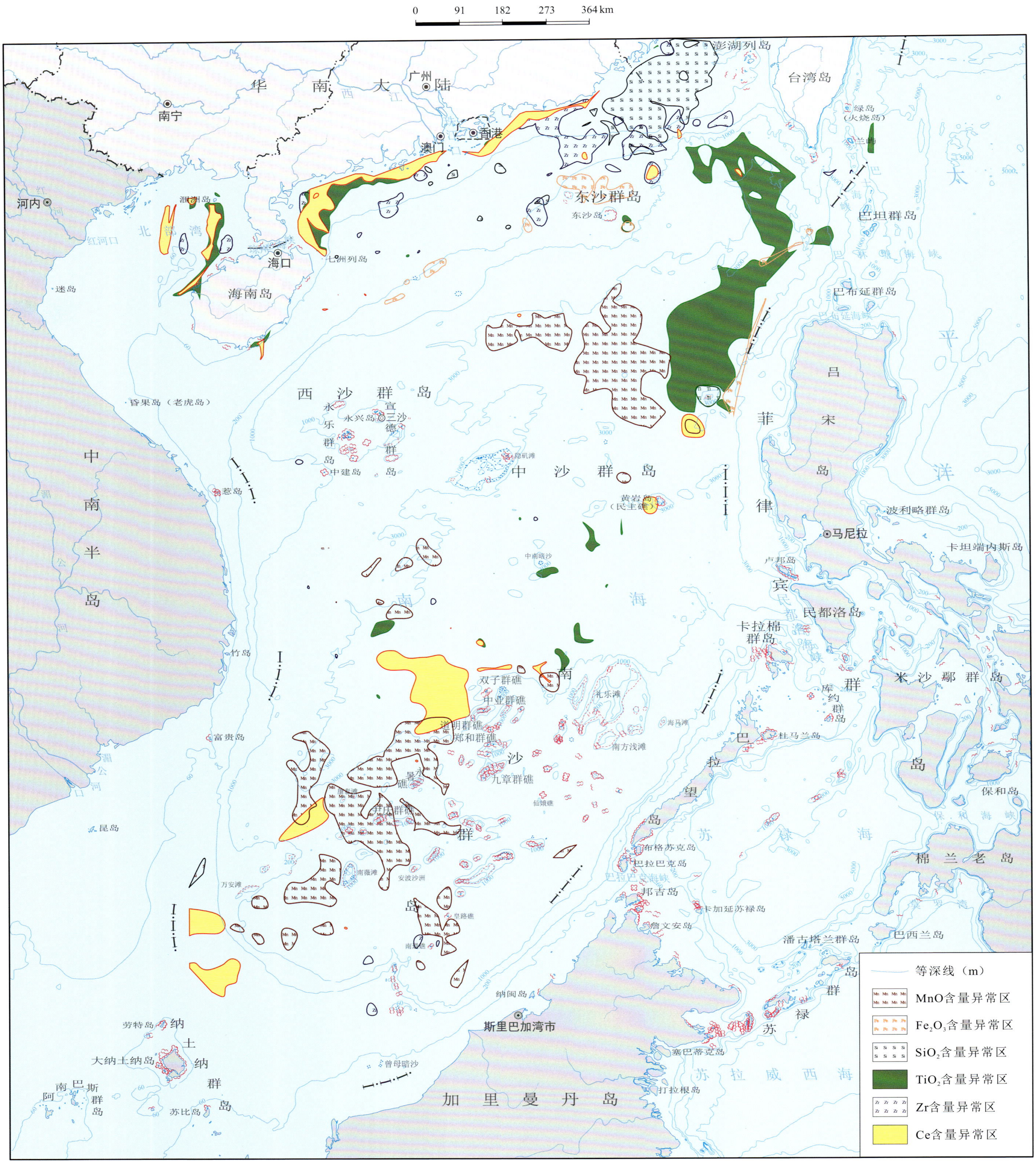

化学元素	异常范围/%	分布海区	可能成因
MnO	1.72~2.90	主要呈条带状集中分布于南海深海盆东北部以及西南部，也有零星呈斑点状分布于海盆中部	海洋沉积物中锰的分布较为复杂，锰的富集可能与铁锰的迁移特性、海洋生物作用和海底热液活动等有关
Fe_2O_3	7.56~10.46	呈斑状零星分布于南海东北部大陆架处，主要分布在东沙群岛处	主要以磁铁矿、钛铁矿等形式存在，来源可能与火山物质有关
SiO_2	74.06~97.14	主要呈斑块状分布于台湾浅滩处，零星呈斑点状分布于珠江口附近	受韩江河流携带的陆源碎屑影响较大
TiO_2	0.85~1.17	台湾岛西南部海域、吕宋岛西北部海域以及雷州半岛两侧的陆架区	海洋沉积物中钛常以稳定重矿物钛铁矿、钛磁铁矿、金红石等形式存在，对沉积物的机械分异作用反应敏感
Zr	0.239~0.358	主要呈条带状、斑块状分布于粤东沿岸、台湾浅滩附近，也有零星呈斑点状分布于粤西近岸	主要以锆石的形式存在，其含量主要与黏土质细砂和粉砂有关，在这类沉积物中含量最高
Ce	0.086~0.117	呈斑块状分布南部深海盆、南沙陆坡，呈条带状分布于北部陆架区	稀土元素的主要成分，受珠江、韩江、台湾岛河流物质的流入，以及海底火山物质等各种沉积作用和沉积环境影响

南海沉积物中有用重矿物异常点分布图

Distribution of useful heavy mineral anomalies in sediments of the South China Sea

0 200 400 600 800 km

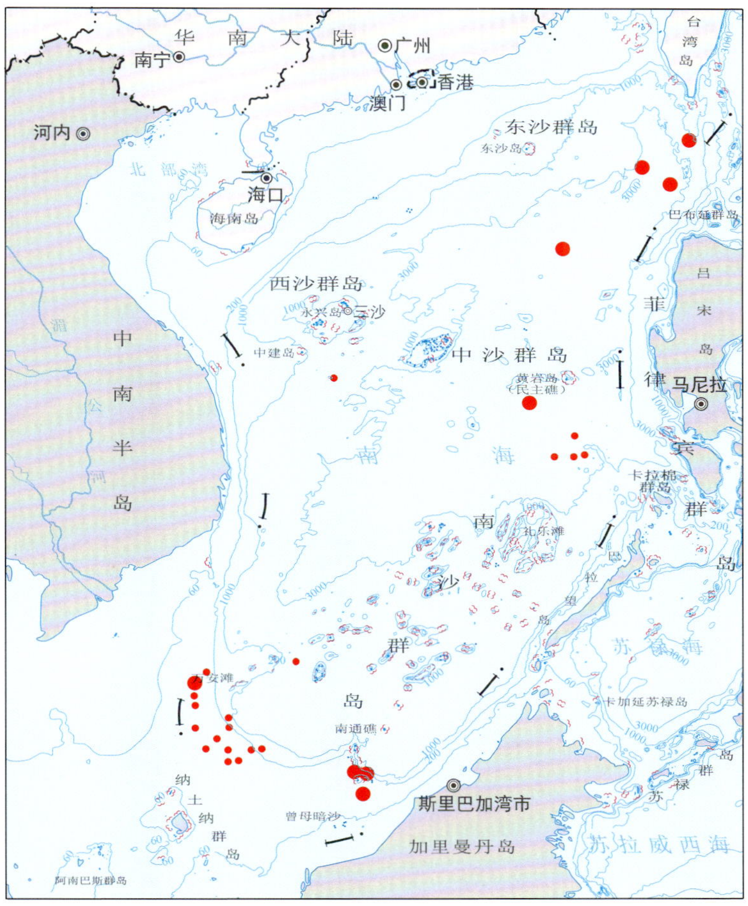

独居石 • <50g/m³ ● >50g/m³

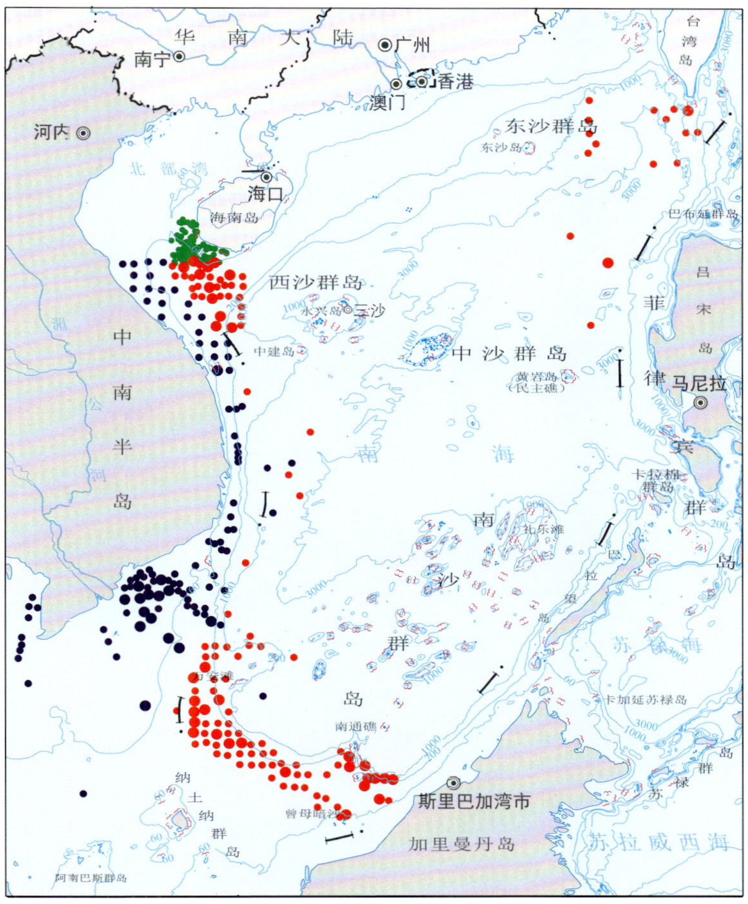

锆石 • <500g/m³ • ● >500g/m³
占重矿物的含量 • <30% ● >30%

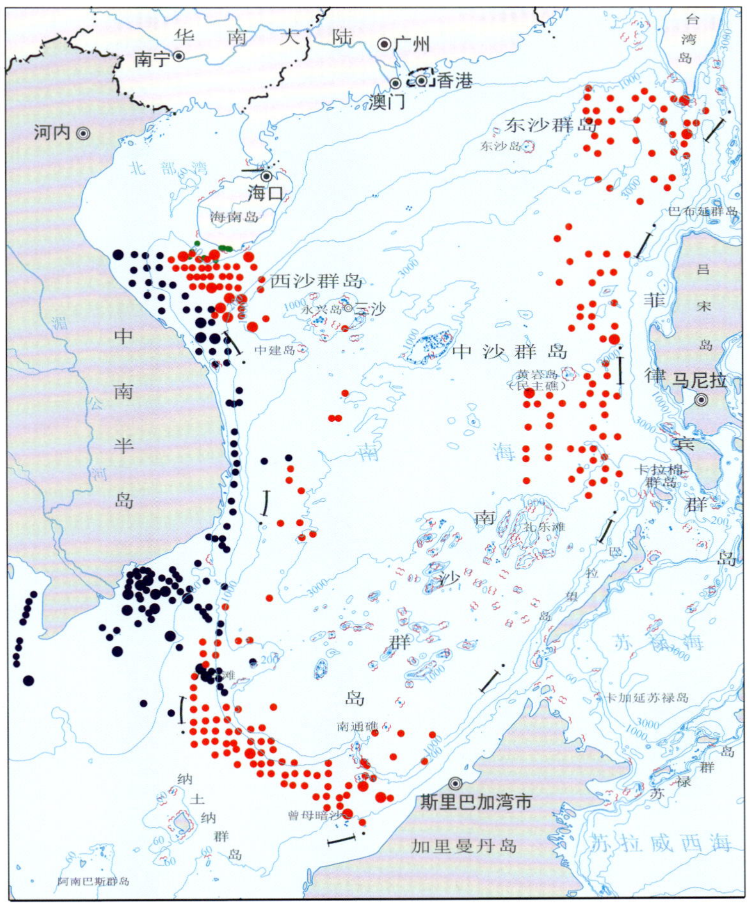

钛铁矿 • <500g/m³ • ● >500g/m³
占重矿物的含量 • <30% ● >30%

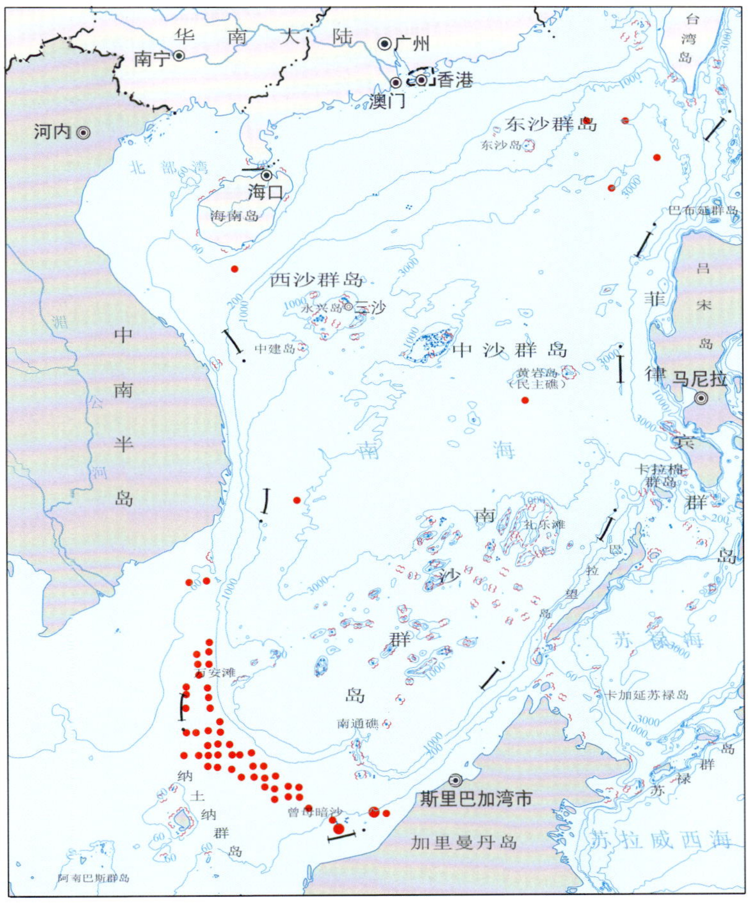

金红石 • <500g/m³ ● >500g/m³

参考《海洋地质地球物理补充调查及矿产资源评价（1996–2002）》

南海重砂矿勘探远景区分布图

Distribution of heavy mineral sands prospective province in the South China Sea

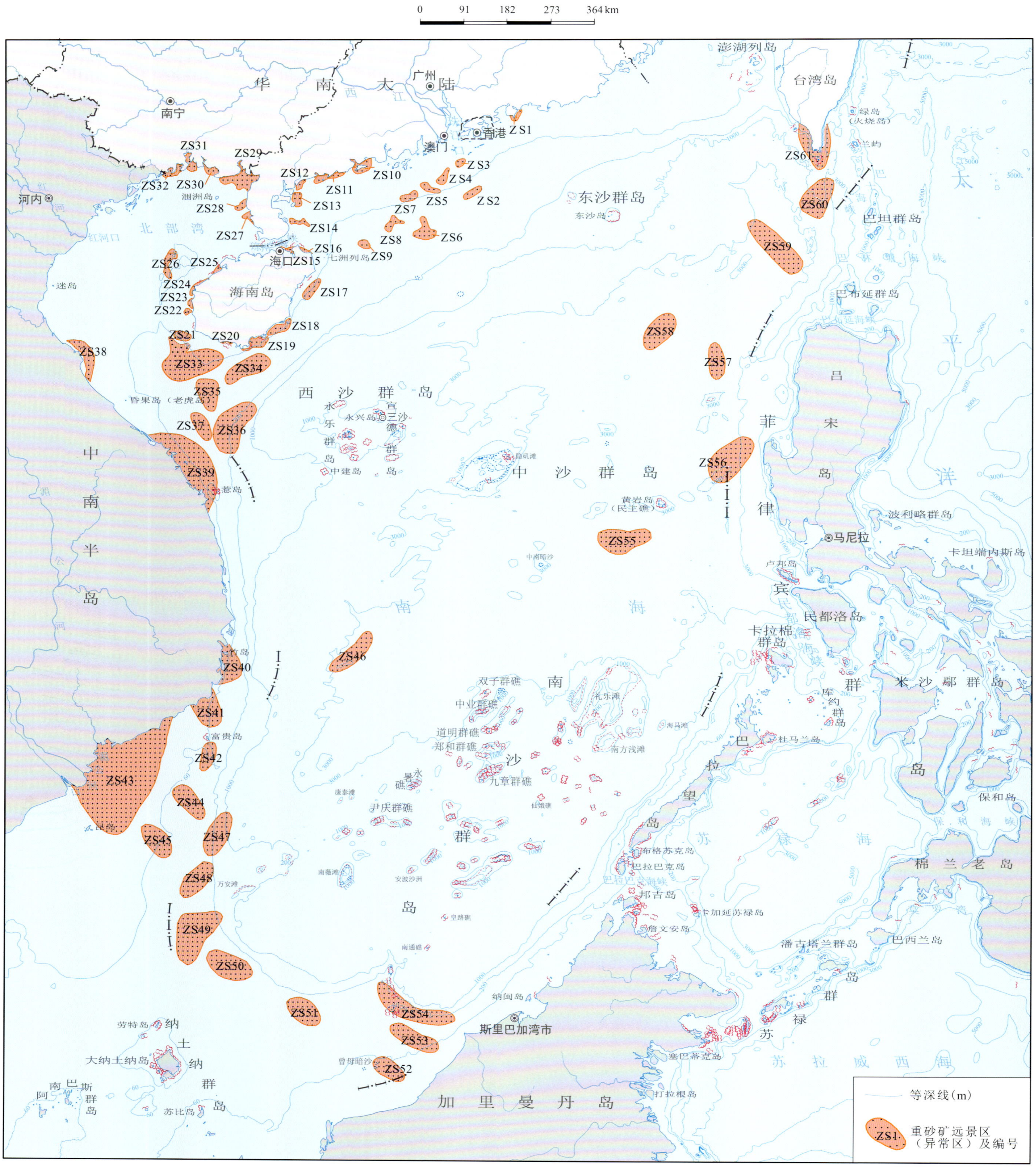

参考《海洋地质地球物理补充调查及矿产资源评价（1996–2002）》

南海有用矿物主要有钛铁矿、锆石、独居石、金红石等。钛铁矿和锆石分布较广泛，主要集中在海南岛南部及西部浅水海域、曾母暗沙，在其他海域呈零星分布；而金红石和独居石的分布较少，主要分布在南海南部浅水海域，其余海域仅有零星分布。圈定出61个（ZS1～ZS61）异常区，其中Ⅰ级砂矿异常区19个、Ⅱ级砂矿异常区33个，越东9个异常区详情不明。

南海重矿物砂矿勘探远景区评价信息表

Evaluation information for heavy mineral sands prospective province in the South China Sea

编号	砂矿类型	位置	级别	矿种：品位 $/(g/m^3)$	面积 $/km^2$	水深 /m
ZS1	锆石 – 金红石砂矿	惠东县平海东岸	II	锆石：1944（最高,下同）；金红石：500 ～ 750	229	<15
ZS2	钛铁矿 – 锆石砂矿	万山南深水区	II	钛铁矿：16460；锆石：1419	511	>70
ZS3	金红石 – 钛铁矿砂矿	万山南深水区	II	金红石：250 ～ 750；钛铁矿：2500 ～ 7500	253	30 ～ 40
ZS4	独居石 – 金红石砂矿	川岛东南深水区	II	独居石：57；金红石：792	456	30 ～ 40
ZS5	金红石 – 锆石砂矿	川岛东南深水区	II	金红石：250 ～ 500；锆石：250 ～ 500	480	40 ～ 60
ZS6	金红石 – 锆石砂矿	川岛东南深水区	II	金红石：250～500；锆石：250 ～ 500	1183	>70
ZS7	金红石 – 锆石砂矿	川岛东南深水区	II	金红石：250 ～500；锆石：250 ～ 500	523	40 ～ 60
ZS8	金红石 – 钛铁矿砂矿	阳江南深水区	II	金红石：4852；锆石：8530	537	60 ～ 80
ZS9	金红石 – 钛铁矿砂矿	阳江南深水区	II	钛铁矿：10256	339	60 ～ 90
ZS10	独居石砂矿	海棱岛 – 闸坡湾	I	独居石：5403	822	<15
ZS11	独居石砂矿	电白港 – 沙扒镇	II	独居石：359.7	620	<20
ZS12	独居石砂矿	吴川钳塘 – 谭巴	I	独居石：121	320	<10
ZS13	独居石 – 锆石砂矿	镇江口外南三岛 – 硇州岛	I	独居石：265.8；锆石：1940	484	<15
ZS14	独居石 – 锆石砂矿	雷州新寮东侧	II	独居石：123；锆石：1432	333	<20
ZS15	独居石 – 锆石砂矿	文昌铺前港	II	独居石：186；锆石：1548	173	<20
ZS16	锆石砂矿	琼东北东坡东侧	II	锆石：1060；锆石：250 ～ 750	139	<10
ZS17	锆石砂矿	文昌东侧	II	锆石：250 ～ 750	771	<40
ZS18	锆石 – 钛铁矿 – 金红石砂矿	陵水 – 万宁	I	锆石：3274；钛铁矿：1759；金红石：2655.9	774	<40
ZS19	锆石砂矿	陵水藤桥南	II	锆石：1078	729	<30
ZS20	锆石砂矿	崖州湾	I 、II	锆石：250~1123	140	<30
ZS21	锆石砂矿	莺歌海西北	II	锆石：1097	574	<20
ZS22	钛铁矿	通天港	I	钛铁矿：13860~13455（两站位）	170	<20
ZS23	金红石 – 钛铁矿砂矿	东方西侧	II	金红石：1042；钛铁矿：9268	161	<20
ZS24	独居石 – 金红石 – 锆石砂矿	昌化港海尾一带	I	独居石：1046；金红石：847；锆石：1149	260	<20
ZS25	含独居石的锆石砂矿	白马井港	II	含锆石的独居石：250 ～ 750	204	<20
ZS26	锆石砂矿	北部湾	II	锆石：250 ～ 750	691	60 ～ 70
ZS27	锆石 – 金红石砂矿	唐家西侧	I	锆石：1481；金红石：835	299	<10
ZS28	锆石 – 金红石砂矿	江洪西侧	I	锆石：1511；金红石：986	323	<20
ZS29	锆石 – 金红石砂矿	北海南 – 草潭	I	锆石：1311；金红石：171	1937	<10
ZS30	锆石 – 独居石砂矿	北海 – 犀牛角	I	锆石：1482；独居石：67	498	<10
ZS31	钛铁矿 – 锆石 – 金红石砂矿	钦州湾	I	钛铁矿：15918.6；锆石：897；金红石：558.9	531	<20
ZS32	锆石 – 金红石砂矿	广西防城	II	锆石：2239；金红石：956	526	<10
ZS33	钛铁矿 – 锆石砂矿	琼西南浅水区	I	钛铁矿 :1504.8 ～ 7199.8；锆石 :259.5 ～ 3368	6670	50 ～ 100
ZS34	钛铁矿 – 锆石砂矿	琼西南浅水区	II	钛铁矿：5300(1)（站位，下同）；锆石：996	3172	50 ～ 150
ZS35	钛铁矿 – 锆石砂矿	琼西南浅水区	II	钛铁矿 :7428；锆石 :736.5 ～ 1671(2)	2401	50 ～ 150
ZS36	钛铁矿 – 锆石砂矿	琼西南浅水区	I	钛铁矿 :5300 ～ 9415(3) 锆石 :585 ～ 2164(4)	5860	100 ～ 200
ZS37	锆石 – 石榴子石砂矿	越东浅水区			1166	50 ～ 150
ZS38	金红石砂矿	越东浅水区			1726	<75
ZS39	锆石 – 金红石 – 石榴子石砂矿	越东浅水区			9197	<100
ZS40	石榴子石砂矿	越东浅水区			2730	<150
ZS41	石榴子石 – 锆石砂矿	越东浅水区			3008	<150
ZS42	锆石 – 石榴子石砂矿	越东浅水区			1552	50 ～ 150
ZS43	金红石 – 锆石 – 石榴子石砂矿	湄公河口外			27648	<50
ZS44	金红石 – 锆石砂矿	越东浅水区			2959	50 ～ 150
ZS45	金红石 – 锆石砂矿	越东浅水区			3141	50 ～ 150
ZS46	钛铁矿砂矿	南海西部浅水区	II	钛铁矿 :5380	3328	2000 ～ 2500
ZS47	锆石砂矿	南海西南部浅水区	II	锆石 :696.95	3694	200 ～ 1000
ZS48	独居石 – 锆石	南海西南部浅水区	II	锆石 :1123.6 ～ 1484(2)；独居石 :62.54	3374	100 ～ 200
ZS49	锆石砂矿	南海西南部陆坡	I	锆石 :673.1 ～ 1173.95(5)	7401	100 ～ 200
ZS50	钛铁矿 – 锆石砂矿	南海西南部浅水区	I	锆石 :810.9 ～ 1033.5(4)；钛铁矿 :17781.5	1059	100 ～ 200
ZS51	锆石砂矿	南海西南部浅水区	II	锆石 :1248.15	4491	100 ～ 200
ZS52	钛铁矿 – 锆石 – 金红石砂矿	曾母暗沙浅滩	II	钛铁矿 :43990；锆石 :23983；金红石 :1158	3205	<100
ZS53	钛铁矿 – 锆石 – 金红石 – 独居石砂矿	南沙海槽西南浅水区	II	钛铁矿 :6095 ～ 28620(2)；锆石 :10891 ～ 12720(2)；金红石 :530；独居石 :50.88	3542	<100
ZS54	锆石 – 独居石	南沙海槽西南浅水区	I	锆石 :954 ～ 2395.6(7)；独居石 :625239.6(2)	6083	100 ～ 500
ZS55	钛铁矿 – 独居石砂矿	南海东部深水区	II	钛铁矿 :9550；独居石 :200.34	4389	3000 ～ 3500
ZS56	钛铁矿 – 金红石砂矿	南海东部浅海区	II	钛铁矿：9579；金红石：563	5774	3000 ～ 3500
ZS57	锆石砂矿	南海东部浅海区	II	锆石：1577	2084	3000 ～ 4000
ZS58	独居石砂矿	南海东部深水区	II	独居石：93.8	3341	3000 ～ 3500
ZS59	独居石砂矿	南海东部深水区	II	独居石：400.2	5453	3000 ～ 3500
ZS60	钛铁矿 – 独居石砂矿	南海东部深水区	II	钛铁矿：5896；锆石：354	3771	1000 ～ 2000
ZS61	锆石 – 独居石砂矿	台湾半岛南浅水区	I	锆石：1617；独居石：100.2	3304	<500

参考《海洋地质地球物理补充调查及矿产资源评价（1996–2002）》

南海海底铁锰结核（壳）站位分布图

Distribution of Fe-Mn polymetallic nodules (crusts) sites in the South China Sea

0 91 182 273 364 km

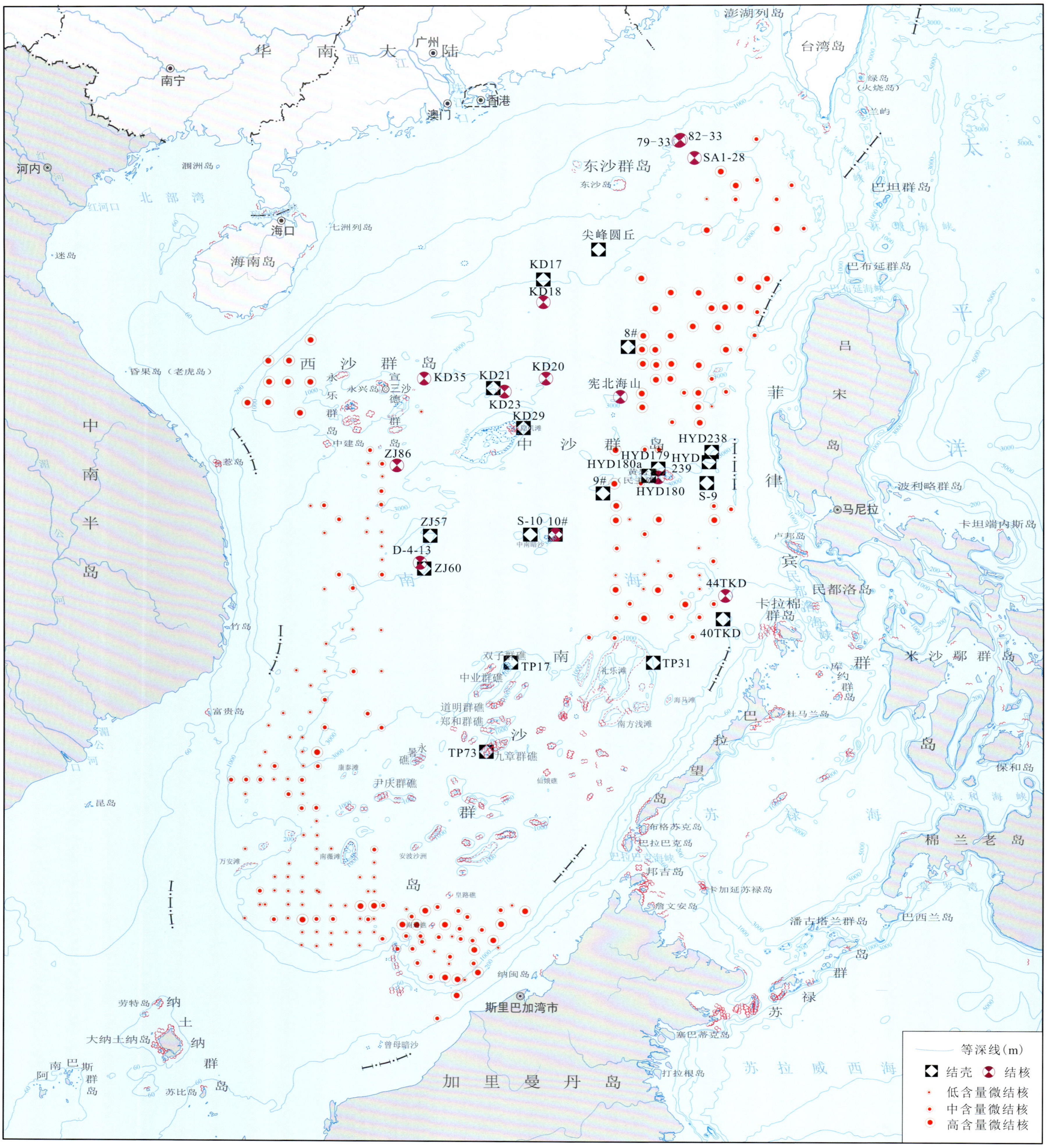

参考《海洋地质地球物理补充调查及矿产资源评价（1996–2002）》

南海大陆坡和深海盆表层沉积物中的铁锰结核（又称多金属结核）和铁锰结壳是潜在的固体矿产资源。南海结核、结壳以Mn、Fe为主要成分，并含有一定量的Cu、Co、Ni、Ti等元素。

目前为止，已经发现的铁锰结核有12处、结壳有20处，主要分布于9°N以北、112°E以东的陆坡区和深海盆区。结核主要产于陆坡中部及深海盆周缘，水深范围为1000～3500m；结壳则产于南海海盆中央和其周缘的海山、海台上，前者水深较大，可达3000～3500m，后者较小，一般为1000～2400m。西沙群岛、中沙台地和礼乐滩附近均曾发现比较大的结核，直径为4～8cm，主要为水成型结核。结壳厚1～3cm，少数可达5～7cm，如尖峰海山、中沙台地所见。南海结核、结壳的Cu、Ni、Co总量虽然比较低，但却富含稀土元素，部分区域结壳总稀土含量高达2662.8×10^{-6}，具有较大的资源远景。

南海铁锰结核（壳）站位信息表

Site information for Fe-Mn polymetallic nodules (crusts) in the South China Sea

（a）结核

站位号	地貌位置	水深/m	结核直径形状及大小	资料来源
79-33	陆坡	1500		中国科学院南海海洋研究所，1985 年
82-33	陆坡	1656	长1~2.8cm，壳层厚1~5cm，最大直径 31~37cm，高 2.1cm	中国科学院南海海洋研究所，1985 年
10#	中南海山基座	3014	壳层厚 3~5cm	中美合作调查，1986 年
KD18	陆坡	3400	各种形状、大小结核	鲍根德等，1993 年
KD20	中沙北海隆	1070	各种形状、大小结核	
KD23	中沙北海隆	1400	各种形状、大小结核	
KD35	西沙海隆	1500	各种形状、大小结核	
44TKD	礼乐斜坡	1900	直径40cm	陈毓蔚，1998 年
D-4-13	盆西海岭	3090	各种形状、大小结核，直径0.5~6cm	邱传珠，1983 年
SA1-28	陆坡	2000	多种形态，丰度 4kg/m³	126-03 项目
ZJ86	中建斜坡	1945	球状、椭球状	广州海洋地质调查局，2012 年
HYD180	黄岩海山基座	3439	椭球状，直径 2~5cm	广州海洋地质调查局，2014 年

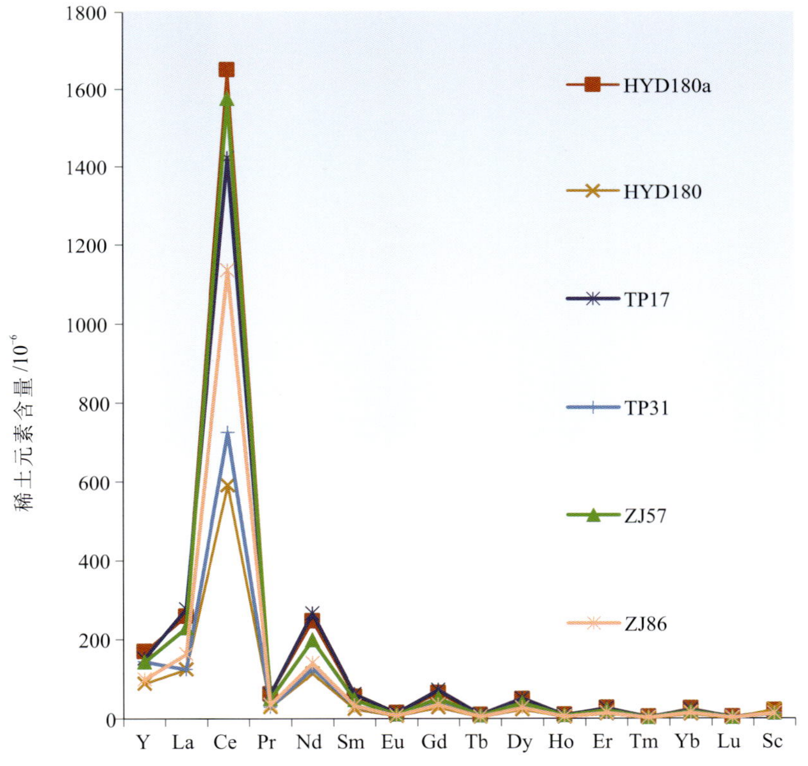

南海典型结核（壳）稀土元素配分模式

（b）结壳

站位号	地貌位置	水深/m	结壳厚度	基岩	资料来源
S-9	黄岩海山	1000		大洋玄武岩	王贤觉，1984 年
S-10	中南海山	3000		大洋玄武岩	
8#	玳瑁海山	3429	1~5mm	大洋玄武岩	中美合作调查，1986 年
9#	珍贝海山	3116	15~20mm	大洋玄武岩	
10#	中南海山	3014	15~20mm	大洋玄武岩	
宪北海山	宪北海山	2100	20mm	玄武岩	陈毓蔚，1998 年
尖峰海山	尖峰海山	1500	10~30mm，最厚50mm	基－中酸性火山岩	
KD17	陆坡	2470	上层仅几毫米	基－中酸性火山岩	鲍根德，1993 年
KD21	中沙北海隆	2170	上层仅几毫米	基－中酸性火山岩	
KD29	中沙海台	1250	上层仅几毫米	基－中酸性火山岩	
40TKD	礼乐斜坡	1000	3.5±0.2mm	玄武岩	陈毓蔚，1998 年
ZJ57	盆西海岭	2237	1~3mm	基－中酸性火山岩	广州海洋地质调查局，2012 年
ZJ60	盆西海岭	1650	1~6mm	基－中酸性火山岩	
HYD179	黄岩海山	3273	50mm	玄武岩	广州海洋地质调查局，2014 年
HYD180a	紫贝海山	2430	10~30mm，最厚为50mm	玄武岩	
HYD238	贝壳海山	3043	15~20mm	玄武岩	
HYD239	贝壳海山	3093	10~20mm，最厚为50mm	玄武岩	
TP17	永登暗沙	1044	10~13mm	玄武岩	广州海洋地质调查局，2014 年

南海及邻域地层与沉积特征

Stratigraphic and Sedimentary Characteristics of the South China Sea and Its Adjacent Areas

南海及邻域地层与沉积作用主要涉及南海及相邻的花东海盆和西菲律宾海新生代地层分析对比与主要沉积时期的沉积作用及沉积模式，是海洋区域地质调查的一项基础性工作，是区域构造研究、矿产勘查、编制地质系列图件的重要基础。内容包括三个部分：南海新生代地层分区与对比、南海新生代沉积古地理及发育模式、花东海盆地层分区特征及对比。

在统一的原则和标准下，对全南海新生代地层进行了分析和对比，建立了南海沉积体系的综合发育模式，即三角洲－半深海－深海－浊积扇模式和碳酸盐台地－生物礁模式；系统厘定了花东盆地地层层序，为花东海盆成因认识提供了地层层序的证据。

1. 地层分区原则及方案

南海处于欧亚板块、菲律宾海板块和印度－澳大利亚（印－澳）板块之间的大型边缘海，其北部为华南大陆，西部为中南半岛，东部为台湾－吕宋岛弧，南部为加里曼丹岛－巴拉望岛，地层发育具有多样性的特征。地层分区源自对区域地质演化的理解，是建立区域地层系统的具有指导作用的重要环节，一般分为地层大区、地层区和地层分区三级。根据南海及邻域地层发育及分布特征，按照基底与盖层发育演化阶段差异、地层序列与地层接触关系不同、古地理格局与古环境条件不同、生物群与生物古地理区系不同、大地构造相时空分布与演化序列差异等划分原则，划分为欧亚地层大区和菲律宾海地层大区两个地层大区，并将欧亚地层大区划分为华南地层区、印支地层区、台湾－吕宋地层区、巴拉望－婆罗洲地层区、南海海域地层区五个地层区，菲律宾海地层大区包括台湾东部海域地层区。就本图集而言，重点展示了南海海域地层区和台湾东部海域地层区的特征。

南海海域地层区：发育中—新生代地层，以新生代地层为主，各区段地层特征具有一定的相似性，但区域差异也非常明显，主要有四大差异：一是地层基底性质差异；二是地层分布具不均匀性；三是沉积建造差异；四是生长发育环境差异。基于以上差异，以基底性质及新生界发育演化、区域构造应力场、古环境和新生代物源条件等为划分原则，将南海海域地层区进一步划分为四个次级地层分区，包括南海北部地层分区、南海西部地层分区、南海海盆地层分区、南海南部地层分区。

台湾东部海域地层区：构造上属于西菲律宾海板块，地层发育演化与南海差别较大，主要按照海盆发育演化和形成机制的差异，分为花东海盆地层分区、西菲律宾海盆地层分区、四国－帕里西维拉海盆地层分区和马里亚纳海盆地层分区共四个分区。根据现今的调查程度，本图集重点展示花东海盆地层分区。

2. 各分区地层发育特征与对比

南海北部地层分区：主要包括北部陆缘，是其北面华南陆区加里东、海西、燕山等构造旋回的褶皱带在南海北部海域的自然延伸。新生代以来发育有北部湾盆地、琼东南盆地、珠江口盆地、台西南盆地、台西盆地、西沙海槽盆地、笔架盆地和笔架南盆地等多个陆缘张裂盆地。从沉积序列上看，地层从前中生界基底到第四系都有发育。中生界主要分布在南海北部陆架和陆坡的中部和东部，以珠江口盆地东部的韩江凹陷、潮汕凹陷、台西盆地和台西南盆地区为主，最大厚度在潮汕凹陷，超过8000m。新生界全区普遍发育，最大厚度达17000m。新生界古近系大多分布在沉积盆地内部，以陆相（河湖相）为主；晚渐新世以后，除北部湾地区外普遍受自东南方向推进而来的海侵的影响，大部分地区接受了滨海、浅海、海陆过渡相与三角洲相的陆源碎屑以及部分礁灰岩的沉积；中新世早期，海侵由南向北进一步扩大，并进入珠江口盆地的西北部；至晚中新世中晚期，南海北部再次发生更大规模的海侵，一直处于隆起状态的东沙地区接受沉积；第四纪时期，陆架总体为滨浅海相，陆坡为浅海－半深海相。

南海西部地层分区：南海西部紧邻中南半岛发育，基底地层为印支地块陆核的延伸，以昆嵩地块最大，长期以来一直处于相对稳定状态，岩性包括太古宇和元古宇双辉石片麻岩、榴英硅浅变质岩、基性变粒岩、紫苏花岗闪长岩、花岗岩、角闪石－黑云母片麻岩等。陆架区，主要包括莺歌海盆地、中建南盆地和万安盆地等三个盆地，以走滑－拉张为主，发育新生代地层，最厚处超过万米。经历了河湖陆相沉积－海陆过渡相－海相沉积，以陆源碎屑沉积为主，中新统发育碳酸盐岩，以碳酸盐台地发育为特色。由下向上，整体反映一套由陆相至海相且海水不断加深的海侵旋回的地层系统，岩性主要为碎屑岩和碳酸盐岩，并以碳酸盐台地、陆坡水道、深水扇发育为典型特征。

南海南部地层分区：南海南部基底由多个小地块组成，前中生代地层与加里曼丹岛－纳土纳岛地层分布密切相关，核部为西印支地块断褶带的东南端和古晋燕山断褶带，出露最老的地层位于古晋－纳土纳带的泥盆纪—早石炭世板岩系，强烈褶皱并变质为绿片岩相的云母片岩。根据南海南部海区的构造演化和沉积充填历史，以及盆地地层主体走向，将南海南部海区按万安－卢帕尔、中南－礼乐及巴拉巴克断裂为界，分为西、中和东三个地层亚区，西亚区包括万安盆地和东纳土纳盆地；中亚区包括曾母盆地、文莱－沙巴盆地、南海南部海槽盆地、北康盆地、南薇西盆地、南薇东盆地等；东亚区包括礼乐盆地、南北巴拉望盆地。中生界主要发育于礼乐盆地、巴拉望西南近海等区域，其总体为滨浅海相碎屑岩、灰岩和深海页岩沉积。新生代沉积盆地拗陷区以碎屑岩沉积为主，基底隆起的礁滩区发育碳酸盐岩。中西部盆地在中中新世末期受万安运动影响，地层发生大面积褶皱变形，南部发育由东南向西北逆冲的逆冲推覆体。古新世—中始新世地层为早期沉积物快速堆积的结果，厚度为3000～6000m；晚始新世—渐新世地层，呈充填状“填平补齐”于下构造层之上，厚度为1000～3000m；晚中新世—第四纪地层全区广泛分布，厚度从北到南逐渐加厚，一般2000～6000m。新生代地层中发育多种沉积体系，沉积相类型丰富。陆架边缘三角洲和碳酸盐台地－生物礁是典型的沉积模式。南海南部大型三角洲沉积体系广泛发育于曾母盆地、万安盆地等地区，自晚中新世开始发育陆架三角洲，自上新世以来发育陆架边缘三角洲。南海南部碳酸盐岩台地广泛发育于礼乐盆地、曾母盆地、万安盆地以及北康盆地等地区，以中新世为碳酸盐台地及生物礁发育的主要时期。

南海海盆地层分区：南海海盆位于南海中部，由西北次海盆、西南次海盆和东部次海盆组成，呈菱形展布。海盆基底为玄武岩质洋壳，东部次海盆钻遇到早中新世玄武岩，西南次海盆钻遇到中中新世玄武岩，西北次海盆未钻遇基底。地层主要由渐新统—第四系组成，为一套半深海－深海相沉积。沉积物由深海浊流沉积、深海软泥、火山灰、火山碎屑等沉积物构成，属于深海堆积盆地。新生界厚度整体为0～4800m，西北次海盆新生界厚度较均匀，为2000～3800m；东部次海盆和西南次海盆新生界厚度变化大，普遍为400～1800m，东部次海盆南部厚度最大可达4500m左右，西南次海盆南部厚度可达4000m。渐新世地层主要分布在西北次海盆、东部次海盆的礼乐斜坡带以及西南次海盆的南部边缘；早中新世地层在海盆大部分区域都有分布，仅现今古扩张中心带尚无地层发育；中中新世以来，海盆中中新统—第四系广泛分布，地层厚度一般可超过500m。不管是地层厚度和地层岩石组合，还是沉积充填速率，东部和西部，南部和北部都有较明显差异，揭示出周缘环境、水动力条件、物源差异对海盆地层发育的影响。

花东海盆地层分区：花东海盆处于西菲律宾海板块的西部边缘，基底性质为洋壳，推测为玄武岩。海盆岩石由两部分组成，上部为深海段；下部为火山碎屑浊流沉积物及碎屑流砂岩和砾岩，并有多层岩床侵入。地层以新生界始新统—第四系为主，地层的分布受到沉积物源影响也很明显，台湾岛是本海区最大的物源区，其次为吕宋岛弧和琉球岛弧，近物源区地层厚度明显较厚，远离物源区地层厚度明显变薄，新生界总厚度的区域差距可达到5000m以上，总体形成了西厚东薄、北厚南薄的地层分布特征。海域新近纪以来主要发育了浅海相、浅海－半深海相、半深海－深海相、深海相、火山碎屑岩相、水下扇、滑塌沉积、峡谷－水道充填、沉积物波、深水扇、浊积扇等多种沉积相组合，构成本区丰富的沉积相类型。

3. 南海新生代典型沉积发育模式

受周缘古陆和南海扩张的控制，南海新生代发育了两种典型沉积体系模式：三角洲－半深海－深海－浊积扇模式和碳酸盐台地－生物礁模式。

三角洲－半深海－深海－浊积扇模式：大型三角洲沉积体系广泛发育于陆架陆坡环境下。根据南海陆缘分布特征，可划分为伸展、走滑和碰撞三种陆缘背景。北部为伸展背景，南部为伸展、走滑和碰撞共存的构造背景，西部为走滑构造背景。南部和西部走滑和碰撞构造背景都表现为陆坡快速转折的构造地貌特征，表现为在上陆坡区域水下三角洲非常发育、下陆坡扇体不太发育的模式；而北部伸展构造背景为陆坡慢速转折的构造地貌特征，水下扇在上、下陆坡全区都比较发育。从早中新世开始，陆架和陆架边缘主要发育三角洲体系，陆坡以水道、碳酸盐台地－生物礁和水下扇体系为主，海盆区以浊积扇体系为主，总体呈环形展布。这两种综合沉积模式的建立，可指导南海油气勘探储集层的发现。

碳酸盐台地－生物礁模式：南海海底扩张以来，南北部共轭边缘发育了一系列的碳酸盐台地，是南海沉积充填的一大特色。碳酸盐岩沉积从渐新世早期开始发育，至中中新世达到鼎盛。南海主要盆地碳酸盐台地－生物礁发育模式与塔克的模式基本一致，划归盆地－较深水斜坡区。生物礁滩常发育在盆地碳酸盐岩上及盆地边缘，与台地共同构成碳酸盐岩隆，常具有明显的双层岩性结构，下部为台地灰岩，上部为礁灰岩。

南海及邻域海域地层分区图

Stratigraphic zonal map of the South China Sea and its adjacent areas

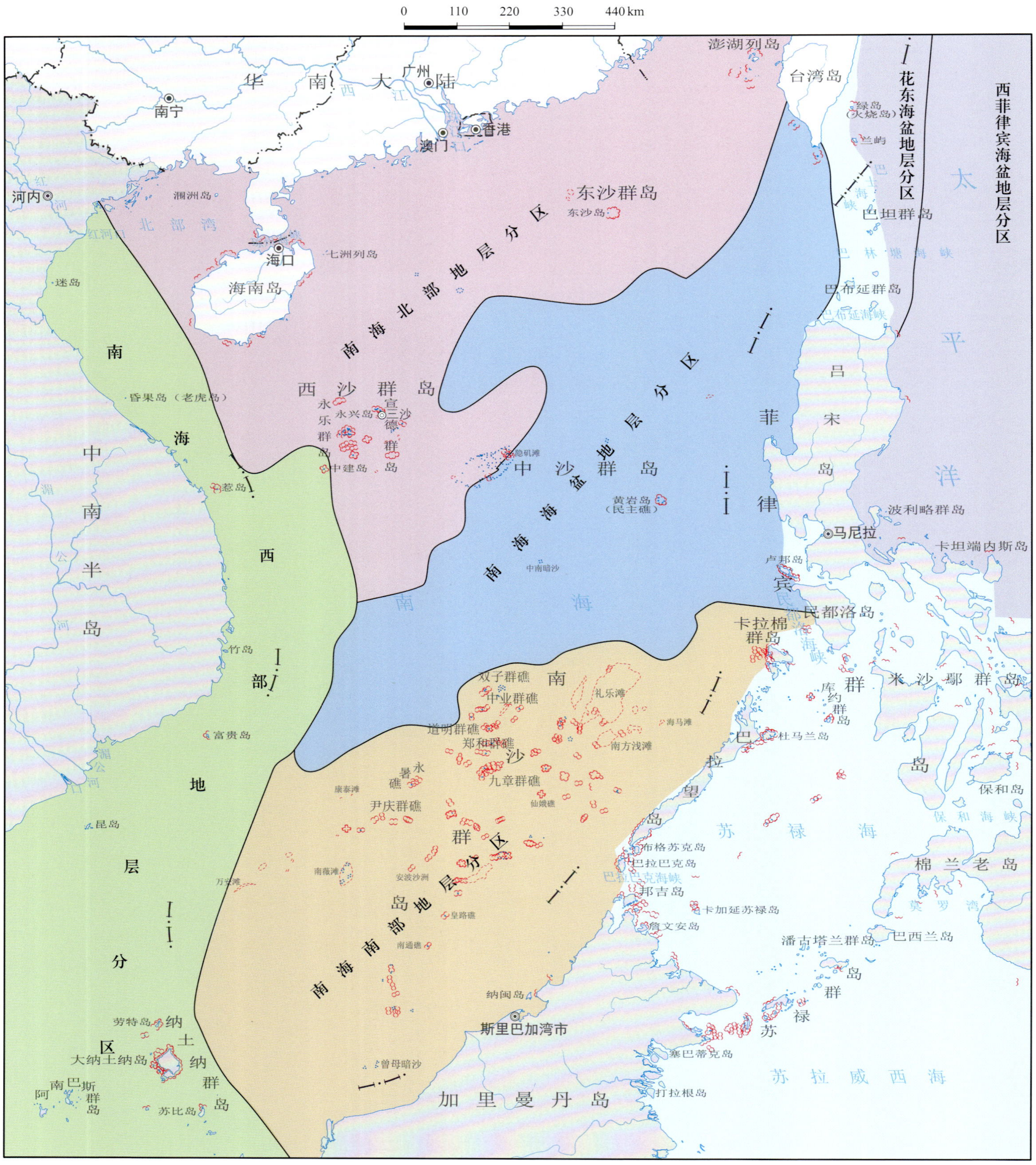

南海及邻域海域地层分区表

一级	二级	三级
欧亚地层大区	华南地层区	湘桂赣地层分区
		钦州地层分区
		云开地层分区
		武夷地层分区
		东江地层分区
		东南沿海地层分区
		雷琼地层分区
	印支地层区	湘桂赣地层分区
		嘉域地层分区
		昆嵩地层分区
		云开地层分区
	台湾-吕宋地层区	台湾地层分区
欧亚地层大区	台湾-吕宋地层区	吕宋地层分区
	巴拉望-婆罗洲地层区	巴拉望地层分区
		婆罗洲地层分区
	南海海域地层区	南海北部地层分区
		南海西部地层分区
		南海南部地层分区
		南海海盆地层分区
菲律宾海地层大区	台湾东部海域地层区	花东海盆地层分区
		西菲律宾海盆地层分区
		四国-帕里西维拉海盆地层分区
		马里亚纳海盆地层分区

主要分区原则

基底性质及发育演化阶段的差异；区域构造应力的不同；古地理格局与古环境条件的不同；新生代物源条件的差异。

南海北部地层分区主要盆地地层层序对比表

Stratigraphic sequence comparison of major basins in the northern South China Sea

界	系	统		地震反射界面	厚度/m	北部湾盆地	琼东南盆地	珠江口盆地	台西南盆地	台湾海峡盆地 西部拗陷	台湾海峡盆地 东部拗陷	沉积相
新生界	第四系			T_1	0~2000		乐东组	琼海组		东海组	头嵙山组	陆架边缘三角洲相、水道-堤岸复合相、水道充填相
	新近系	上新统		T_2	0~800	望楼港组	莺歌海组	万山组		三潭组	卓兰组 锦水组	水道-堤岸复合相、陆架三角洲相
		中新统	上	T_3	0~800	灯楼角组	黄流组	粤海组	三民组		桂竹林组 南庄组	火山碎屑岩相、浊积扇相、斜坡扇、浊积水道相
			中	T_5	0~2200	角尾组	梅山组	韩江组	长技坑组		南港组	盆底扇相、斜坡扇、水道充填相、三角洲相
			下	T_6	0~1200	下洋组	三亚组	珠江组	糖恩山组		石底组 大寮组 木山组	滨浅海相、半深海相、陆架边缘三角洲相、碳酸盐台地相
	古近系	渐新统	上		0~5300	涠洲组	陵水组	珠海组	珠海组	华港组	五指山组	海陆过渡相、滨海相、三角洲相、湖相
			下	T_7	0~2000		崖城组	恩平组	下渐新统			中深湖相、海陆过渡相-海相、火山碎屑岩相
		始新统	上 中 下	T_8	0~1200	流沙港组	岭头组	文昌组	始新统	平湖组 瓯江组	双吉组	
		古新统		T_9	0~1500	长流组	古新统	神狐组	古新统	明月峰组 灵风组	王功组	滨浅湖相、扇三角洲相、火山碎屑岩相
中生界	白垩系	上白垩统		T_g	0~500			白垩系	白垩系	白垩系	白垩系	河湖-盐湖相、河湖-沼泽相、火山碎屑岩相
		下白垩统			0~250							海陆过渡相
	侏罗系	上侏罗统		TM_1	0~5600			侏罗系	侏罗系		侏罗系	深海-半深海相、火山碎屑岩相
		中侏罗统										滨浅海相
		下侏罗统										陆棚浅海相
	三叠系	上三叠统										
		中三叠统										
		下三叠统		TM_2								

南海北部地层分区典型地震剖面图

Typical seismic profiles of the strata in the northern South China Sea

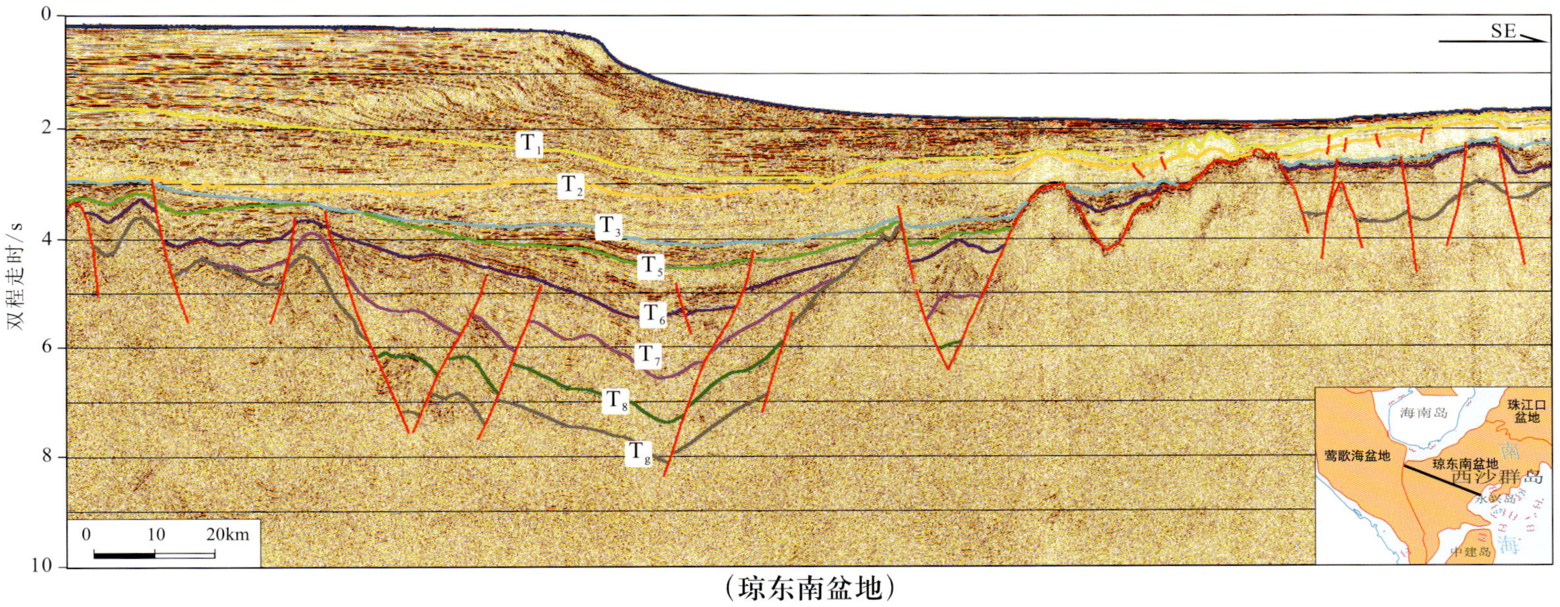

（琼东南盆地）

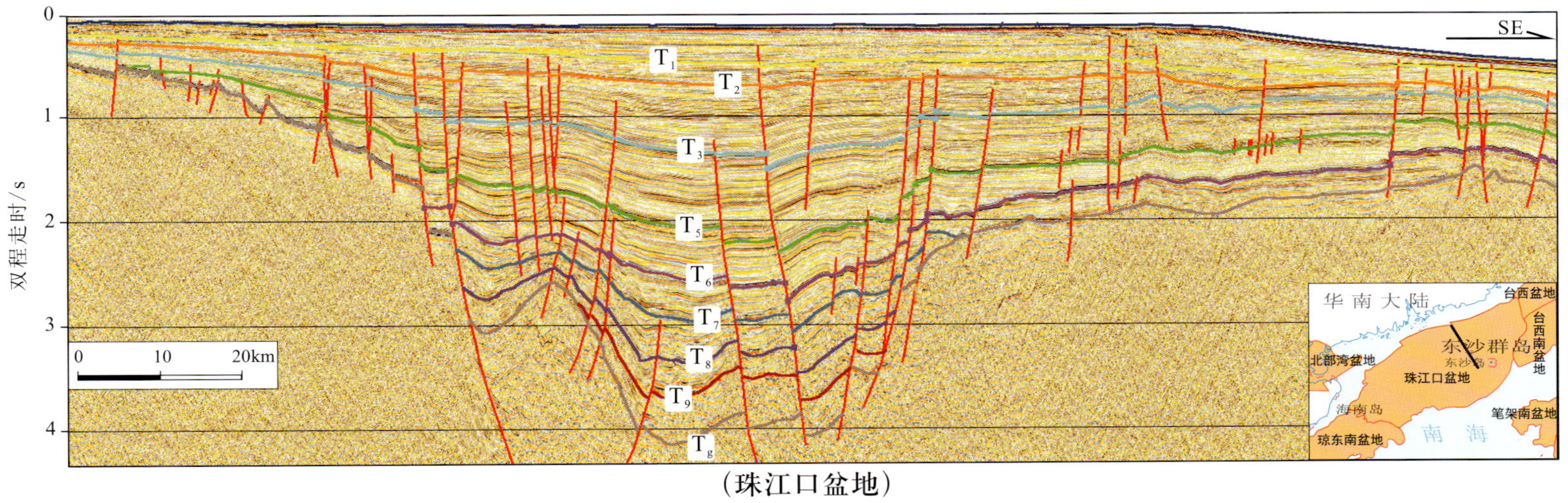

（珠江口盆地）

南海北部地层分区综合柱状图

Comprehensive column of the strata in the northern South China Sea

界	系	统（地层代号）	岩性柱	厚度/m	岩性描述
新生界	第四系	Q	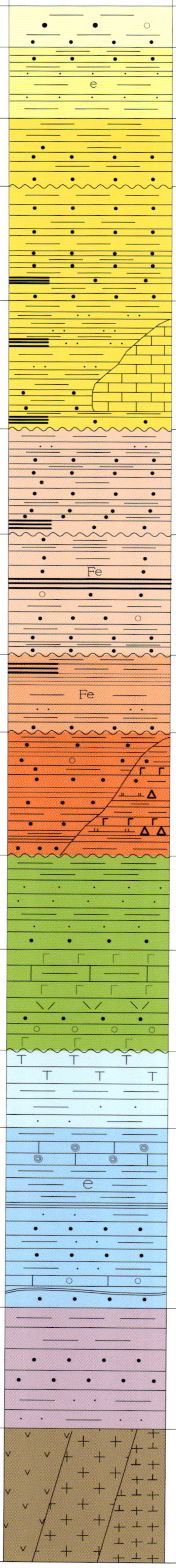	0～500	灰、灰绿色黏土，中、粗砂层，海绿石丰富
	新近系	N_2		0～600	绿灰、灰色泥岩、砂质泥岩，夹粉砂、砂岩，自下而上由细-粗组成反旋回，富含生物碎片，成岩性差
		N_1^3		30～1000	上部以灰带绿色泥岩为主；下部灰色砂岩夹泥岩组成正旋回。泥岩含钙质，砂岩不含钙质
		N_1^2		100～1500	绿灰色泥岩与砂岩不等厚互层，见煤线，自下而上组成正旋回，泥岩不含钙质，砂岩含钙质
		N_1^1		100～1500	上部为灰绿、绿灰、灰褐色泥岩，夹粉砂岩、薄层灰岩；中间为深灰色泥岩夹砂岩、灰岩，部分地区礁灰岩发育；下部为深灰色泥岩、砂岩
	古近系	E_3^2		0～1000	上部为黄灰色泥岩与砂、粉砂岩不等厚互层；中间为浅灰、灰褐色砂、泥岩互层，以灰褐色为主，砂岩含泥质团块；下部为杂色、棕红色块状砂岩夹泥岩，砂岩成分复杂，泥岩含砂，已获工业油流
		E_3^1		0～2000	以含煤地层为主要特点。自下而上组成正旋回，下部为大套灰白色砂岩夹深灰色泥岩；上部以黑灰色泥岩为主，与薄层砂岩间互夹煤层。泥岩含较多的碳化物，砂岩富含钛铁矿、高岭土
		E_2		0～1500	灰黑色泥岩、页岩，夹砂岩及煤层，含较多的菱铁矿晶粒，煤层多出现于上部
		E_1		0～1000	灰色砂岩、含砾砂岩，夹暗棕灰色页岩、泥岩、砂质泥岩；在海陆丰地区变为棕褐色含角砾凝灰岩，夹棕红色泥岩、玄武岩
中生界	白垩系	K_2		0～600	紫红色泥岩、粉砂岩、砂岩，夹少量泥灰岩。砂岩中石膏联晶式胶结发育；灰色纹层状泥岩、粉砂岩及砂岩组合含部分有机质碎屑，无石膏联晶式胶结
		K_1		0～1500	基性火山喷出岩，夹少量流纹岩与泥岩、砂岩、砾岩以及泥灰岩互层
	侏罗系	J_3		0～500	放射虫硅质岩，夹玻基玄武岩（细碧岩）、灰黑色纹层状泥岩、泥质粉砂岩
		J_{1-2}		0～5000	灰黑色纹层状泥岩、泥质粉砂岩，夹砂岩、灰岩、鲕粒灰岩，泥岩中富含有机质碎屑
	三叠系	T_3		0～4000	砂岩、粉砂岩、砂质泥岩、页岩
前中生界					花岗岩、花岗闪长岩、安山岩、变质岩

南海西部地层分区主要盆地地层层序对比图

Stratigraphic sequence comparison of main basins in the western South China Sea

年代地层			厚度/m	地震界面	地层划分			沉积相	重大地质事件	
界	系	统			莺歌海盆地	中建南盆地	万安盆地		北部	南部
新生界	第四系	全新统	250~3000		乐东组			浅海相、浅海-半深海相		
		更新统								
				T_1						
	新近系	上新统	50~3000		莺歌海组	中建组	广雅组	浅海-半深海相、半深海相		
				T_2					流花运动	广雅运动
		中新统 上	50~2000		黄流组	重云组	昆仑组	半深海相、滨海-浅海相、台地相、三角洲相		
				T_3					东沙运动	万安运动（南沙运动）
		中新统 中	0~3200		梅山组	日照组	李准组	滨海-浅海相、台地相、三角洲相		
				T_5						
		中新统 下	0~2800		三亚组	三亚组	万安组	浅海相、三角洲相		
				T_6					白云运动	
	古近系	渐新统 上	0~4000		陵水组	陵水组	西卫群	滨海相、海陆过渡相、河湖相		
				T_7					南海运动	南海运动
		渐新统 下			崖城组	崖城组				
				T_8					珠琼运动	西卫运动
		始新统 上	＜1000		领头组	西卫组	人骏群	河湖相、扇三角洲相、冲积扇沉积		
		始新统 中								
		始新统 下								
		古新统								
				T_g					神狐运动	礼乐运动
前新生界										

南海西部地层分区综合柱状图

Comprehensive column of the strata in the western South China Sea

年代地层				厚度/m	岩性柱	岩性描述
界	系	统				
新生界	第四系	全新统		250~2300		泥、砂质软泥、粉砂、钙质砂层、砂质砾
		更新统				
	新近系	上新统		50~3000		粉砂岩、细砂岩、粗砂岩与泥岩互层
		中新统	上	150~2000		绿灰、深灰色泥岩、粉砂质泥岩与灰色泥质粉砂岩、粉砂岩互层，泥质灰岩
			中	180~3200		灰白、浅灰色粉砂岩、砂岩、生物碎屑灰岩、泥质灰岩、礁灰岩、白云岩等与泥岩互层
			下	400~2800		灰白、灰色粗砂岩、含砾砂岩与灰色泥岩互层，夹煤层、钙质粉砂岩、含生物陆屑白云化灰岩、礁灰岩、灰岩
	古近系	渐新统		0~1000		黏土、泥岩、煤层、粉砂质泥岩、砂岩、砾岩，含有火山物质
		始新统		0~1000		砂砾岩、含砾砂岩、粗砂岩、泥质砂岩与泥岩互层，含有火山物质
前新生界						前新生代变质岩、花岗岩、花岗闪长岩和部分灰岩

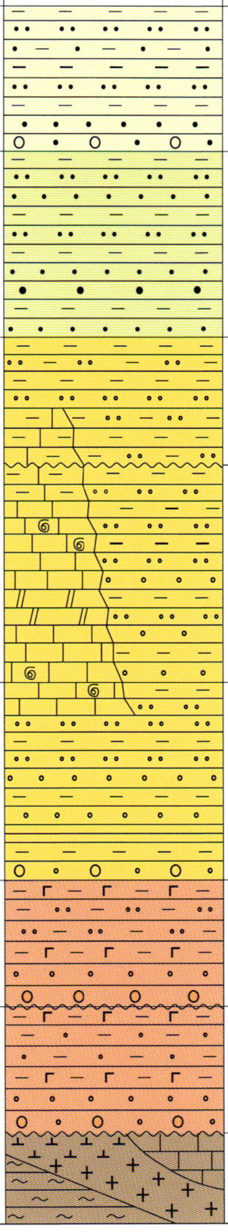

南海西部地层分区典型剖面图

Typical seismic profiles of the strata in the western South China Sea

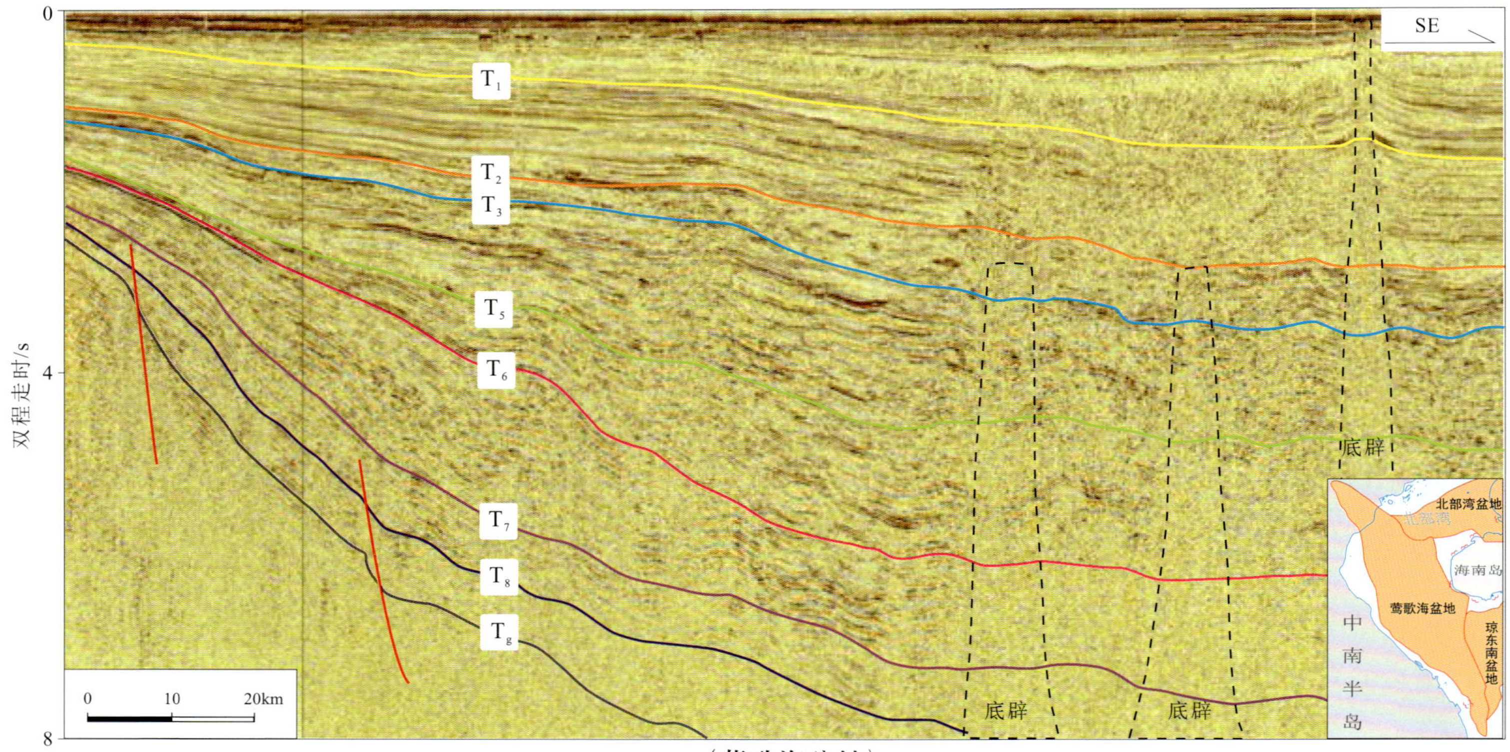

（莺歌海盆地）

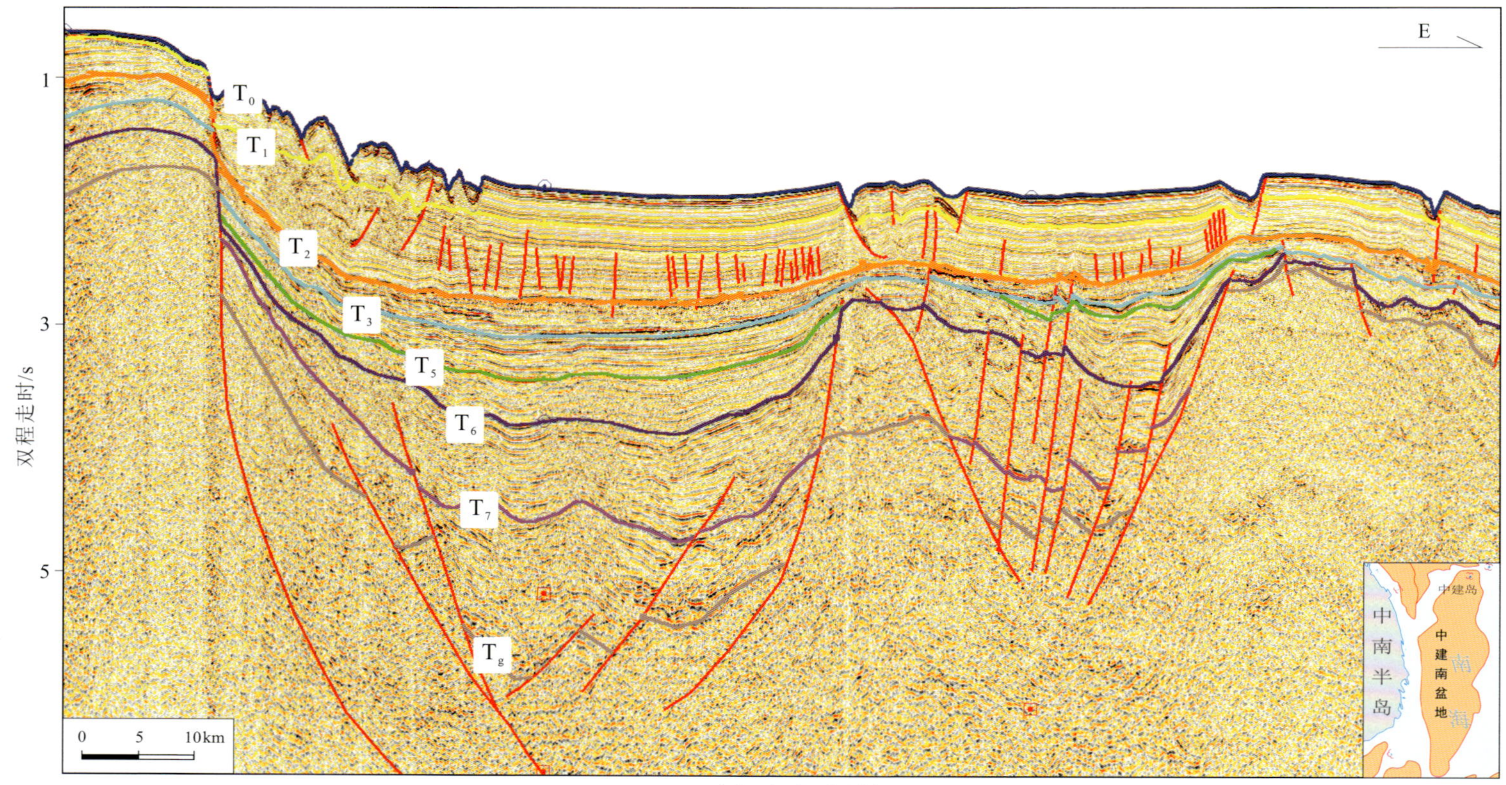

（中建南盆地）

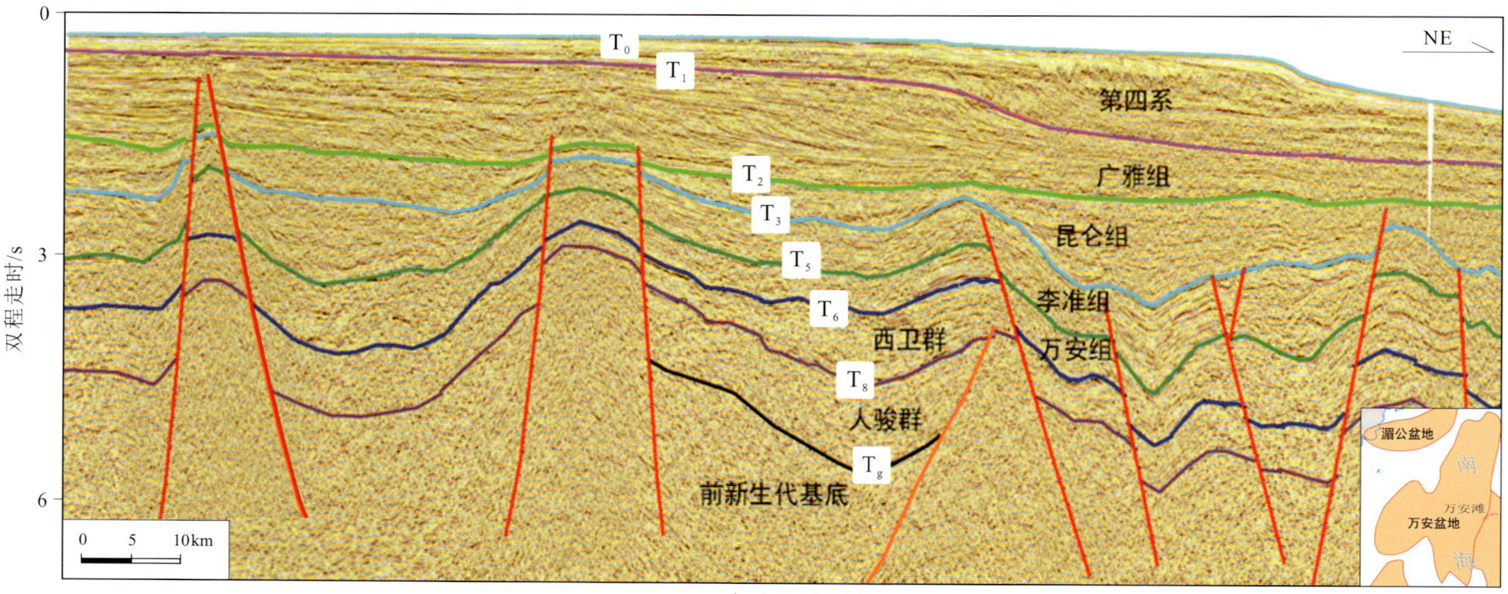

（万安盆地）

南海南部地层分区主要盆地地层层序对比图

Stratigraphic sequence comparison of major basins in the southern South China Sea

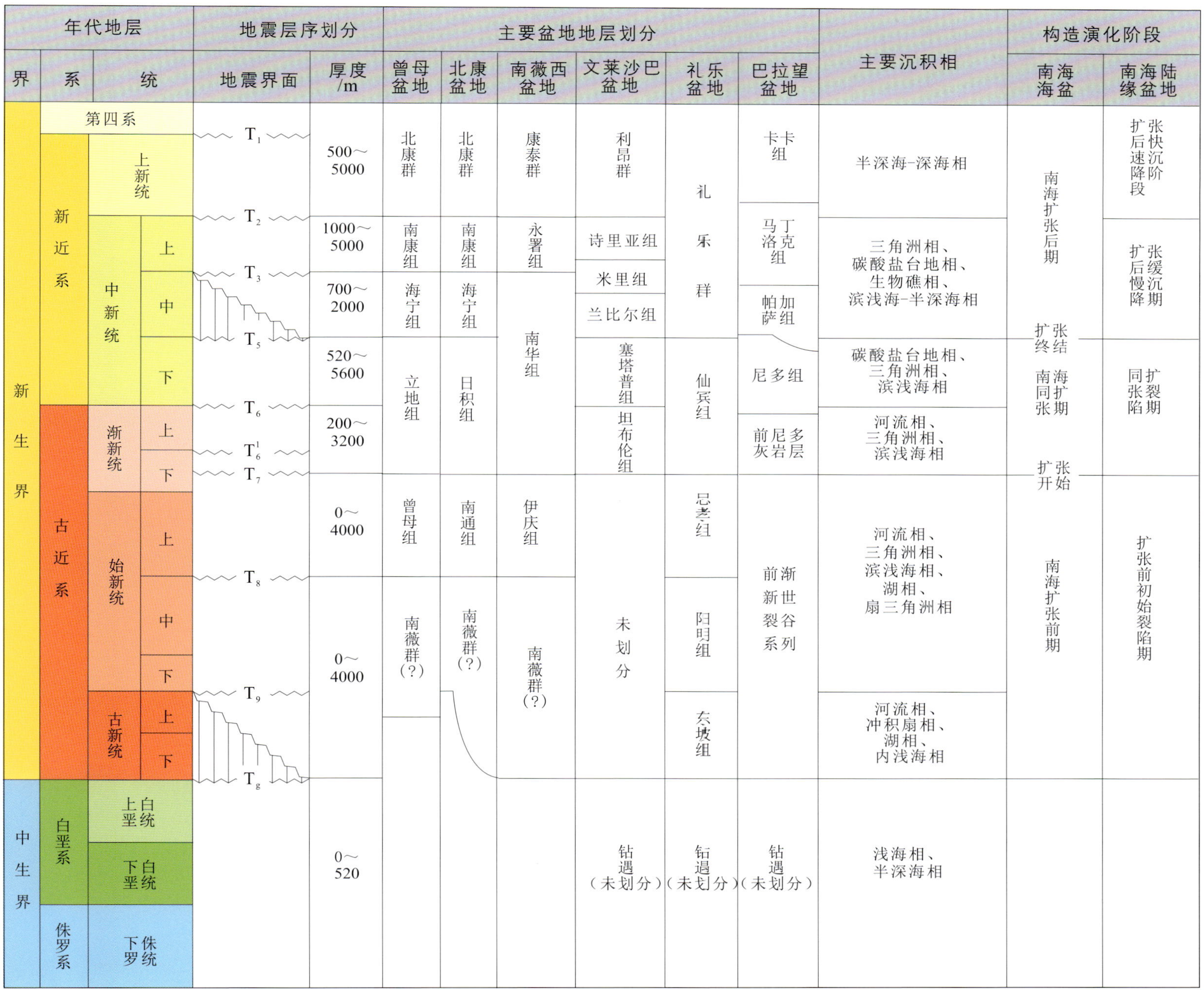

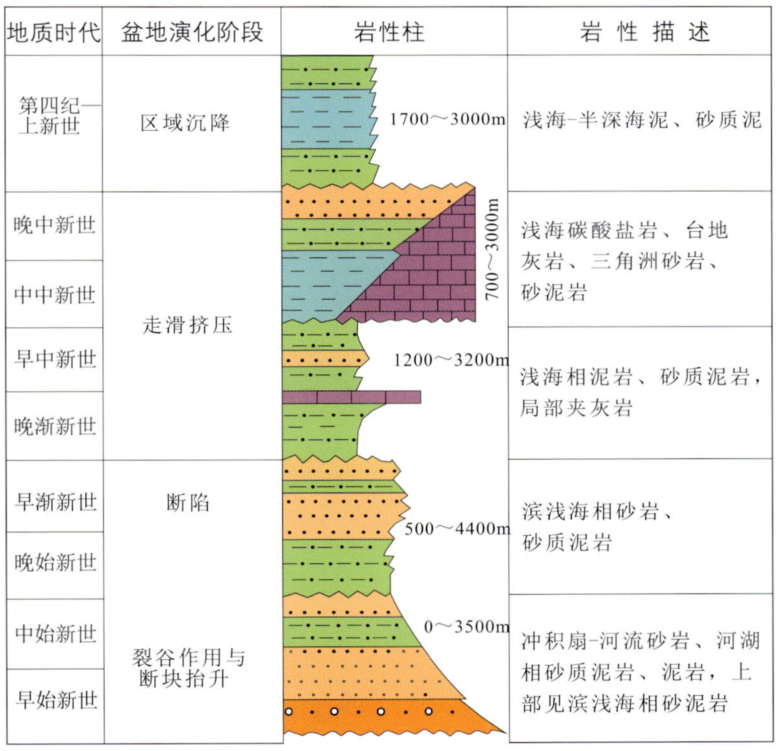

（曾母-北康盆地）

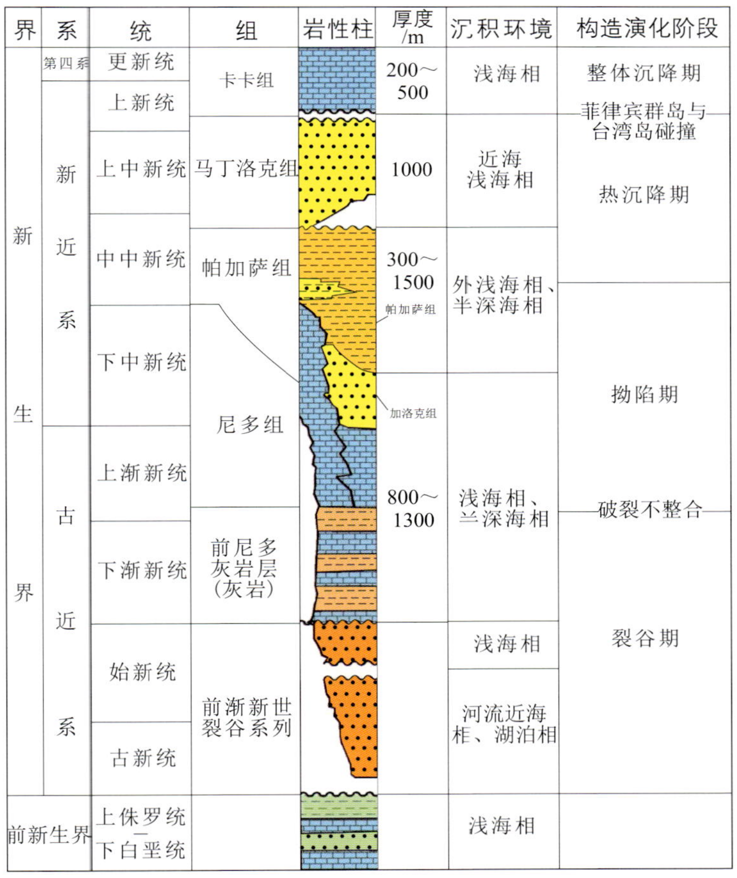

（北巴拉望盆地）

南海南部地层分区典型剖面图

Typical seismic profiles of the strata in the southern South China Sea

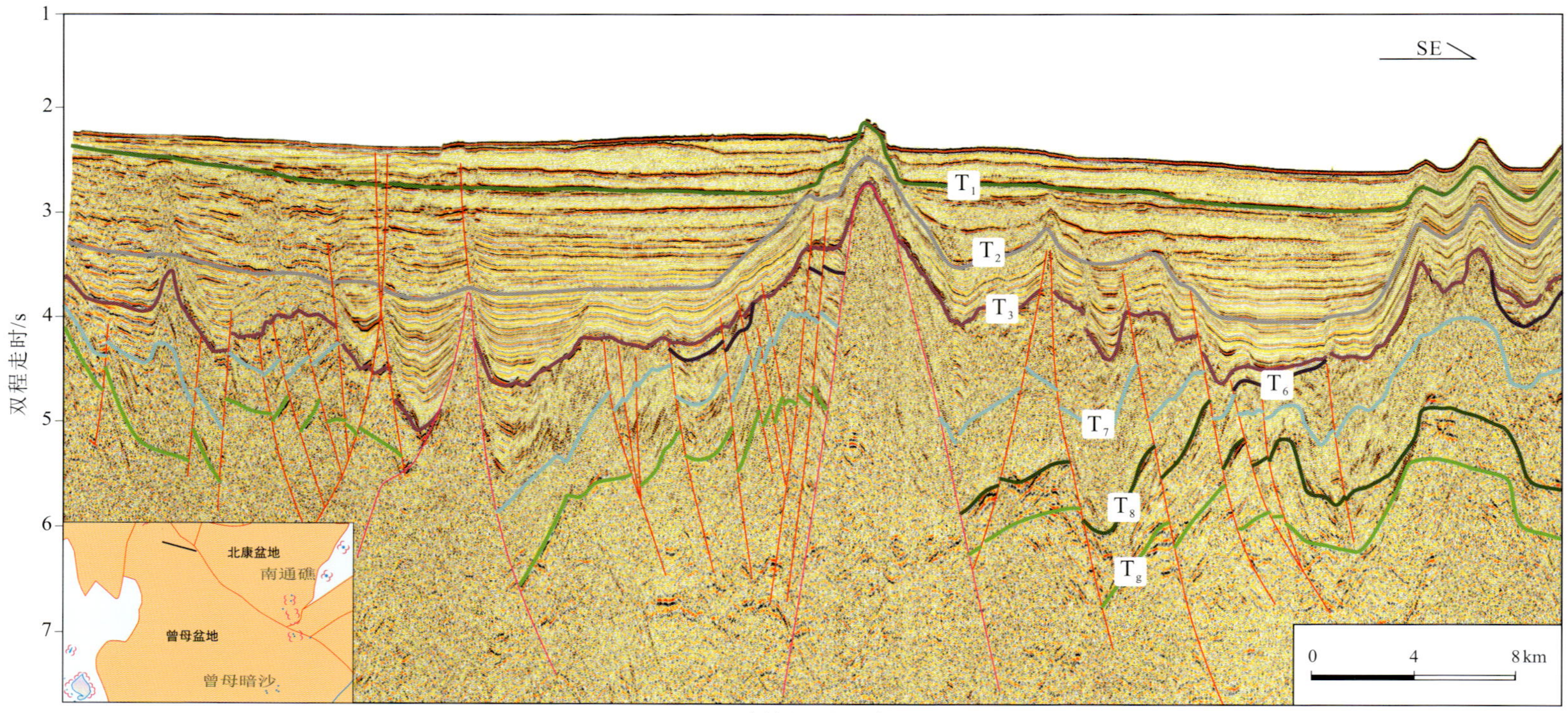

（曾母盆地）

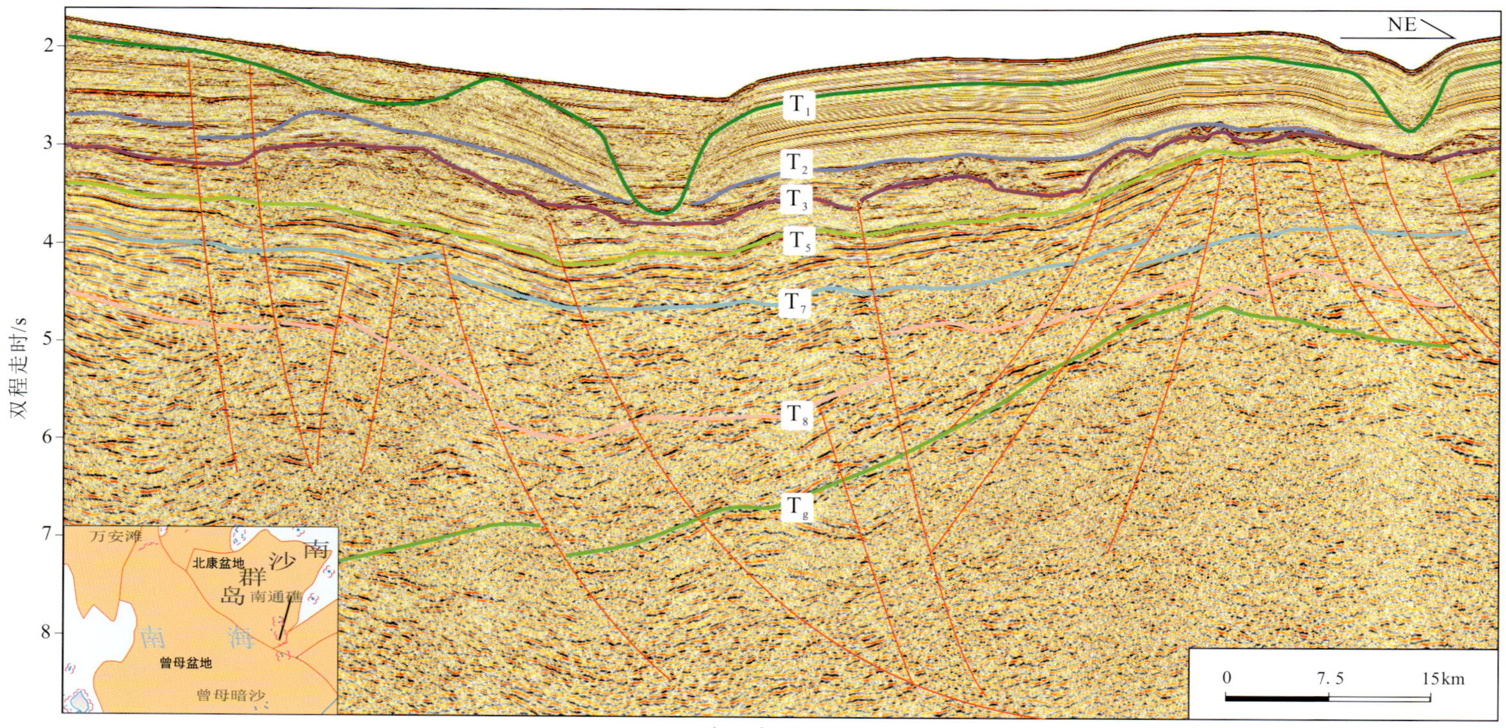

（北康盆地）

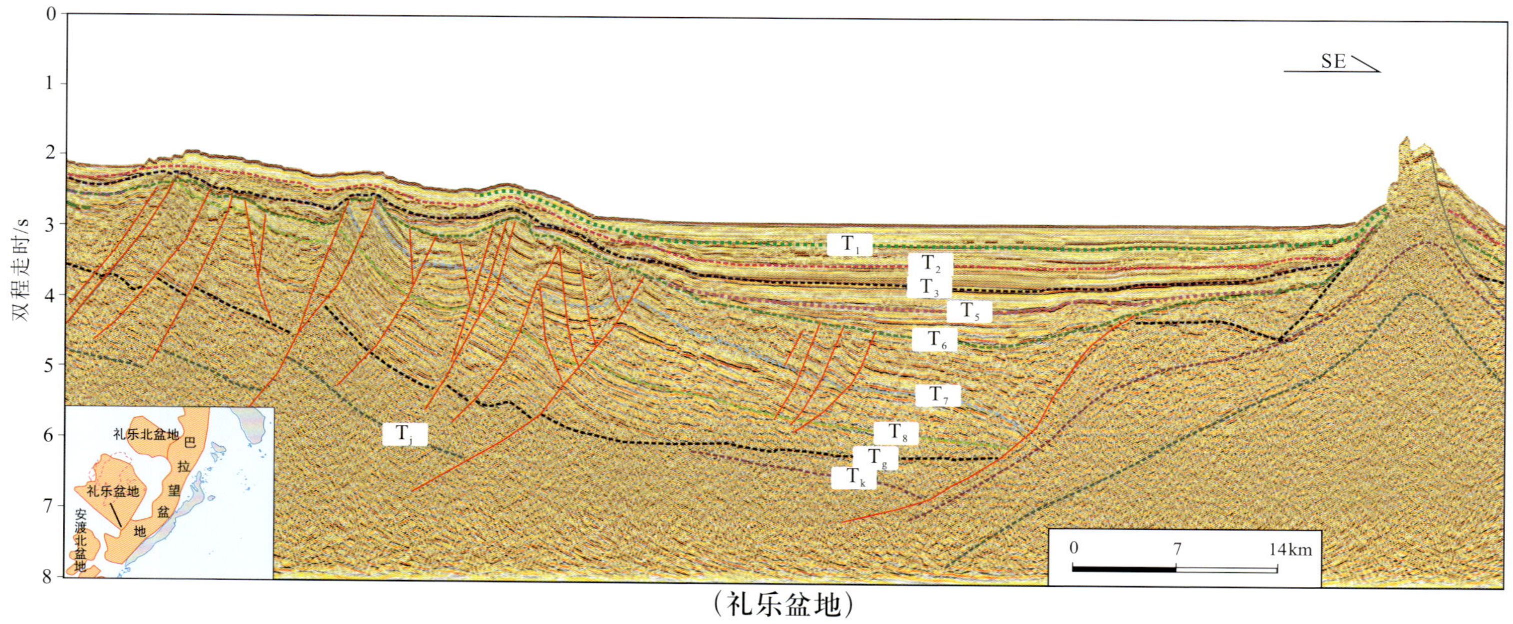

（礼乐盆地）

南海南部地层分区综合柱状图
Comprehensive column of the strata in the southern South China Sea

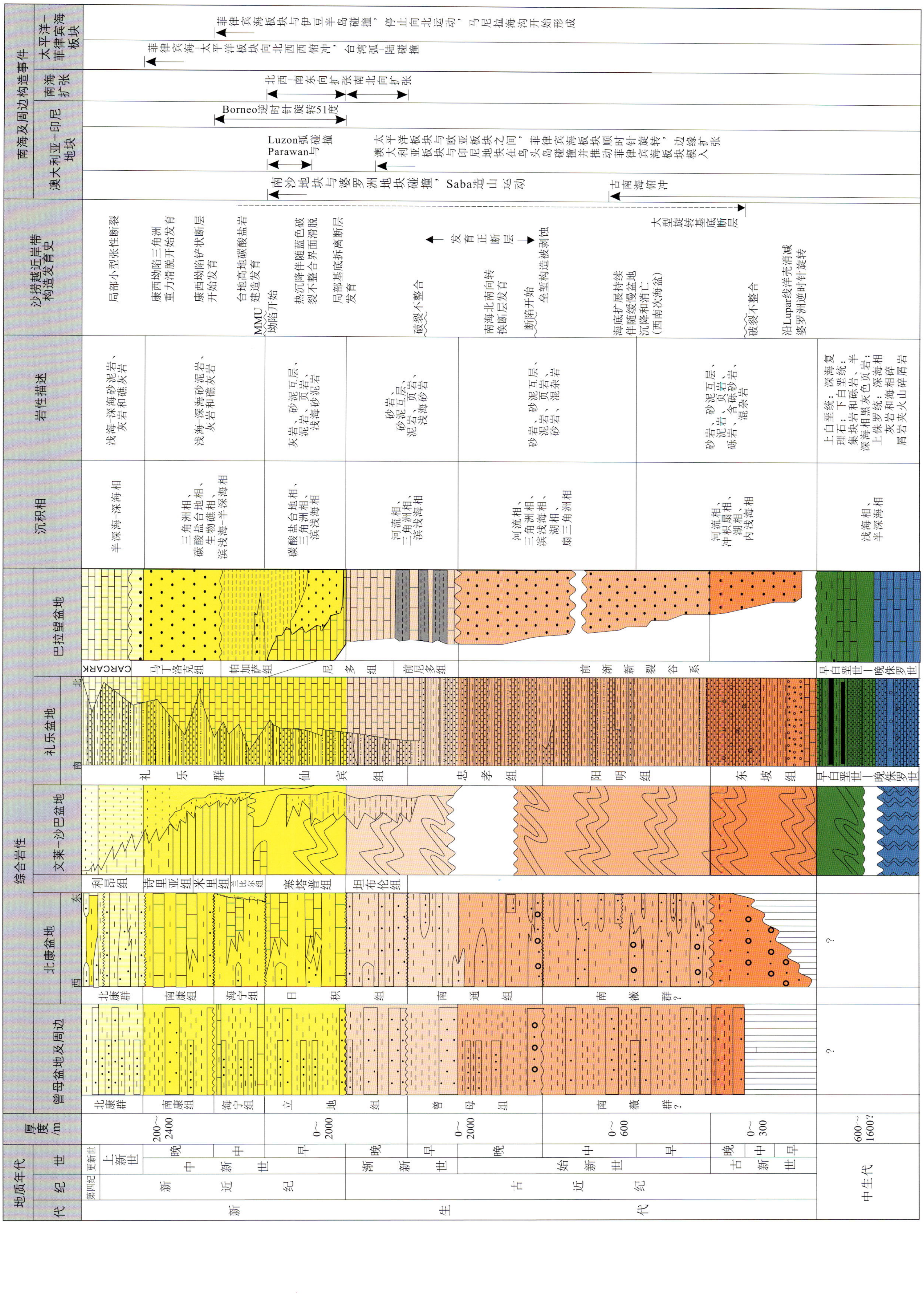

南海海盆地层分区地层层序对比图

Stratigraphic sequence comparison of the South China Sea Basin

年代地层			地震层序界面	厚度/m	岩性特征			沉积环境	重大地质事件
界	系	统			西北次盆地	东部次盆地	西南次盆地		
新生界	第四系	全新统、更新统	T_1	0~500	以黏土、粉砂为主	黏土、粉砂质黏土，夹黏土质泥	黏土、泥、粉砂与薄层碳酸盐互层	深海相	扩张期后
	新近系	上新统	T_2	0~600	粉砂、黏土及少量砂层	黏土，含微型浮游生物化石黏土	黏土夹薄层碳酸盐岩，含超微化石或有孔虫	深海相	
		中新统 上	T_3	0~1000	以黏土为主，其次为粉砂	黏土、粉砂、少量砂、火山角砾岩与黏土岩互层	黏土夹碳酸盐岩薄层	深海相	
		中新统 中	T_5	0~1300	以黏土岩、粉砂岩为主	砂岩、泥岩、黏土岩	黏土岩、粉砂岩	半深海-深海相	
		中新统 下	T_6	0~700	砂岩、泥岩、黏土岩	黏土岩、粉砂岩	黏土岩夹粉砂岩	半深海-深海相	扩张期
	古近系	渐新统 上、下	T_g	0~1500	砂岩、粉砂岩、泥岩、火山碎屑岩	泥岩、粉砂岩、火山碎屑岩	砂岩、泥岩、粉砂岩、火山碎屑岩	浅海-半深海	南海运动
					玄武岩	玄武岩	玄武岩		

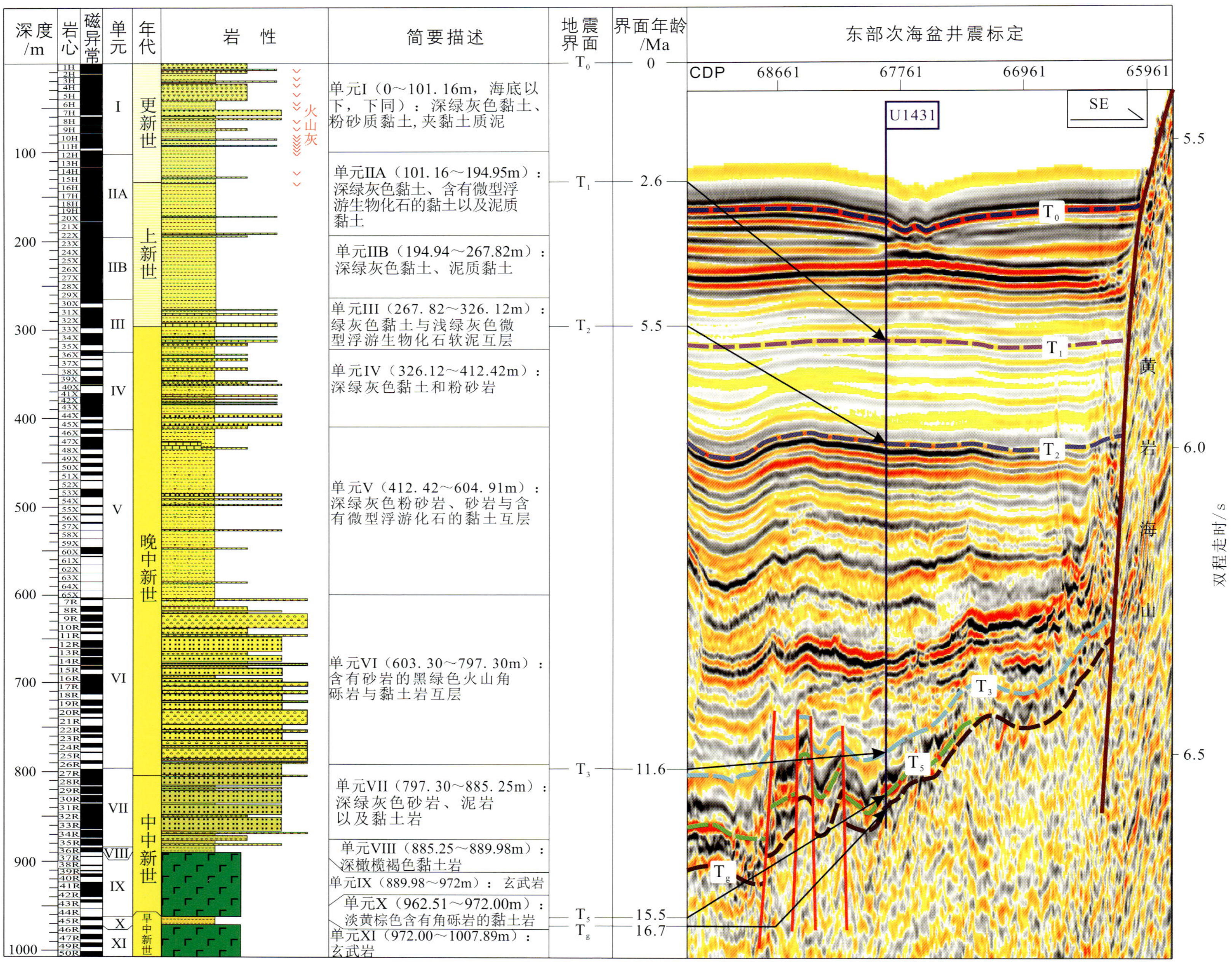

（东部次海盆）

南海海盆地层分区重要年龄的井震标定及典型剖面图

Well-seismic calibration and typical seismic profiles of important ages of the South China Sea Basin

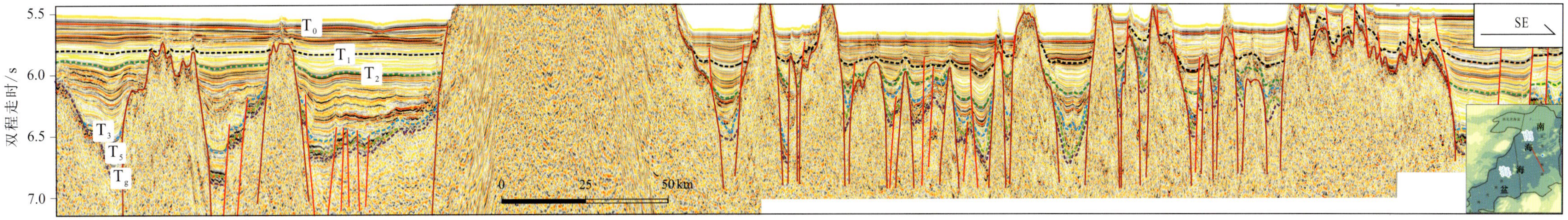

（东部次海盆）

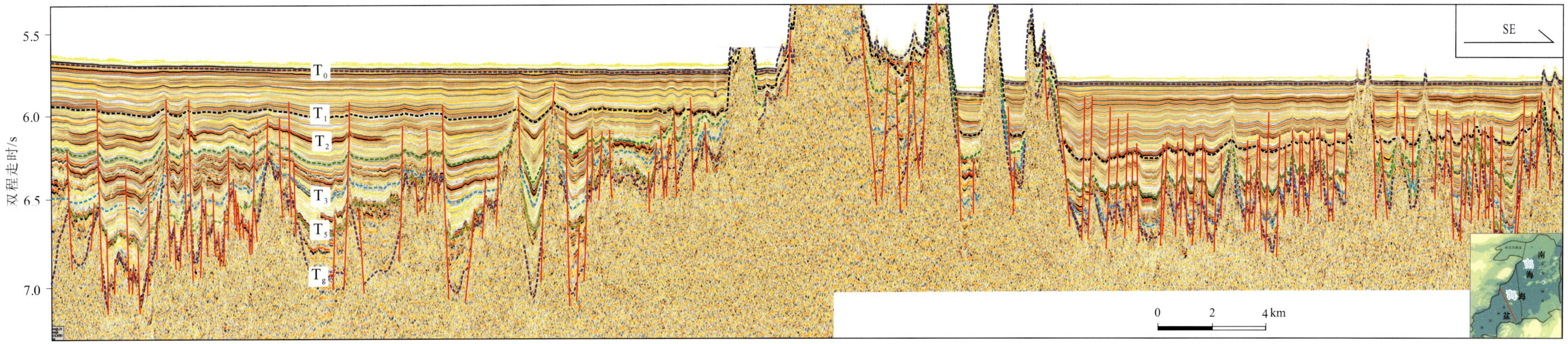

（西南次海盆）

南海海盆地层分区综合柱状图

Comprehensive column of the strata of the South China Sea Basin

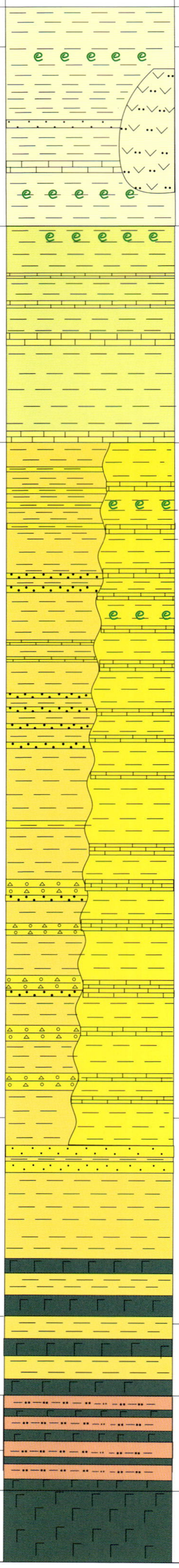

地层 界	地层 系	地层 统		岩性柱	厚度/m	岩性描述
新生界	第四系	全新统			0~50	呈深绿色黏土、粉砂质黏土及含钙质超微化石黏土，黏土中夹杂少量分级的石英粉砂岩和软泥，局部有火山灰
		更新统			0~500	
	新近系	上新统			0~600	呈深绿色黏土以及泥质黏土，夹杂着分级的碳酸盐岩薄层，主要包括含钙质超微化石的软泥和基底被剥蚀顶部受到生物扰动影响的白垩岩
		中新统	上		0~1000	东部次海盆和西南次海盆差异较大，西北次海盆与东部次海盆北部岩性相似； 东部次海盆上部为深绿色黏土和粉砂岩，中部主要为深绿色粉砂岩、砂岩与含微型浮游化石的黏土互层，下部为含有砂岩的黑绿色火山角砾岩与黏土岩互层； 西南次海盆主要为呈深绿色黏土，夹杂着分级的碳酸盐岩薄层，主要包括含钙质超微化石的软泥和基底被剥蚀、顶部受到生物扰动影响的白垩岩，碳酸盐岩层有时厚度达几米，通常情况下会小于1m或者0.5m
			中		0~1300	主要为红褐色或黄褐色夹粉砂的黏土岩，含绿灰色砂岩、泥岩层，含有玄武岩夹层
			下		0~700	主要为淡黄棕色含有角砾岩的黏土岩，夹砂岩、粉砂岩等薄层，含玄武岩夹层
	古近系	渐新统	上		0~1500	粉砂质黏土、粉砂与火山碎屑、玄武岩互层
			下			
前渐新统						灰、深灰色玄武岩

南海海域各地层分区地层层序划分及对比表

Stratigraphic sequence division and comparison of different zones in the South China Sea

界	系	统	地震层序界面	南海北部地层分区		南海西部地层分区		南海海盆地层分区		南海南部地层分区		台湾东部海域地层分区		区域重大地质事件	
新生界	第四系	全新统、更新统	T1	A	I	A	I	A	I	A	I	A	I	台湾运动	喜马拉雅运动
新生界	新近系	上新统	T2	B	I	B	I	B	I	B	I	B	I		喜马拉雅运动
新生界	新近系	中新统 上	T3	C	I	C	I	C	I	C	I	C	I	万安运动（东沙运动）	喜马拉雅运动
新生界	新近系	中新统 中	T5	D	II	D	II	D	I	D	II	D	II		喜马拉雅运动
新生界	新近系	中新统 下	T6	E	II	E	II	E	II	E	II	E	II	白云运动	喜马拉雅运动
新生界	古近系	渐新统 上、下	T7	F	II	F	III	F	II	F	II	F	II	南海运动	喜马拉雅运动
新生界	古近系	始新统 上	T8	G	III	G	III			G	III	G	III	埔里运动、西卫运动	喜马拉雅运动
新生界	古近系	始新统 中、下	T9	H	III	H	III			H	III	G	III		喜马拉雅运动
新生界	古近系	古新统	Tg	I	III	I	III			I	III			神狐运动	喜马拉雅运动
中生界	白垩系				IV						IV			燕山运动	
中生界	侏罗系				IV						IV			燕山运动	
中生界	三叠系		TMz		IV						IV				
前中生界														印支运动	

注：地震界面T_7、T_8、T_9、T_g为穿时界面，各地层分区都有所不同，表中所对应的时代适用于大部分区域，不是全部区域。具体情况可见各分区章节。

(1) 以三个区域构造转换面：盆地初始张裂不整合面T_g（对应神狐运动）、南海海底扩张的破裂不整合面地T_7（T_6）(断陷转入拗陷；对应南海运动）以及海平面急剧下降、盆地从拗陷转入区域沉降的T_3（对应万安运动）为主线，将各分区地层按照演化阶段联系起来，进行层序划分和对比。

(2) 南海中生界经过燕山运动末期和喜马拉雅运动早期构造事件的改造、隆升剥蚀和岩浆作用混染，现为残余地层。三叠纪以陆棚碳酸盐岩为主，晚侏罗世—早白垩世以海相碎屑岩为主，晚白垩世转为河湖相等陆相沉积环境。总体上，中生界由老到新，由海相过渡到陆相沉积环境。

(3) 新生代地层演化经历了古新世—始新世陆相断陷湖盆地层发育、渐新世海陆过渡地层发育、新近纪—第四纪全南海海相地层发育阶段。总体上，新生界由老到新，由陆相到海相环境逐渐演变。

南海南北区域地层对比剖面（西部、东部）

Comparison of the south-north stratigraphic profiles of the South China Sea (west, east)

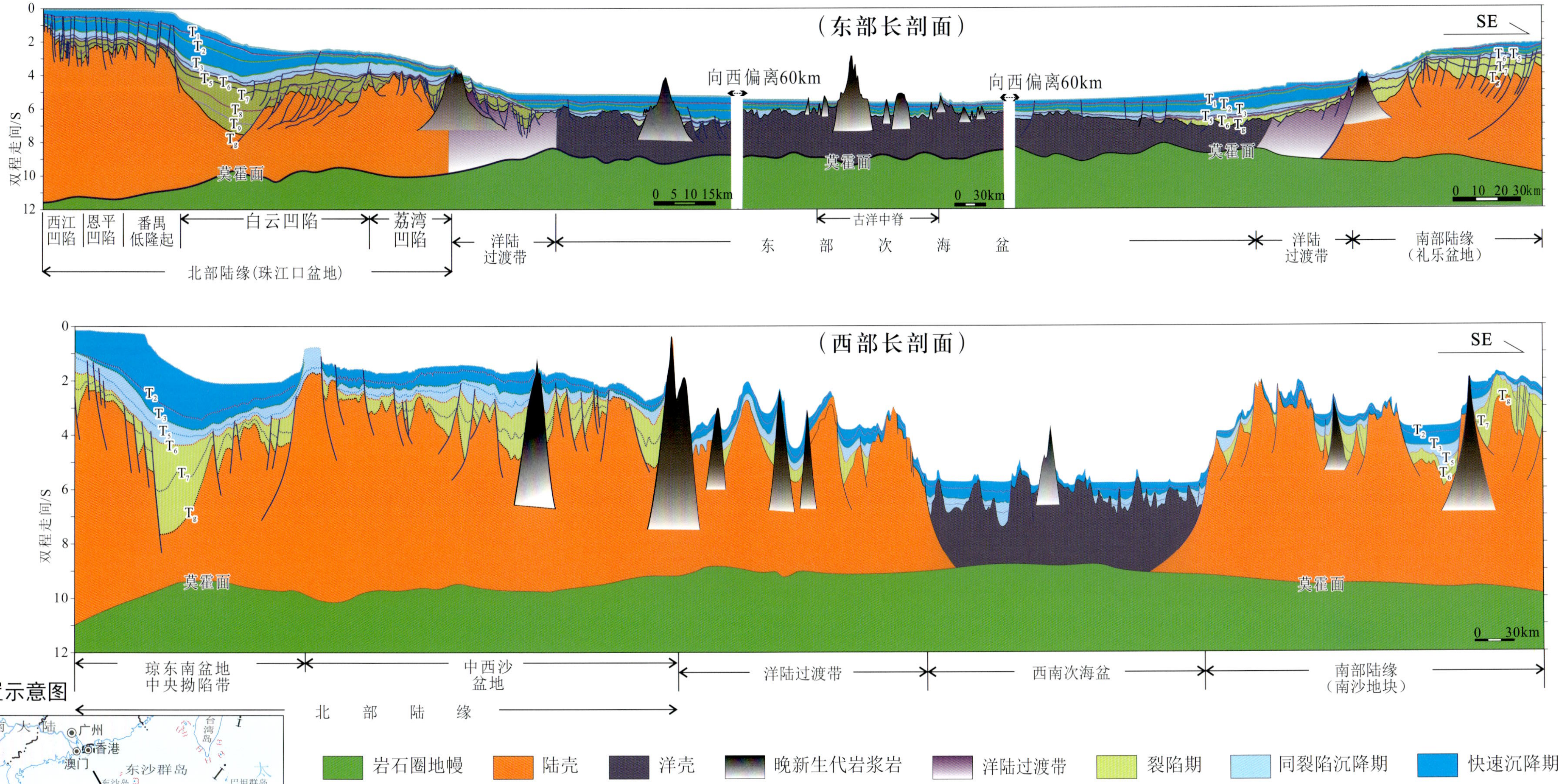

剖面位置示意图

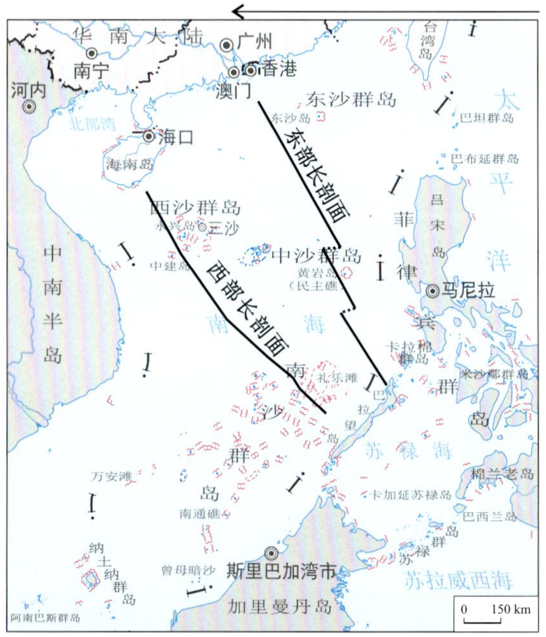

南海地层发育特征：

(1) 南海基底具有中部新、四周老，陆壳、洋壳和过渡壳共存的特点；

(2) 中生代残余地层具有东部发育、南北对称的特点；

(3) 海盆地层较新，南北两侧分区地层较老；

(4) 西部地层北西向到近南北向展布，南部地层和北部地层一般北东向展布；

(5) 古近纪地层具有南北西地堑发育、西陆东海的特征；新近纪—第四纪全南海连为一体，海相地层广泛发育。

南海新生界厚度图

Cenozoic stratigraphic thickness of the South China Sea

0 91 182 273 364 km

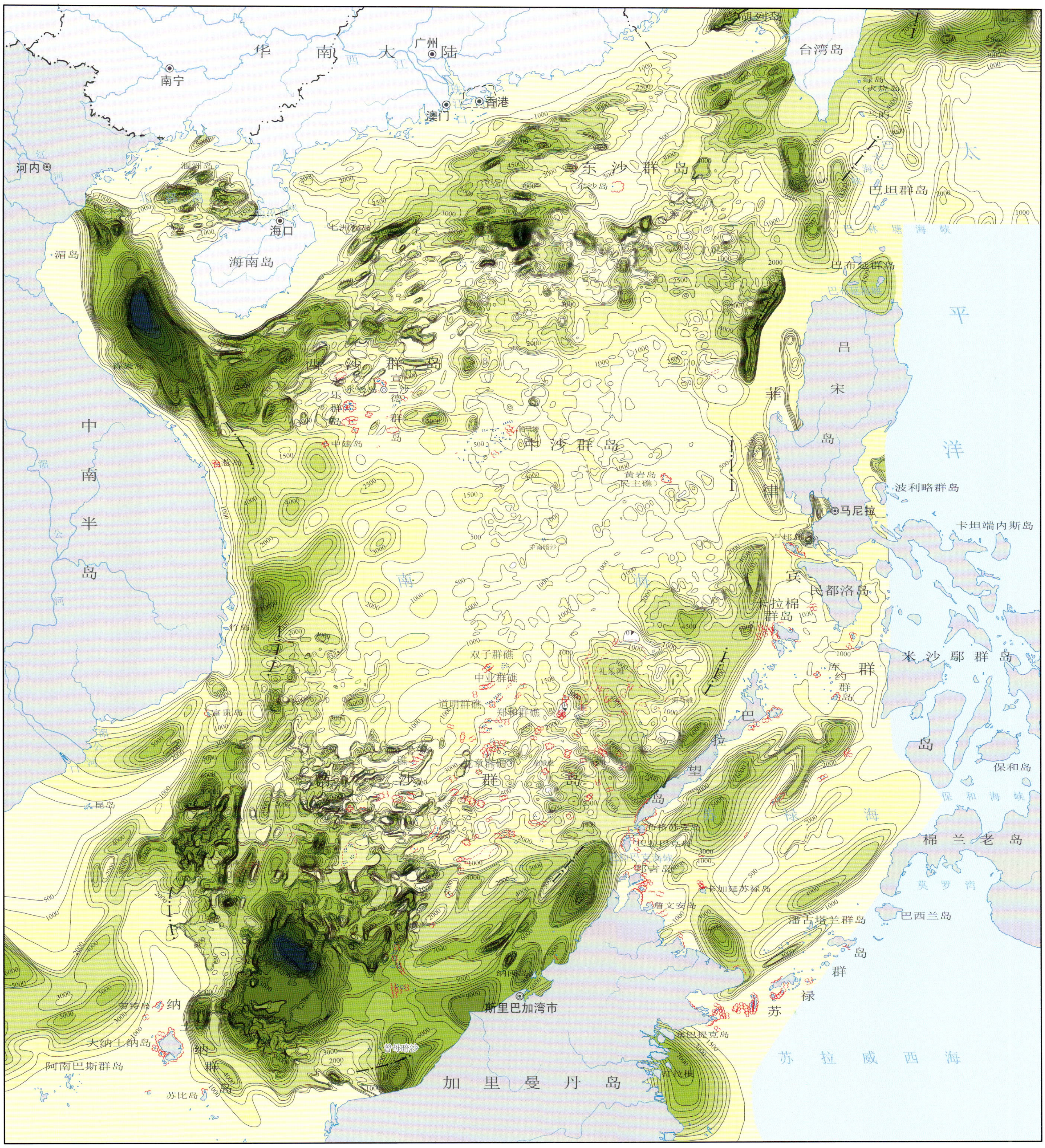

等厚线（m）　尖灭线

新生界厚度/m

0　2000　4000　6000　8000　10000　12000　14000　16000　>17000

（1）新生界在南海全区广泛分布，主要分布在沉积盆地中，南海主要沉积盆地超过20个，分布在南海北部、西部和南部；

（2）南海沉积盆地地层厚度较大，一般为2000～16000m，油气资源丰富；在盆地外缘和岛礁等区域，新生界厚度小，一般小于2000m；南海中部海盆区地层沉积厚度大部分在500～3000m，马尼拉海沟区域地层厚度较大，最厚可超过6000m。

（3）南海新生代沉积盆地地层时代主要为始新世—第四纪，古新世地层在珠江口盆地、礼乐盆地、万安盆地等地区局部有所揭示。中部海盆区地层形成时代新，主要以晚渐新世以来的地层为主。

南海第四系厚度图
Quaternary stratigraphic thickness of the South China Sea

0 91 182 273 364 km

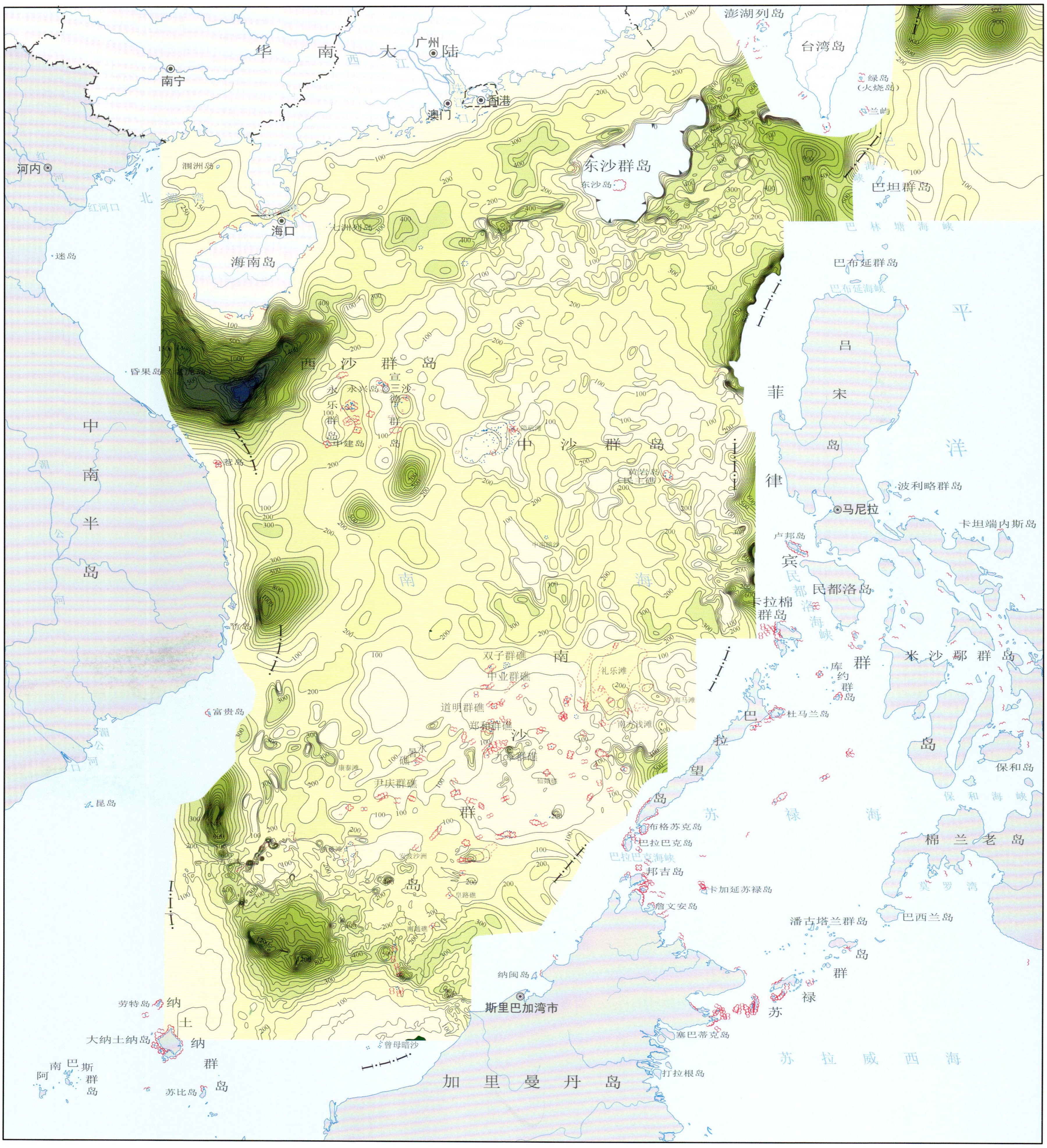

等厚线（m） 尖灭线

第四系厚度/m

0 200 400 600 800 1000 1200 1400 1600 1800

（1）第四系在南海全区广泛分布；

（2）地层厚度变化较大，一般为0～2200m；具有西厚东薄、海盆厚岛礁薄的展布特征；

（3）沉积中心从新近纪时期位于各个沉积盆地中，逐渐转移到海盆和南海西北、西南区域。

南海新近系厚度图

Neogene stratigraphic thickness of the South China Sea

0 91 182 273 364 km

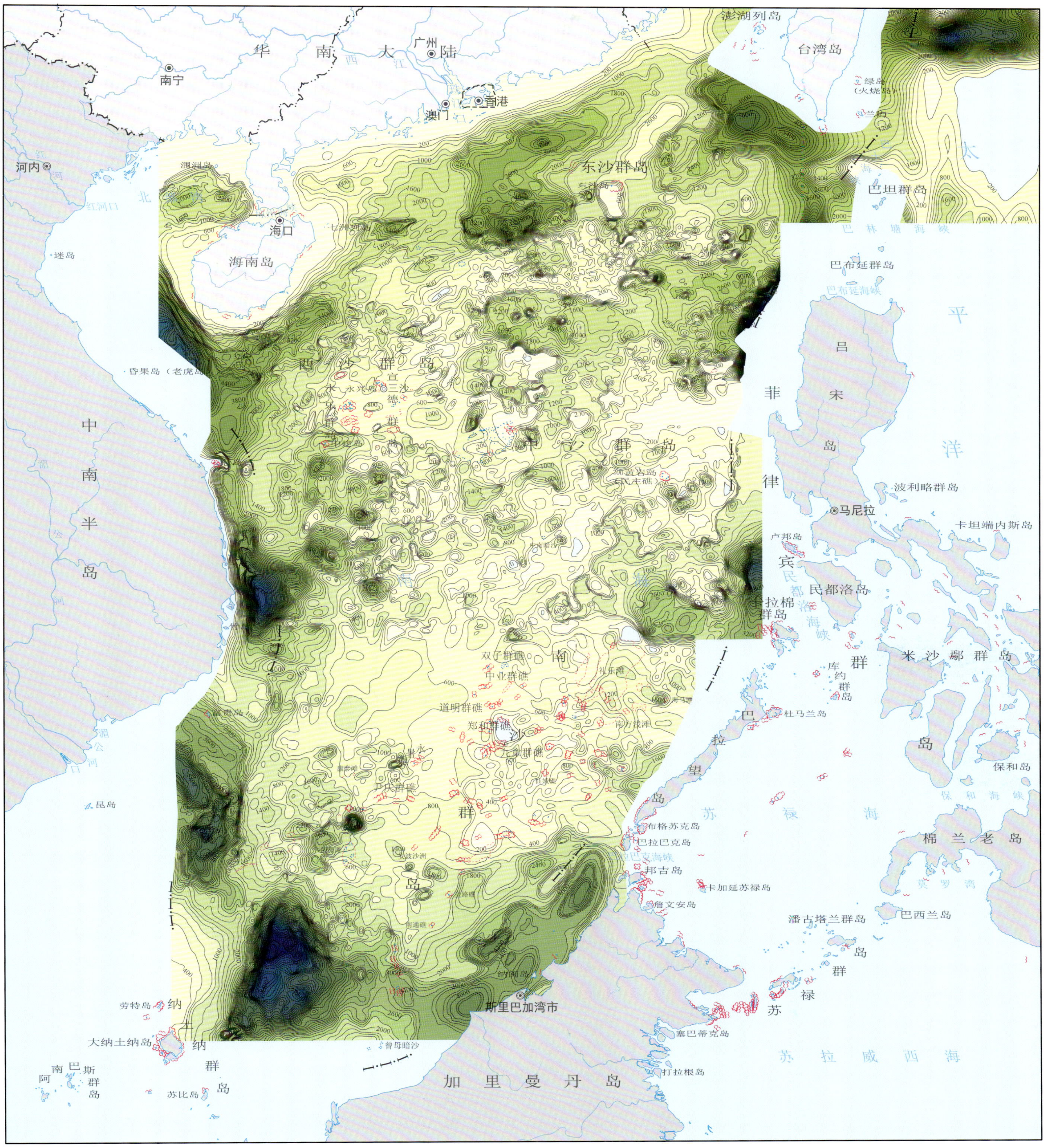

等厚线（m）

新近系—第四系厚度/m

0 200 600 1400 2200 3000 3800 4600 5400 6200 7000 7800 8600

（1）新近系—第四系在南海全区广泛分布；

（2）地层厚度变化较大，一般为0～10000m，具有西厚东薄、海盆厚岛礁薄的展布特征；

（3）总体上，沉积中心还在沉积盆地中，以盆地区域地层厚度较大，以南海西北部的莺歌海盆地、西南部的曾母盆地及北康盆地厚度最大。

南海古近系厚度图

Paleogene stratigraphic thickness of the South China Sea

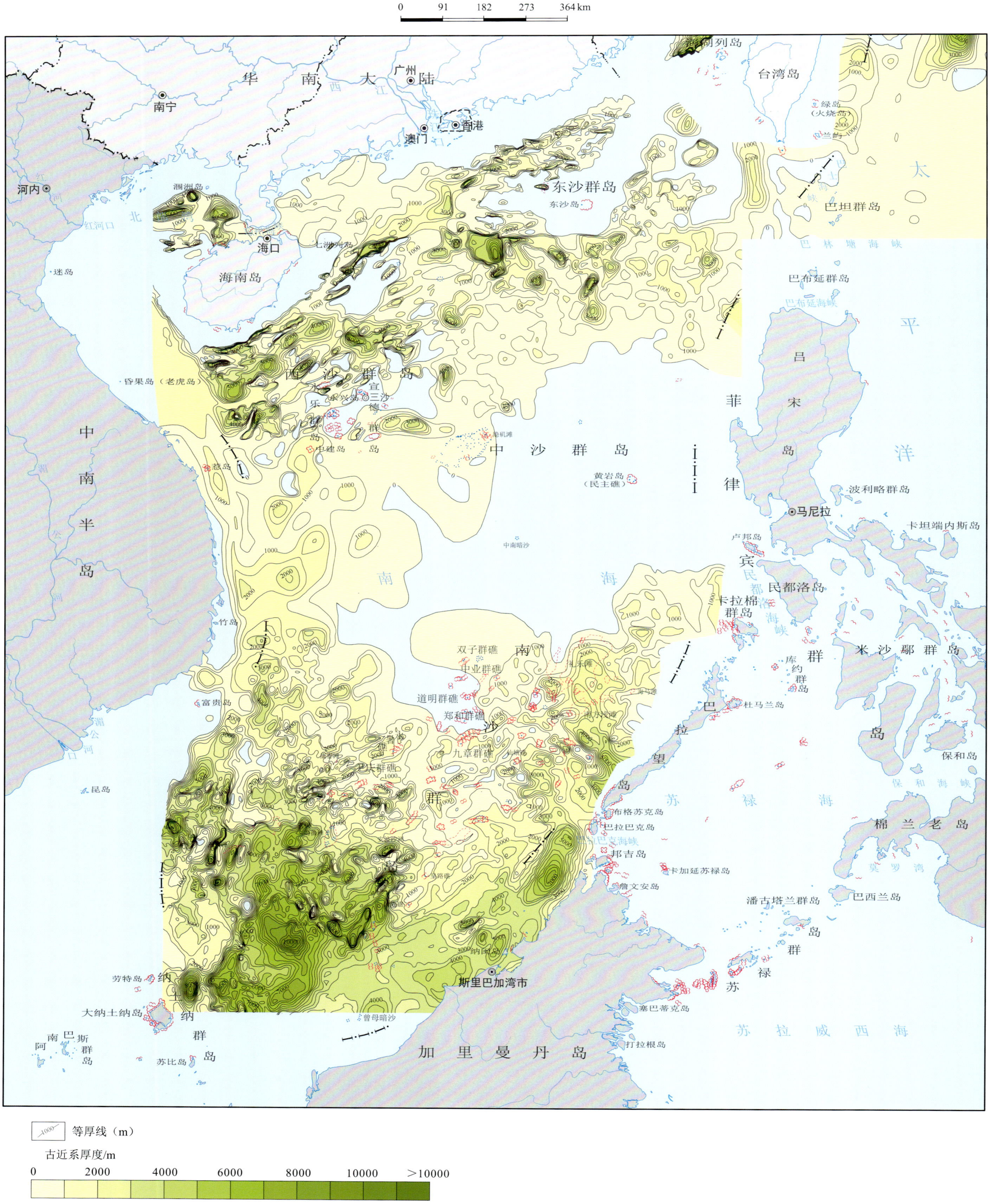

(1) 古近系主要分布在含油气沉积盆地区；

(2) 一般盆地中部洼陷区沉积物厚度最大，地层分布变化较大，厚度一般为0～8000m；

(3) 地层分布较为分散，大部分区域地层分布较少，或为剥蚀区。

南海典型含油气盆地油气地质条件综合对比图

Comprehensive comparison of petroleum geological conditions in typical petroliferous basins

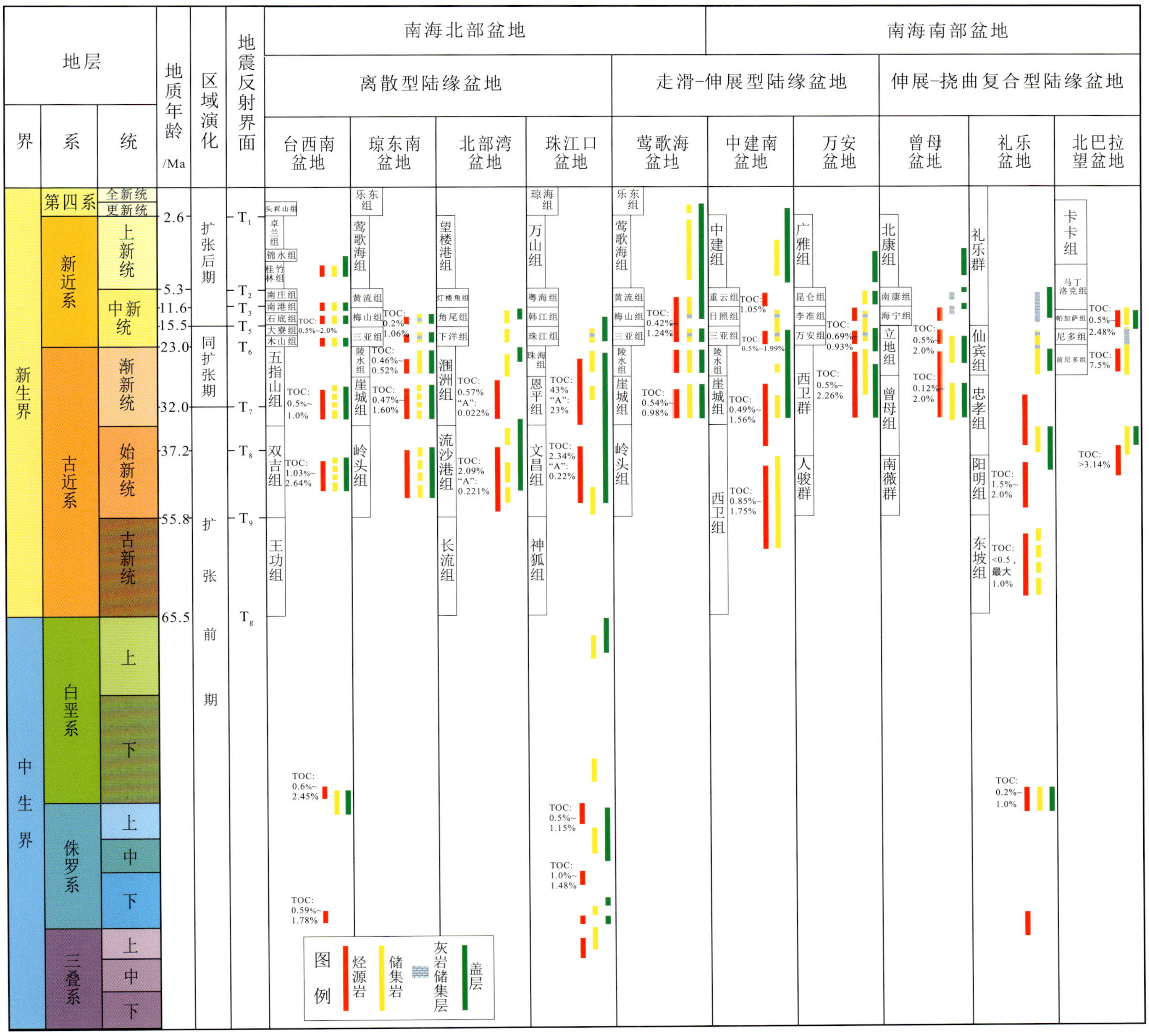

（1）**南海北部新生界油气成藏规律特征**：总体呈现“近陆缘区富油，远陆缘区富气”的环带状分布特征；盆地结构和地温场特征控制富生烃凹陷的成烃成藏；新构造运动控制了油气藏后期调整再平衡。

（2）**南海南部新生界油气成藏规律特征**：“北张、南挤”的构造应力背景控制含油气盆地的发育、分布及含油气性；古水系控制了南部新生界大型碎屑岩储集体的分布；区域构造运动和海平面变化控制了中新世碳酸盐岩储集层的发育。

（3）**南海中生界油气成藏规律特征**：南海打开过程中对古南海沉积地层的改造奠定了南海中生界油气赋存基础；多套优良的烃源岩的发育是中生界油气资源赋存的物质保障；中—新生界多套生、储、盖要素的时空匹配为形成油气藏提供了有利条件。

南海北部地层分区主要时期沉积相图

Maps of sedimentary facies in main strata of the northern South China Sea

0 65 130 195 260 km

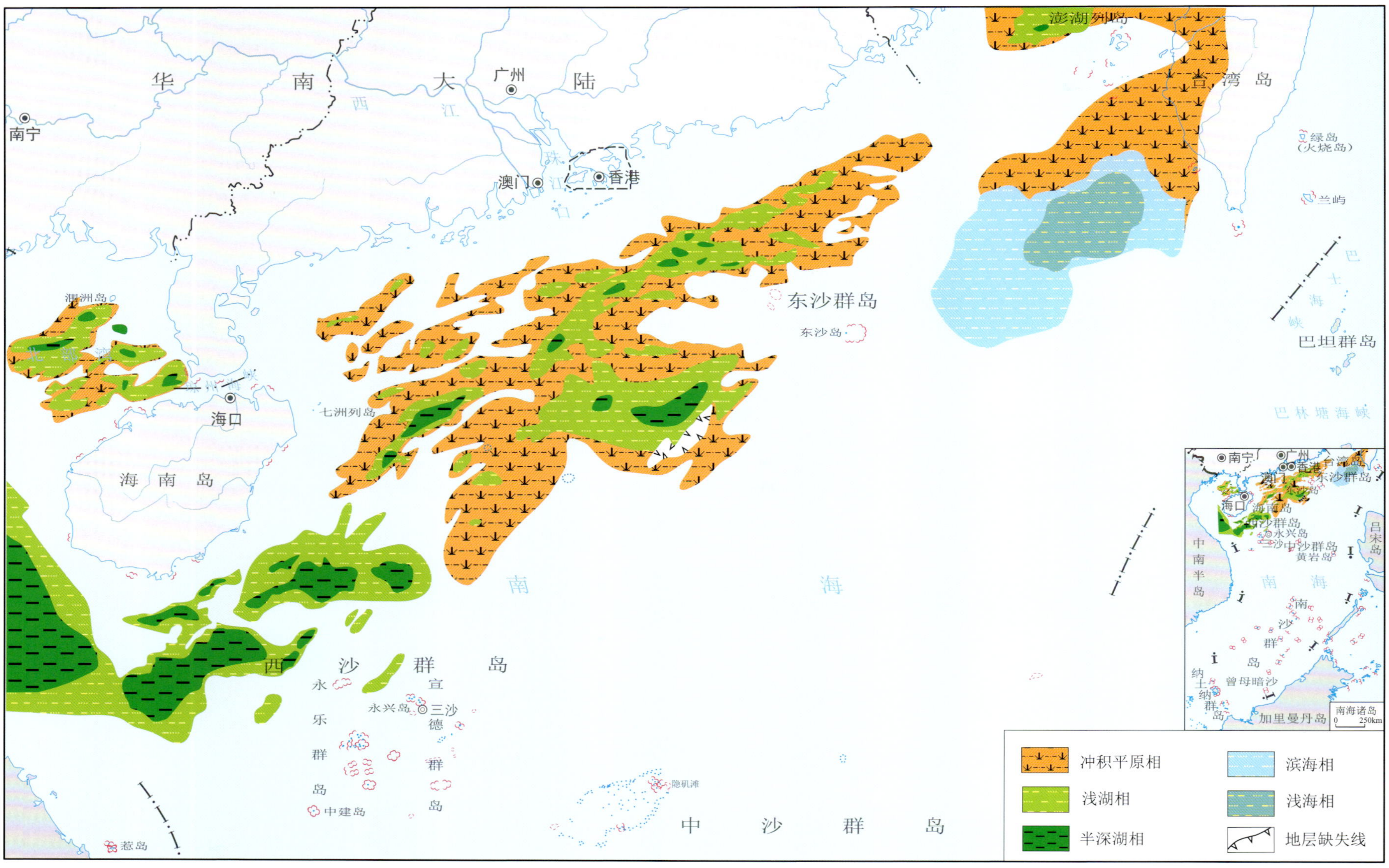

（中始新世）

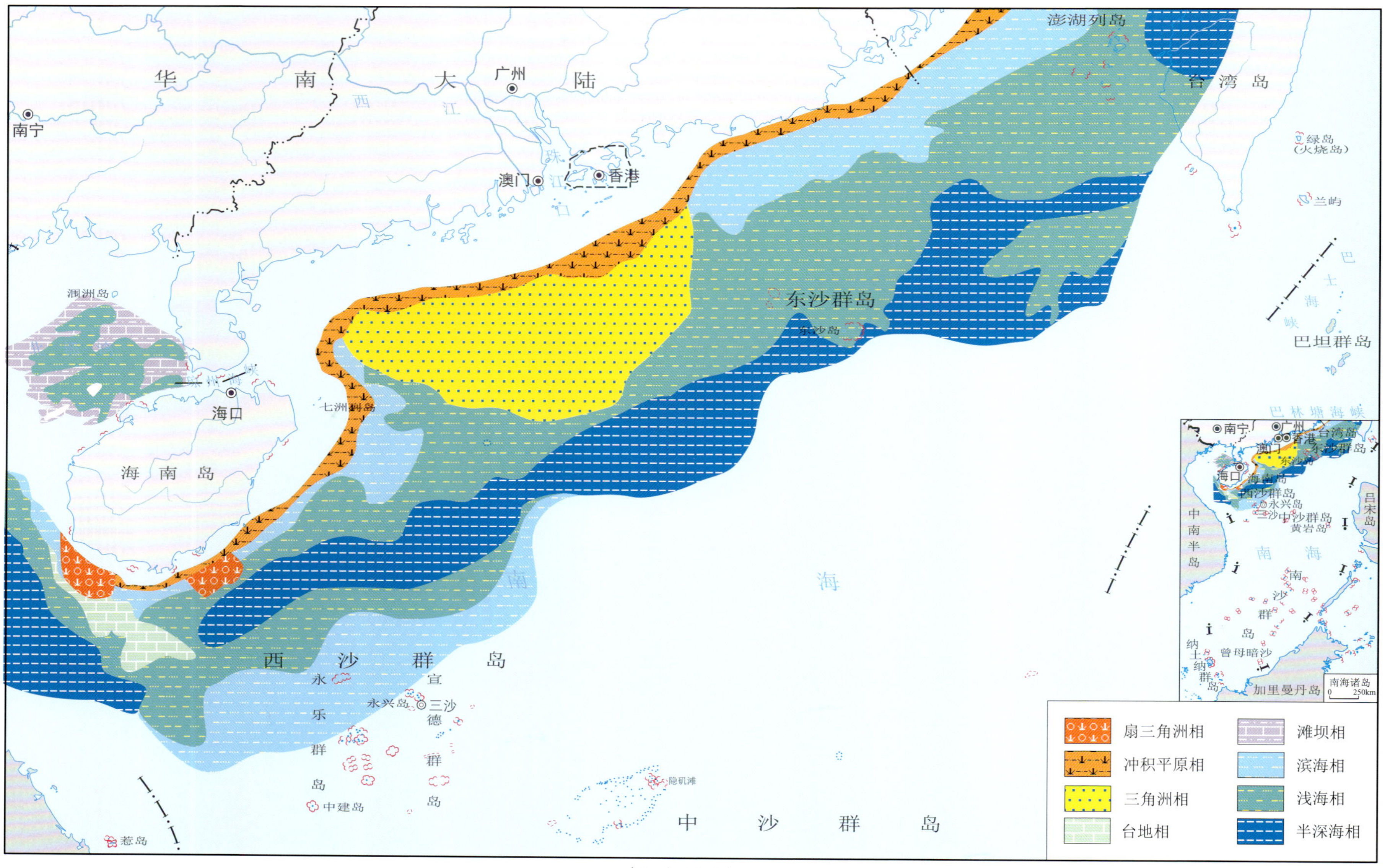

（晚中新世）

南海西部地层分区主要时期沉积相图

Maps of sedimentary facies in main strata of the western South China Sea

0　65　130　195　260 km

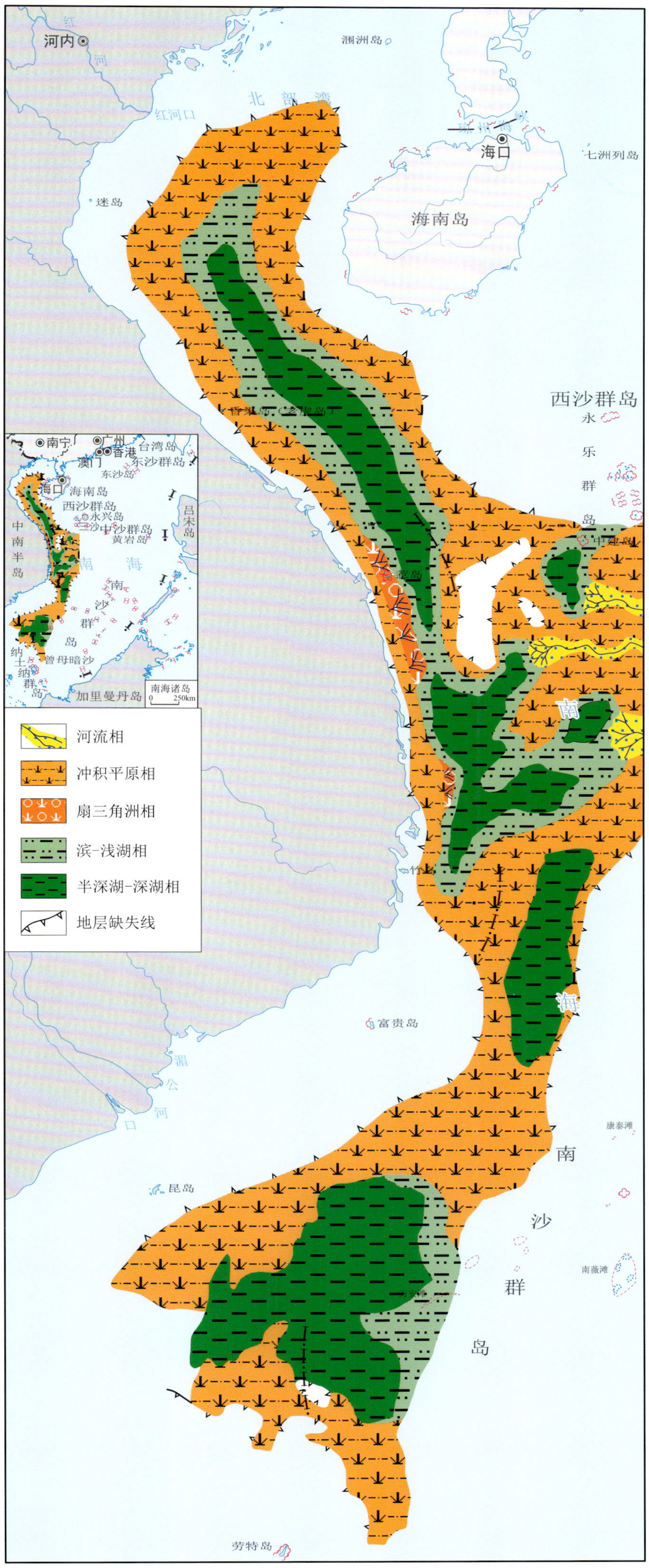

（中始新世）

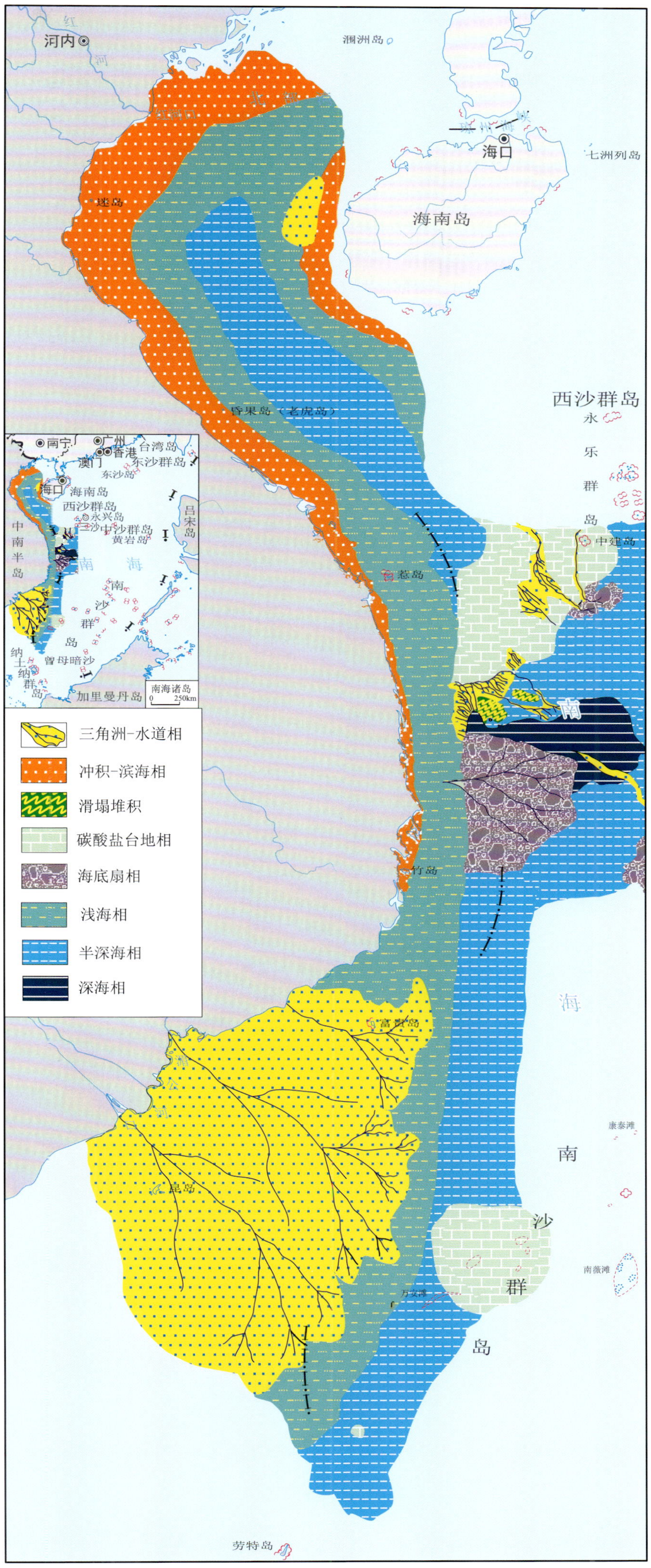

（晚中新世）

南海南部地层分区主要时期沉积相图

Maps of sedimentary facies of main strata of the southern South China Sea

0 91 182 273 364 km

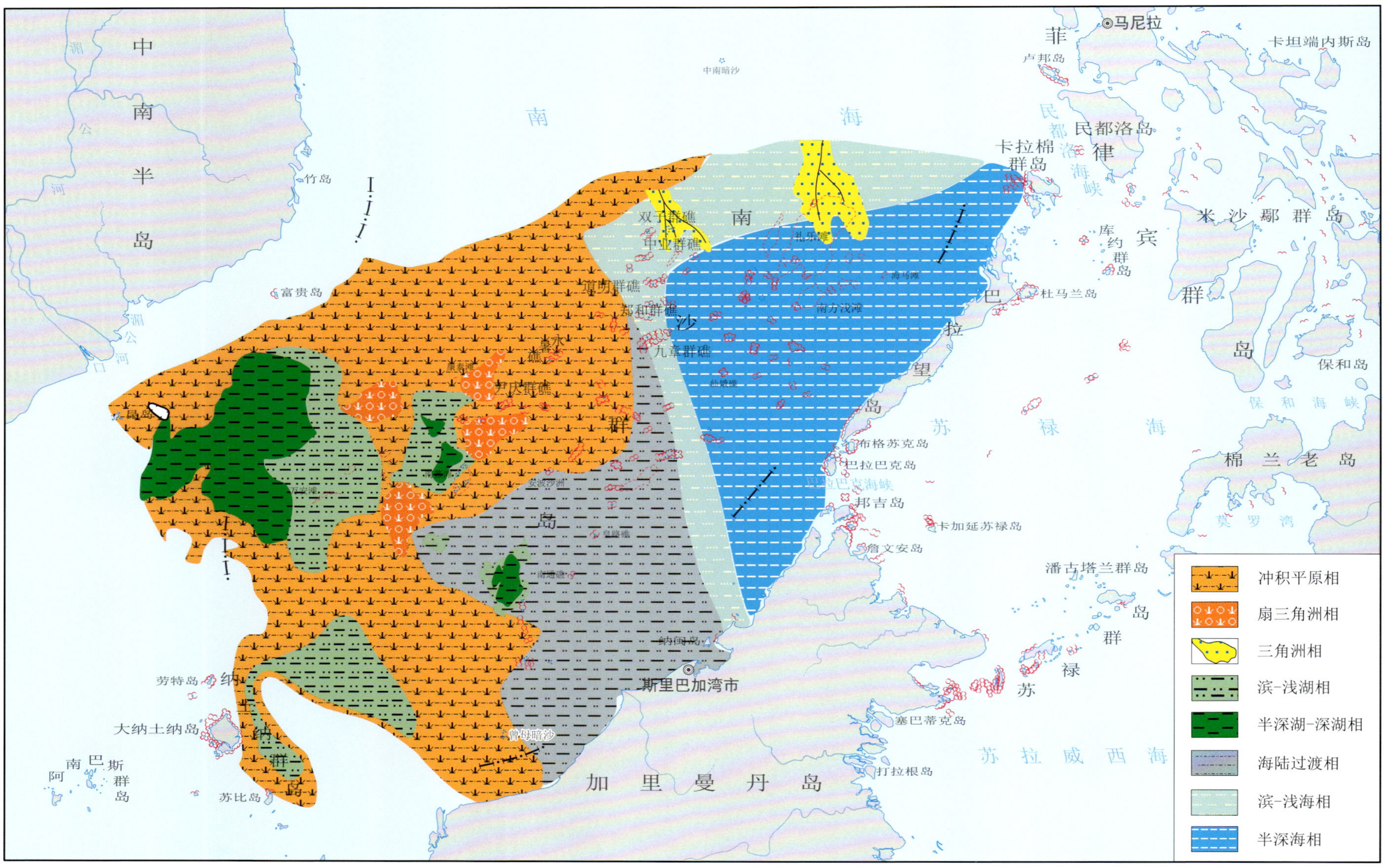

（中始新世）

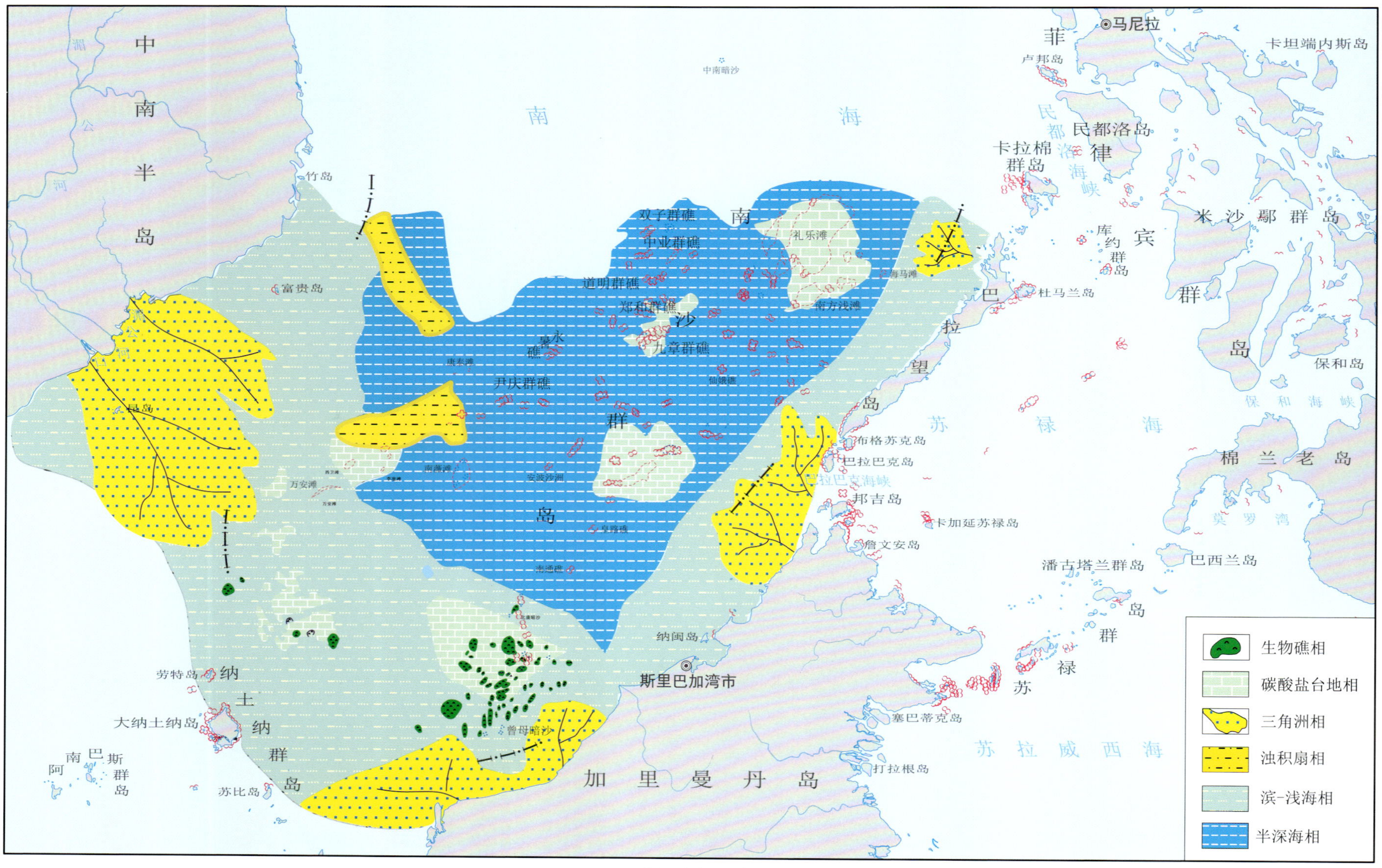

（晚中新世）

南海海盆地层分区晚中新世沉积相图

Map of Late Miocene sedimentary facies of the abyssal plain in the South China Sea

南海三角洲-半深海-深海-浊积扇发育模式
Delta – semi-pelagic – pelagic – turbidite fan development model in the South China Sea

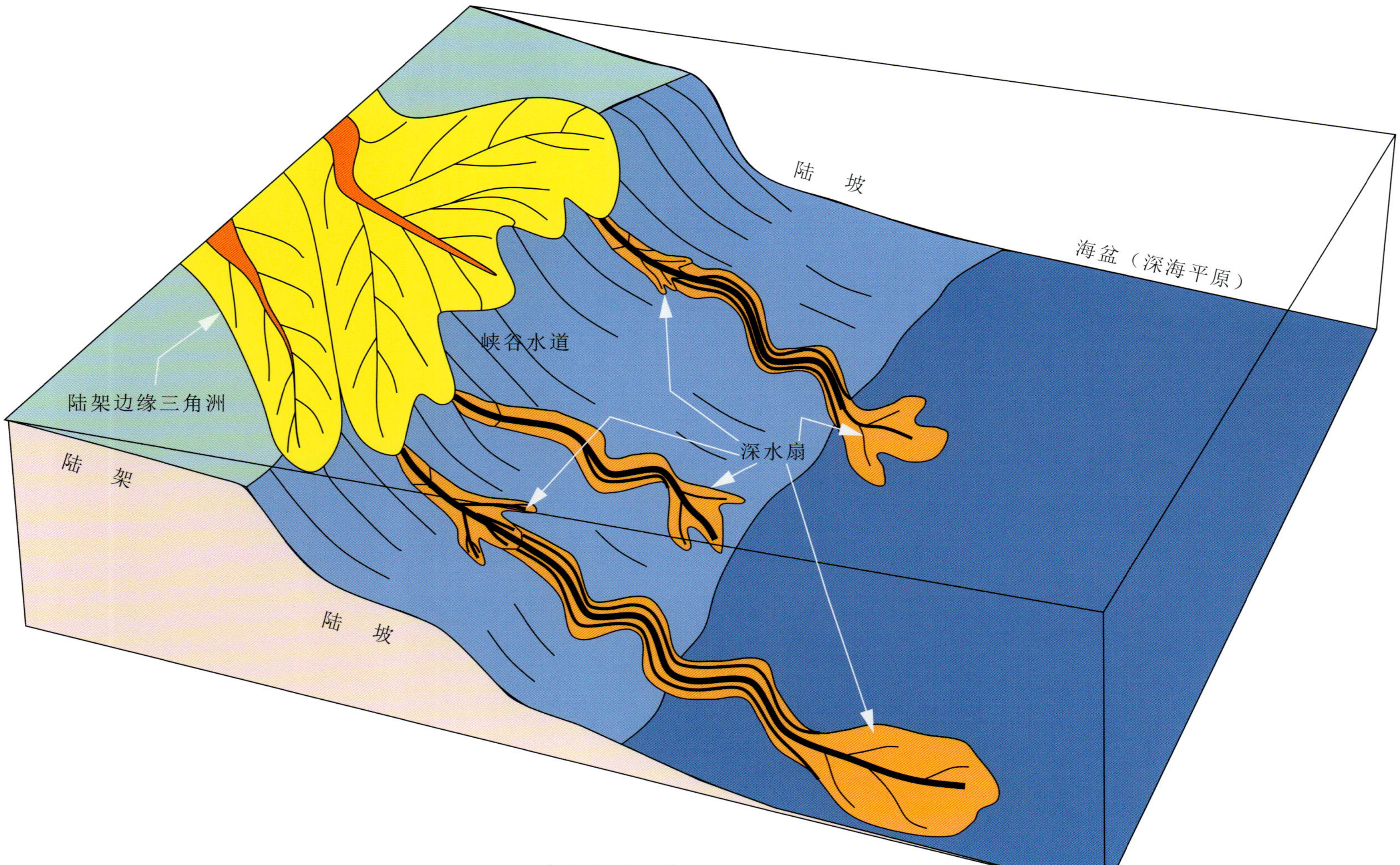

（南海北部）

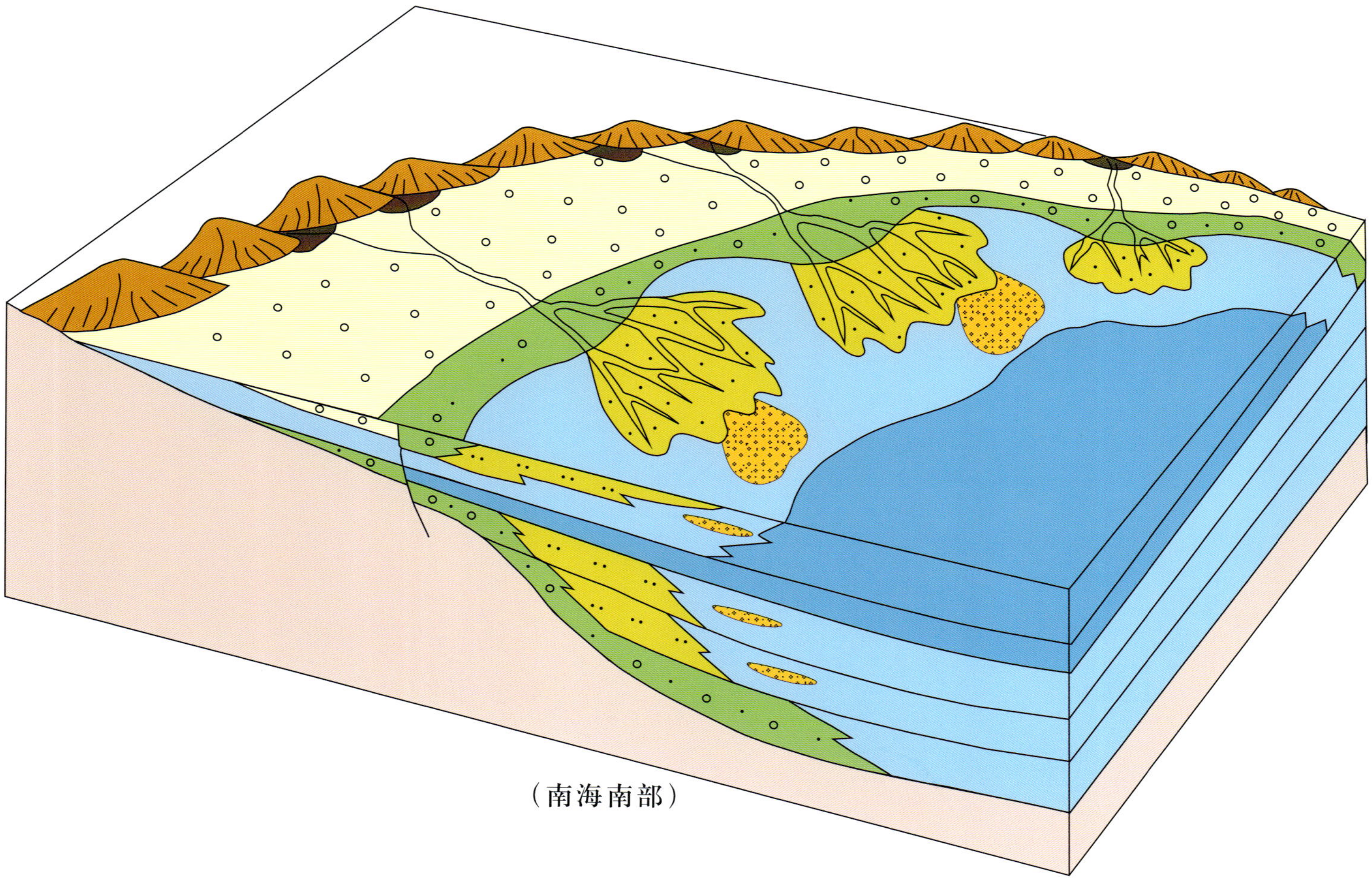

（南海南部）

南海碳酸盐台地-生物礁沉积模式图及分类和基本特征

Patterns, classification and basic characteristics of the carbonate platform-organic reef in the South China Sea

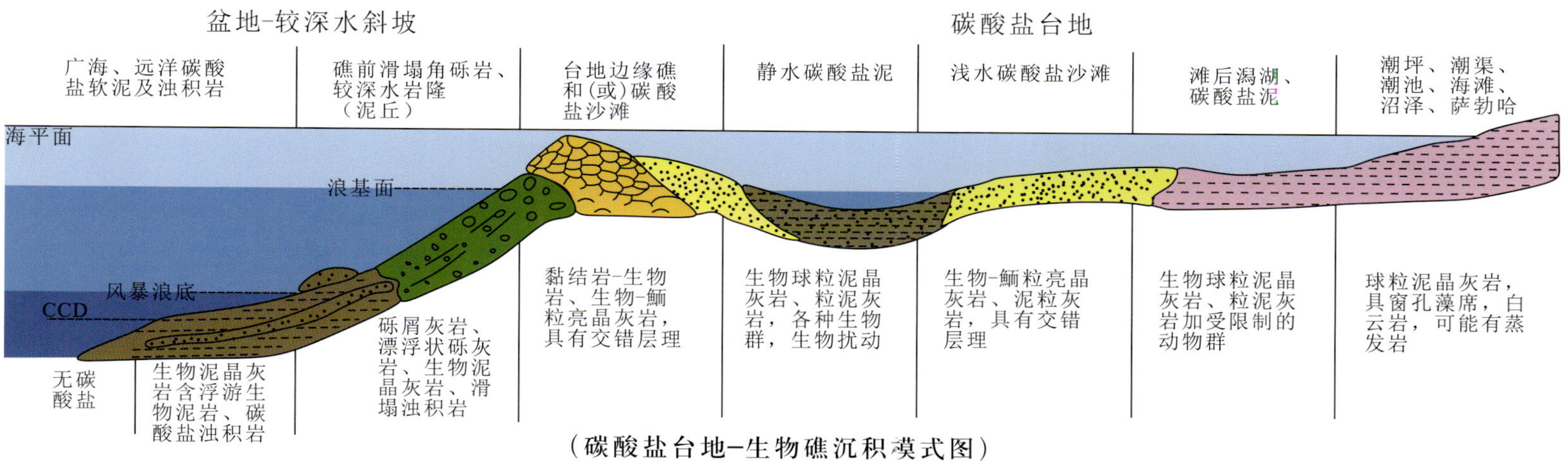

（碳酸盐台地-生物礁沉积模式图）

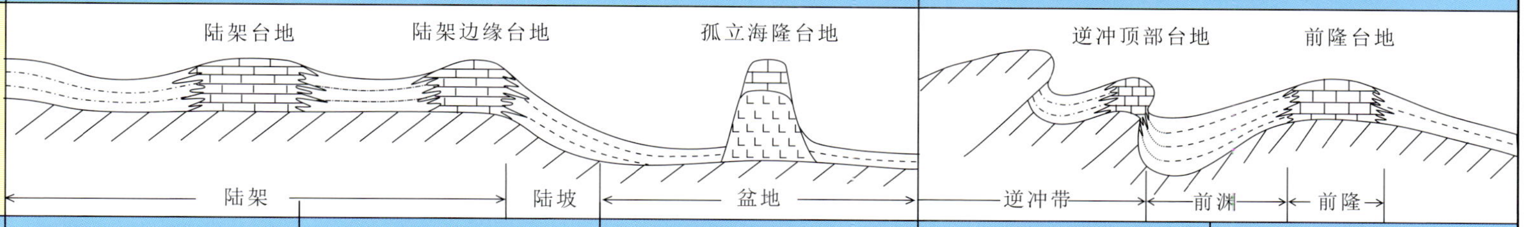

	伸展盆地背景			挤压盆地背景	
	陆架台地	陆架边缘台地	孤立海隆台地	逆冲顶部台地	前隆台地
基本特征	发育在被动陆缘环境，位于陆架之上，此类台地以较低的沉降速率和进积式的沉积层序为特征。依赖于气候环境，台地可能形成明显不同的两种边缘：侵蚀的镶边礁向风边缘和进积的背风边缘斜坡	是发育在被动陆架边缘的宽广而较厚的台地。在新生代时期，其较低的沉降速率意味着地层几何形态多数为进积特征，近水平反射的层序边界表明其形成于全球或区域海平面下降时	发育在被动陆缘环境，其基底可能是早期的断块台地或火山岩组成。边缘较陡且被深水围限，因而几乎不见进积特征。台地以滑塌和再沉积碳酸盐岩为特征。台地顶部层序边界水平产出，可能发生了全球海平面的下降	逆冲顶部台地发育在挤压构造环境中，逆冲席之上的海底高移向浅海环境。在平面上，台地呈条带状，在这种基底上升的构造环境中，台地厚度较小	前隆台地发育在较远的、面积较大的、几乎无碎屑注入的前隆区。在轴向方向上被淹没，多数具有缓坡剖面边缘。台地继承前陆边缘的古地理环境，平面上呈条带状，通常来自轴向或隆起近端边缘的碎屑注入埋藏
地震特征	顶部边界呈弧形，其为连续强反射，内部常见多个连续且平行的同相轴且底部反射较弱	整体为块状，顶部边界易于与上覆地层区分，为连续强反射轴，内部为亚平行的强弱相间反射，底部反射较弱	顶部为连续性好的强反射 内部反射杂乱，底部反射连续性较好，可与下伏地层区分	顶部边界为连续强反射轴，易于与上覆地层区分，内部为亚平行的强弱相间反射，底部反射较弱	顶部为连续性好的强反射，内部为亚平行反射与反射杂乱，底部反射连续性较差
典型实例	 万安盆地	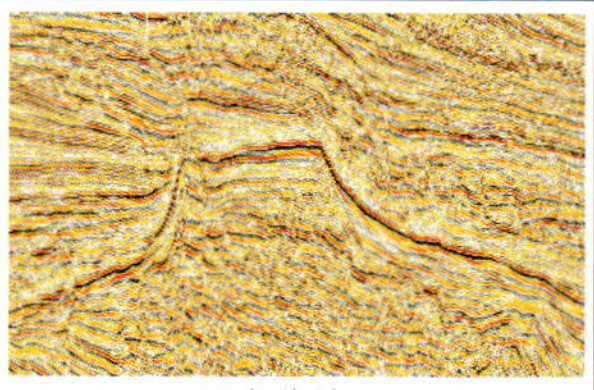 万安盆地	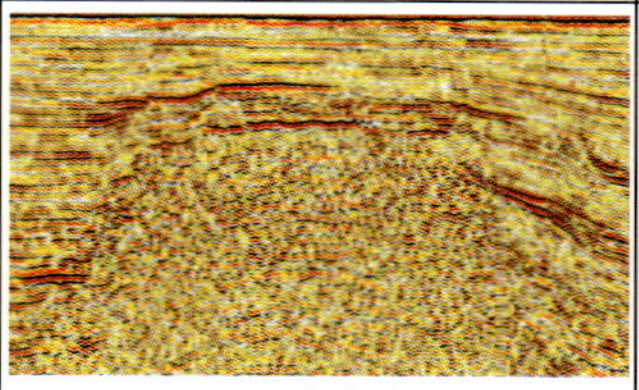 万安盆地	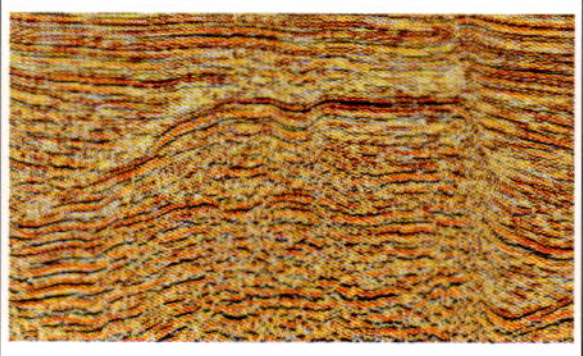 曾母盆地	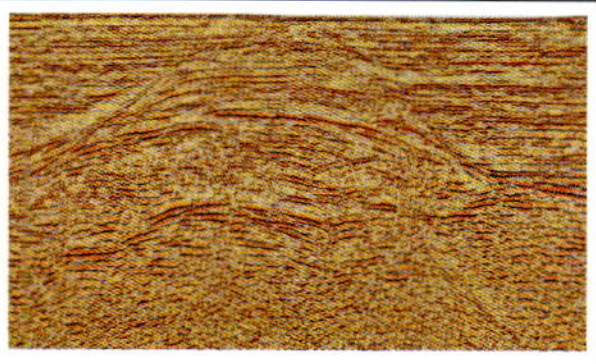 曾母盆地

（碳酸盐台地分类及其基本特征）

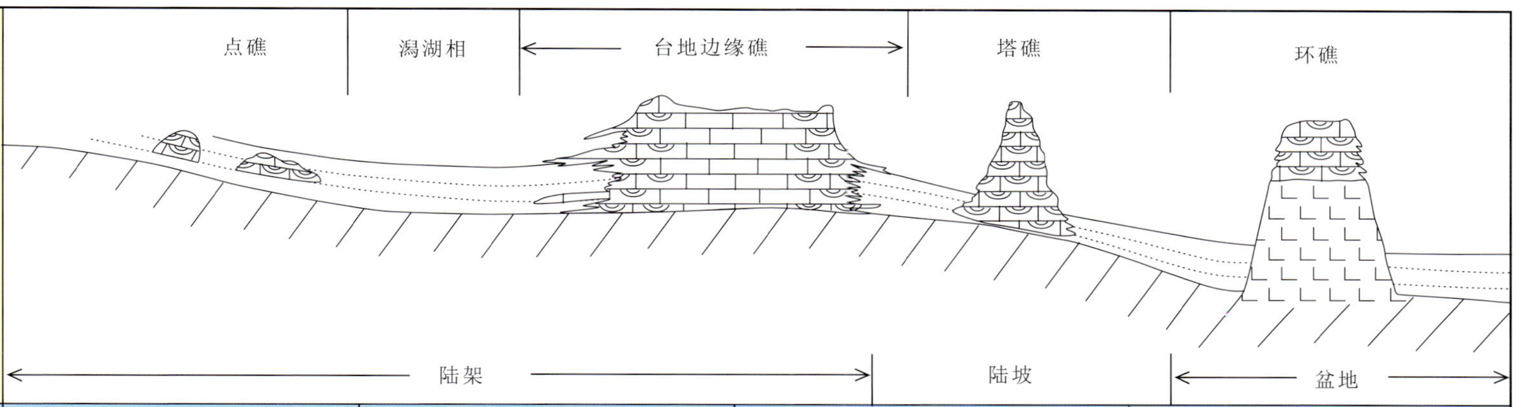

	点礁	台地边缘礁	塔礁	环礁
基本特征	礁体近似圆形，或呈不规则状，规模较小，是在潟湖或外滨海底较小隆起上形成的孤立小礁体	多发育在碳酸盐台地的边缘，规模相对较大，从台地顶部向边缘斜坡部位生长	尖柱形，形似锥状或者陡侧向上变尖的丘状，垂向生长是其主要特点，是成礁期海底持续下降而成，多出现于深水区域	礁体围绕海底较大隆起的边缘生长，略呈环形，中央带凹下成潟湖，多出现于外滨广海中
地震特征	外形呈丘形，两翼近对称，顶部为连续的强反射，内部反射杂乱，底部反射较弱	顶部反射较强、连续性较好，内部为亚平行的强弱相间反射，礁体周缘的地层具有明显的上超	整体呈塔形，内部常见多个连续且平行的同相轴，顶部为连续的强反射，易于与上覆反射较弱的地层区分开来	顶部为连续的强反射，内部可见一个或多个连续性较好的同相轴，底部反射较弱
典型实例	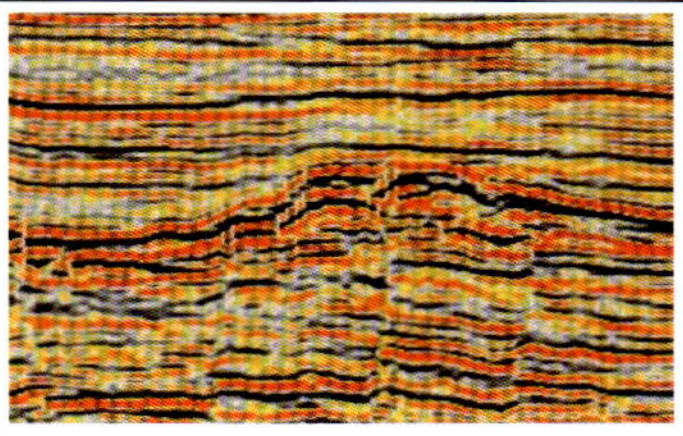 万安盆地	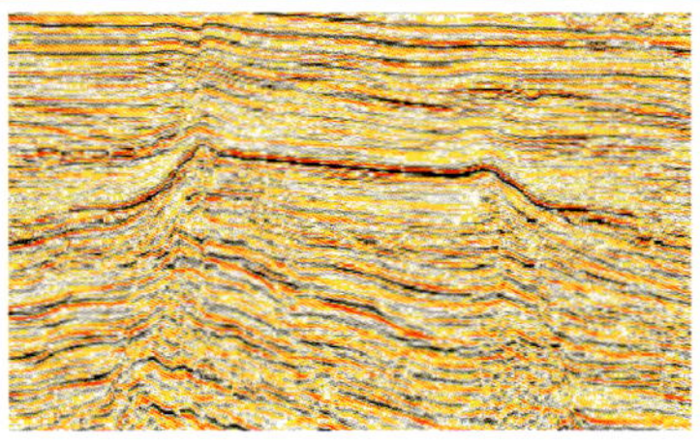 万安盆地	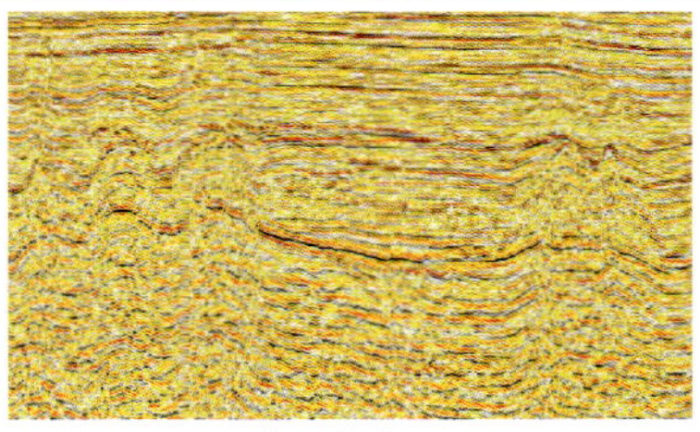 曾母盆地	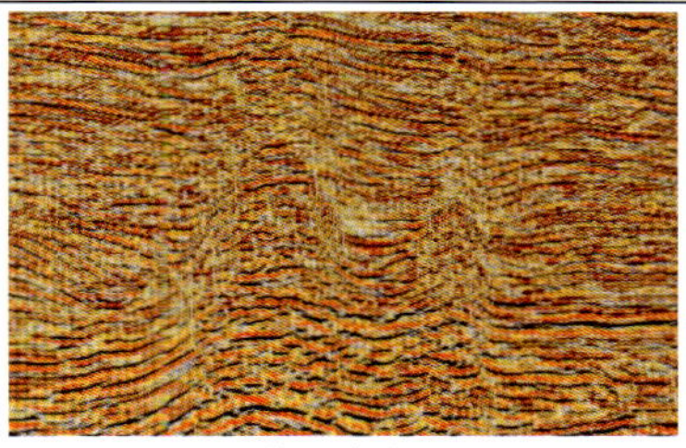 曾母盆地

（生物礁分类及其基本特征）

南海中新世以来环带状沉积体系分布模式图

Distribution pattern of the circular belt-like sedimentary system since the Miocene in the South China Sea

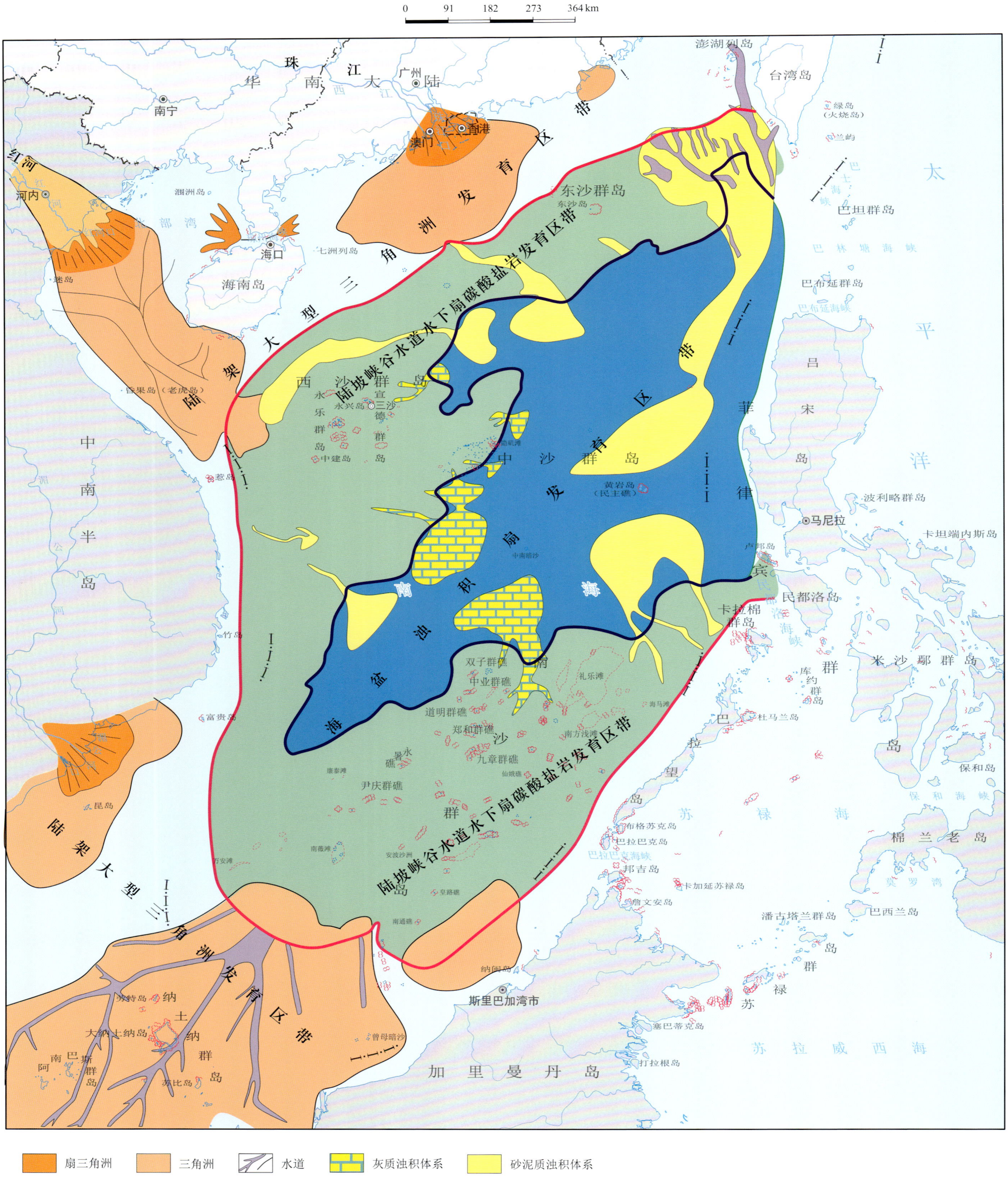

花东海盆地层分区与邻区地层对比表

Stratigraphic zonation and comparison in the Huatung Basin

年代地层 界	年代地层 系	年代地层 统		年龄/Ma	厚度/m	界面	吕宋岛弧-海槽区 沉积相	吕宋岛弧-海槽区 构造属性	花东海盆-西菲律宾海盆区 沉积相	花东海盆-西菲律宾海盆区 沉积相	花东海盆-西菲律宾海盆区 构造属性	琉球构造区 沉积相	琉球构造区 沉积相	琉球构造区 构造属性	对应南海北部重大地质事件
新生界	第四系	全新统			40~1000		半深海-深海相	吕宋岛弧与台湾岛拼贴碰撞	深海相	重力流、沉积物波、水道体系、浊积扇、水下扇、深水扇	海盆热沉降期	深海相	重力流、沉积物波、水道体系、浊积扇、水下扇、深水扇	弧前盆地形成	
		更新统		2.59		T_1									台湾运动
	新近系	上新统		5.33	80~1500	T_2		吕宋岛弧向南海仰冲			远洋沉积、浊流沉积、冲积沉积形成				
		中新统	上	11.63	150~3000	T_3									东沙运动
			中	15.97		T_5	浅海相	弧前盆地形成			菲律宾海板块向琉球岛弧俯冲、海盆停止扩张、海盆扩张期	半深海-深海相		菲律宾海板块向琉球岛弧俯冲	
			下	23.03	0~700	T_6									
	古近系	渐新统	上	28.1	0~200										白云运动
			下	33.9		T_8								太平洋板块向欧亚板块俯冲南琉球岛弧隆起遭受剥蚀	南海运动
		始新统	上	35					半深海-深海相						
				37.2	200~5500										
			中												
			下	55.8		T_g									
		古新统		65.5											神狐运动

花东海盆地层分区典型剖面图

Typical seismic profiles of the strata in the Huatung Basin

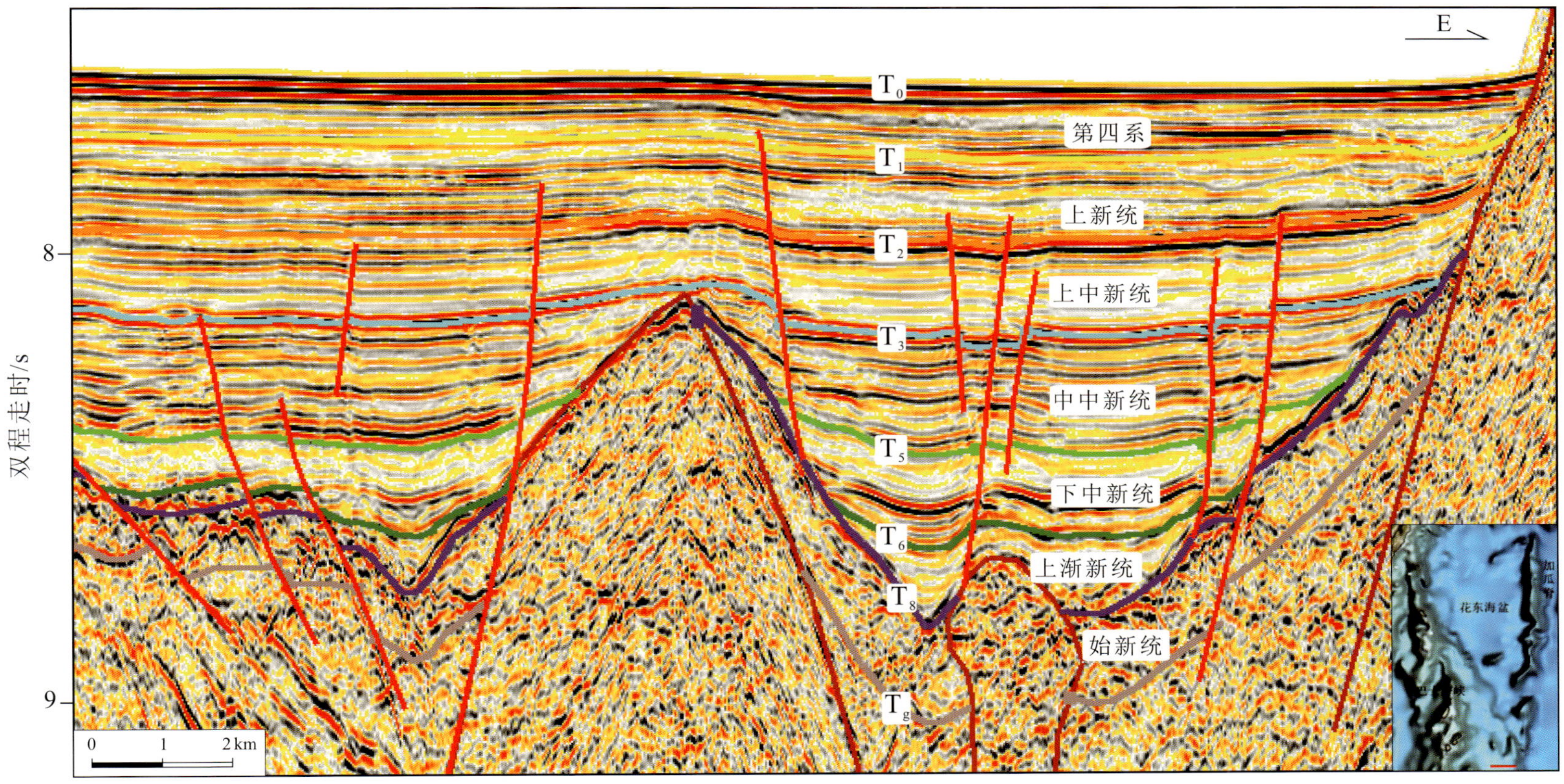

花东海盆地层分区与南海东北部、西菲律宾海盆度对比图

Comparison of the stratification in the Huatung Basin and the northeastern South China Sea and the West Philippines Sea

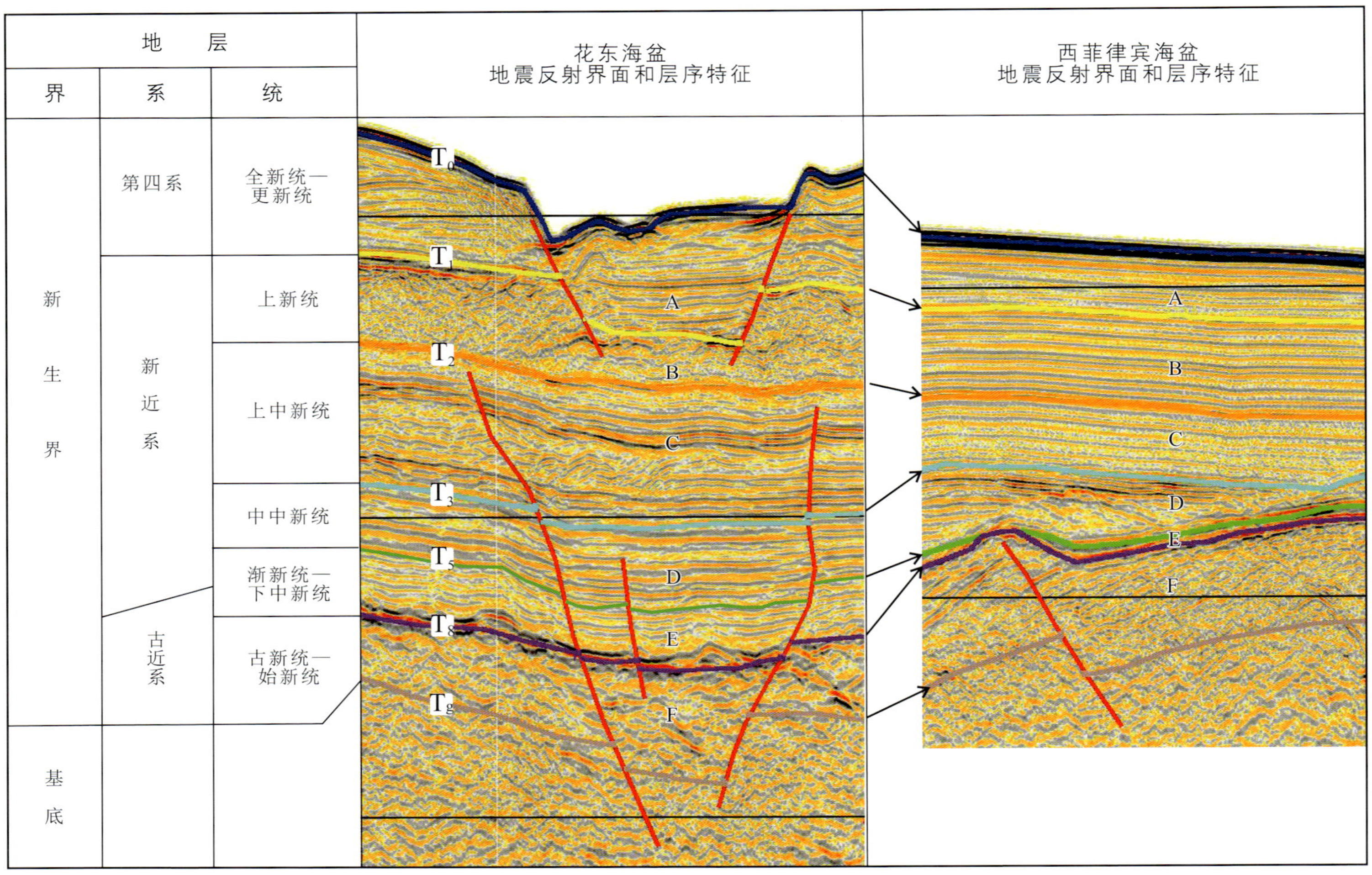

（花东海盆–西菲律宾海盆）

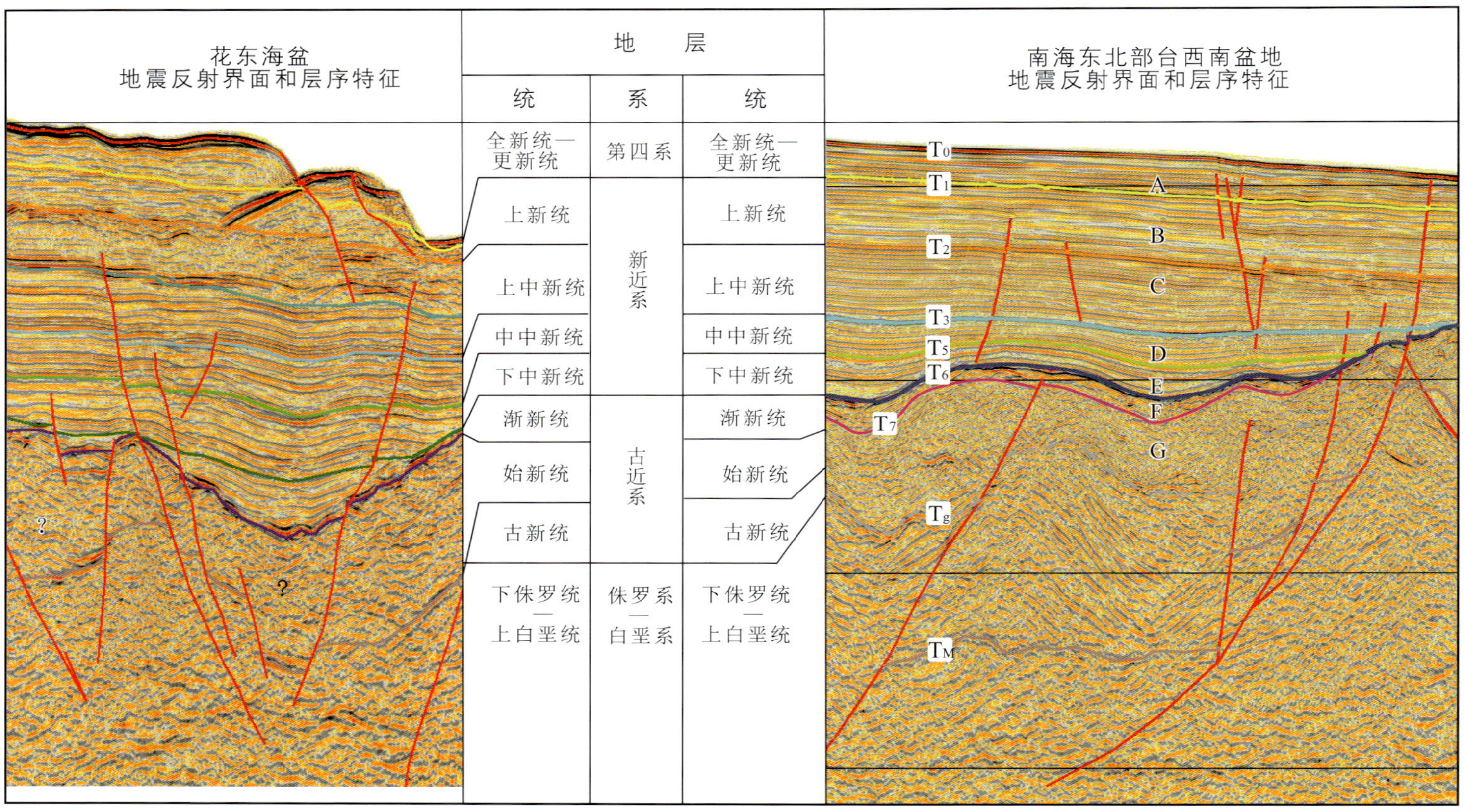

（花东海盆–南海东北部台西南盆地）

花东海盆地层分区主要时期沉积相图

Map of sedimentary facies of the main stra:a in the Huatung Basin

浅海-半深海相　深海相　峡谷-水道体系　水下扇　沉积物波

浊积扇　重力流　火山-岩浆底辟　火山碎屑沉积　物源方向

花东海盆地层分区综合柱状图

Comprehensive column of the strata in the Huatung Basin

地层 界	地层 系	地层 统		厚度 /m	岩性柱	岩性描述
新生界	第四系	全新统		40~500		砂、泥、钙质-硅质黏土、硅藻质黏土、火山灰
		更新统				
	新近系	上新统		80~600		
		中新统	上	150~2000		由砂岩、泥岩、钙质-硅质黏土岩、火山灰、火山碎屑岩和浊积岩等组成
			中			
			下	0~500		夹杂火山灰的细粒砂泥岩及部分火山碎屑岩
	古近系	渐新统	上 下	0~200		火山碎屑岩和泥岩
		始新统	上	100~550		以碎屑岩为主，含粉砂质泥岩、黏土岩、粗粒砂泥质泥岩等，夹杂火山碎屑颗粒
			中			
			下			
前新生界						玄武岩、变质岩

南海及邻域地球物理场与深部构造

Geophysical Fields and Deep Structures of the South China Sea and Its Adjacent Areas

本次研究以南海及邻域重力场和磁场作为基础资料，从平面和剖面两个角度重点展示南海及邻域重、磁场与地壳结构特征。

1. 数据来源

南海及邻域重、磁异常编图数据主要源自公开出版的重磁异常图件，另外补充了丹麦国家空间机构（www. space. dtu. dk）发布的全球卫星重力异常数据集和美国国家数据中心发布的全球磁异常数据集。

2. 异常特征与分区

地形在重力异常中的贡献很大，空间重力异常与地形形态相关度很高。大体上空间重力异常形态与地形正相关，地形高对应空间重力异常高，地形低对应空间重力异常低。除地形外，在重力异常中贡献最大的是壳幔边界（即莫霍面）深度与形态，这决定了布格重力异常的形态与地形大致呈镜像关系，陆地山脉区对应的布格重力异常低，深海盆对应的布格重力异常高。

磁异常则不同，与地形相关性弱，其主要是铁磁性物质分布特征的反映，海底以下的铁磁性物质主要为岩浆岩类。各种类型岩浆岩的侵入、喷发常常与断裂构造相关，这在磁异常图上表现为各种走向的高磁异常区带。最显著的是因海底扩张形成的条带状磁异常，是洋壳基性玄武岩的反映。磁性物质的强弱关系则在磁异常的解析信号模结果图上表现显著。

根据重磁异常整体分布特征，如异常走向、幅值强弱变化等，结合相关的地形、地貌、地质构造等资料，将重、磁异常划分为九个异常区，分别为华南异常区（I）、印支异常区（II）、南海异常区（III）、吕宋－菲律宾海沟弧异常区（IV）、琉球异常区（V）、曾母－加里曼丹－巴拉望异常区（VI）、苏禄海－苏拉威西海异常区（VII）、巽他陆架异常区（VIII）和西菲律宾海盆异常区（IX）。

3. 地壳结构

从重力资料反演的莫霍面埋深结果出发，结合地形和沉积地层厚度资料，获取了南海及邻域结晶地壳厚度；以四条重、震联合地壳结构建模结果为依据进行了地壳结构的剖面分析。

整体上，莫霍面在区内自西北华南陆地、中南半岛陆地向东南南海海盆、西菲律宾海盆、苏禄海盆和苏拉威西海盆逐渐抬升，从最深 42km 抬升至最浅 6km；莫霍面深度减去水深便是地壳厚度，再减去沉积厚度可得结晶地壳厚度。结晶地壳厚度图直观地展示了区内各构造单元地壳厚度的横向变化特征，据此可勾勒出陆洋边界（continent ocean boundary，COB），将南海及邻域的地壳分为两个类型：洋壳和陆壳。两者可进一步细分为稳定型陆壳、减薄型陆壳、岛弧型陆壳、超减薄陆壳、洋－陆过渡壳和洋壳。

在南海海盆中央洋壳区域，东部次海盆与西南次海盆的海底地形，重、磁异常响应和壳内结构均有较大差异。海底地形和重磁异常响应方面主要表现为东部次海盆岩浆活动较强、磁异常幅值高、解析信号模强、海山较多，残留扩张中心亦为近东西向海山链；而西南次海盆岩浆活动相对较弱，磁异常幅值相对较低，解析信号模相对较弱，海山较少，残留扩张中心为北东－南西向裂谷，裂谷中央发现了超低密度（$2.3\sim2.5g/cm^3$）海山（龙门海山）。东部次海盆与西南次海盆的地壳厚度仅在海山区域有明显差异，深海平原区域相差无几，不过在地壳内部差异明显，东部次海盆的反射地震莫霍面成像连续清晰，西南次海盆的反射地震莫霍面成像不连续、不清晰且折射地震速度成像结果发现普遍存在下地壳高速层。因此推测，东部次海盆海底扩张时岩浆供应相对充足，属岩浆主导型海底扩张；而西南次海盆海底扩张时岩浆供应不足，属构造主导型海底扩张。

南海及邻域空间重力异常平面等值线图及分区

Contour and zonation map of free-air gravity anomaly in the South China Sea and its adjacent areas

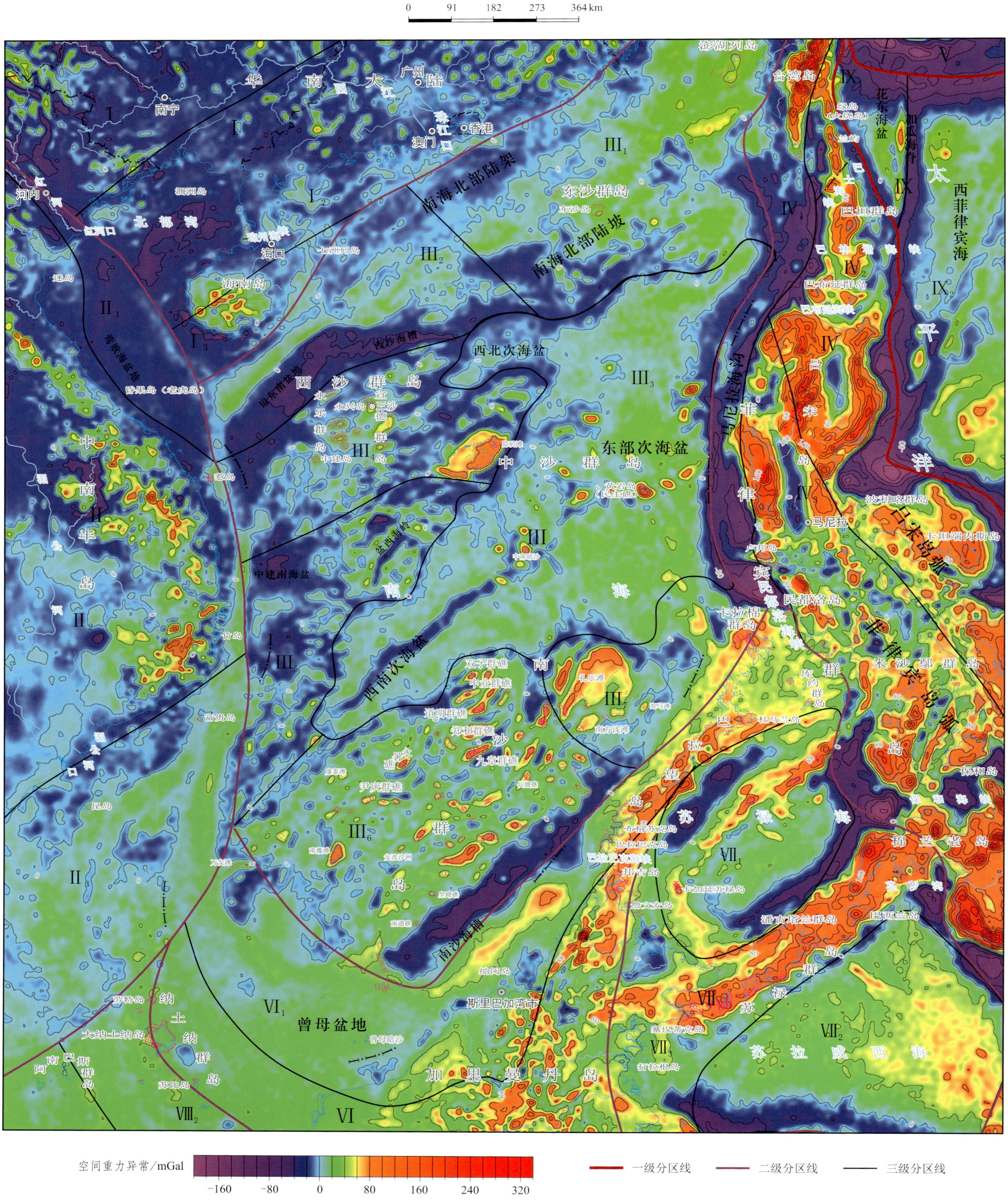

南海及邻域空间重力异常值在−240～320mGal（$1\text{mGal}=1\times10^{-5}\text{ms}^{-2}$）的范围内变化，大体上空间重力异常形态与地形正相关，地形高对应空间重力异常高，地形低对应空间重力异常低，重力异常的走向较为多样，主要有北东向、近南北向、北西向和近东西向。北东向异常广泛分布于南海北部陆架、南海北部陆坡、南海海盆中央、南沙岛礁、南沙海槽和苏禄海等区域；近南北向异常主要有南海西缘正异常带和南海东缘马尼拉海沟负异常带；北西向异常主要分布于南海西北部莺歌海盆地和南海西南部巽它陆架；近东西向异常仅零星分布于南沙岛礁、盆西海岭和东部次海盆等局部区域。

南海及邻域磁异常平面等值线图及分区

Contour and zonation map of the magnetic anomaly in the South China Sea and its adjacent areas

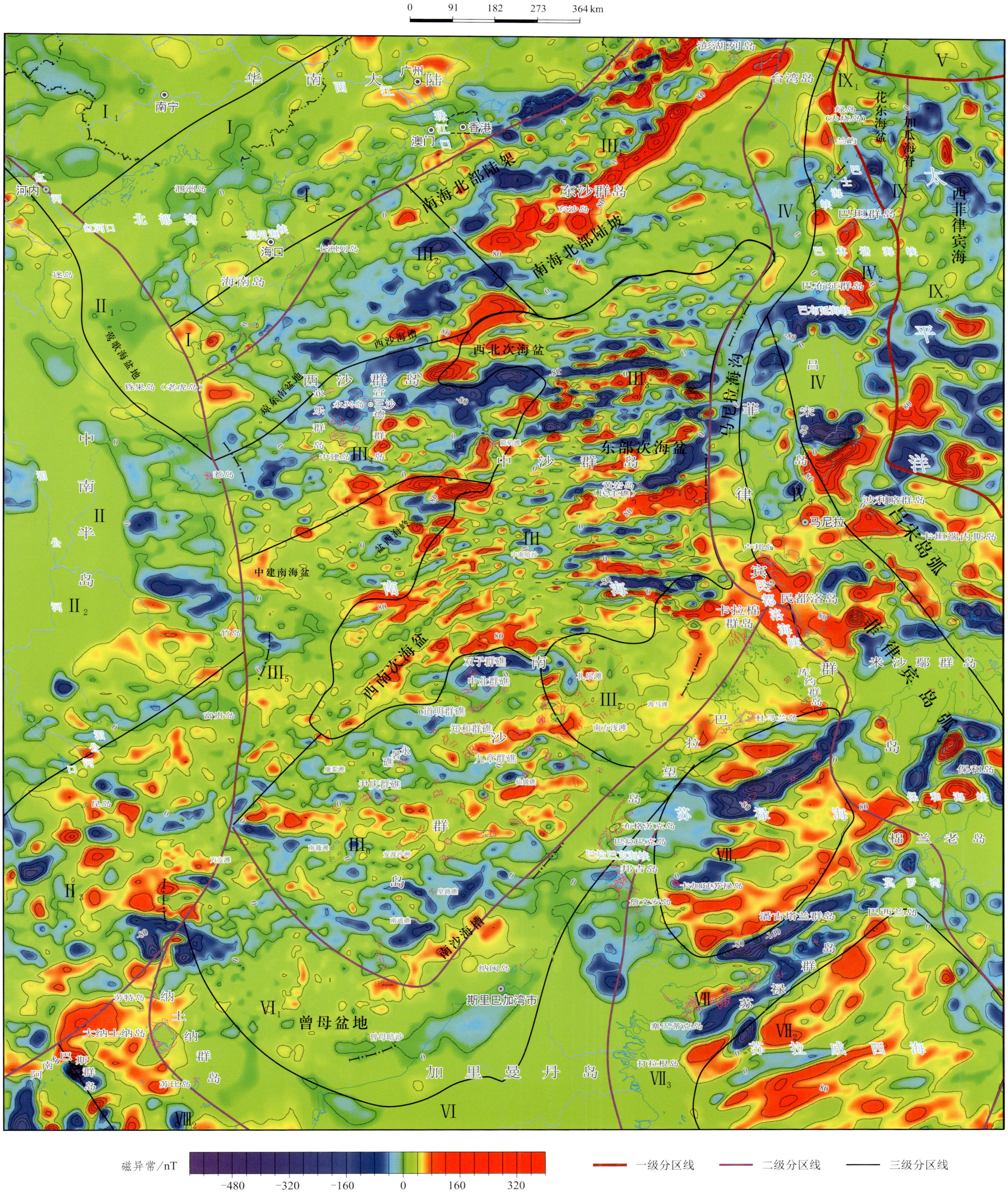

南海及邻域磁异常幅值变化范围大，变化范围在-620～390nT。整体上，南海海盆中央、南海北部陆缘、苏禄海和苏拉威西海区域的磁异常幅值及变化较为显著，表现出明显的线性展布特征；其余区域仅显示局部零星的高幅值异常。异常显示的磁场强度具有从北部陆坡向南部深海盆、西部向东部增强的总趋势。异常走向主要有北东向、北北东向、东西向（或近东西向）、北西向、北西西向以及南北向等。这些异常方向显然是区内地质构造发展的真实记录，客观地反映了该地区基底的构造走向、断裂带的展布方向及岩体的长轴方向，揭示了它们与地质构造之间的密切联系。

南海海盆中央磁异常水平梯度模结果图

Horizontal gradient module of magnetic anomaly in the central South China Sea Basin

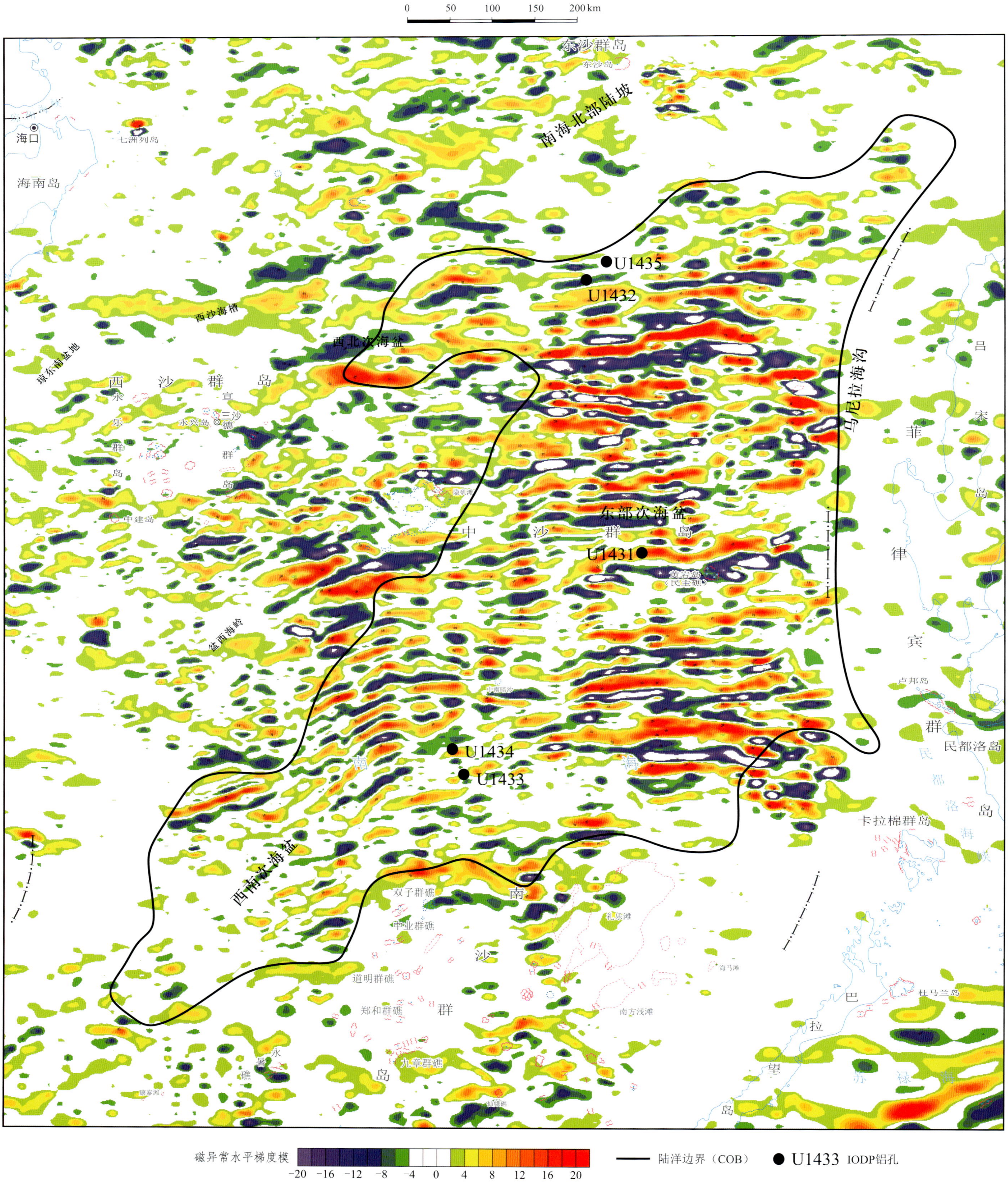

南海海盆中央的磁异常条带特征最为显著。东部次海盆的条带状磁异常长轴以北东东向或近东西向为主，异常呈正负相间条带排列，异常幅值为200～400nT，宽度为20～30km，延伸可达数百千米，梯度陡，最大达40nT/km；西南次海盆发育一组北东走向的条带状磁异常，其沿走向延伸长度较长，可达400～500km，但垂直于走向分布范围较小，异常变化幅值也较东部次海盆小；

通过对磁异常进行水平梯度模变换，强化了磁异常条带的线性特征，由此可见西北次海盆和东部次海盆之间，东部次海盆和西南次海盆之间的磁异常条带并不连贯。西北次海盆与东部次海盆的磁异常条带走向均为北东东向（近东西向），而西南次海盆的磁异常条带走向为北东向。

南海及邻域磁异常解析信号模结果图

Analytic signal results of magnetic anomalies in the South China Sea and its adjacent areas

0 91 182 273 364 km

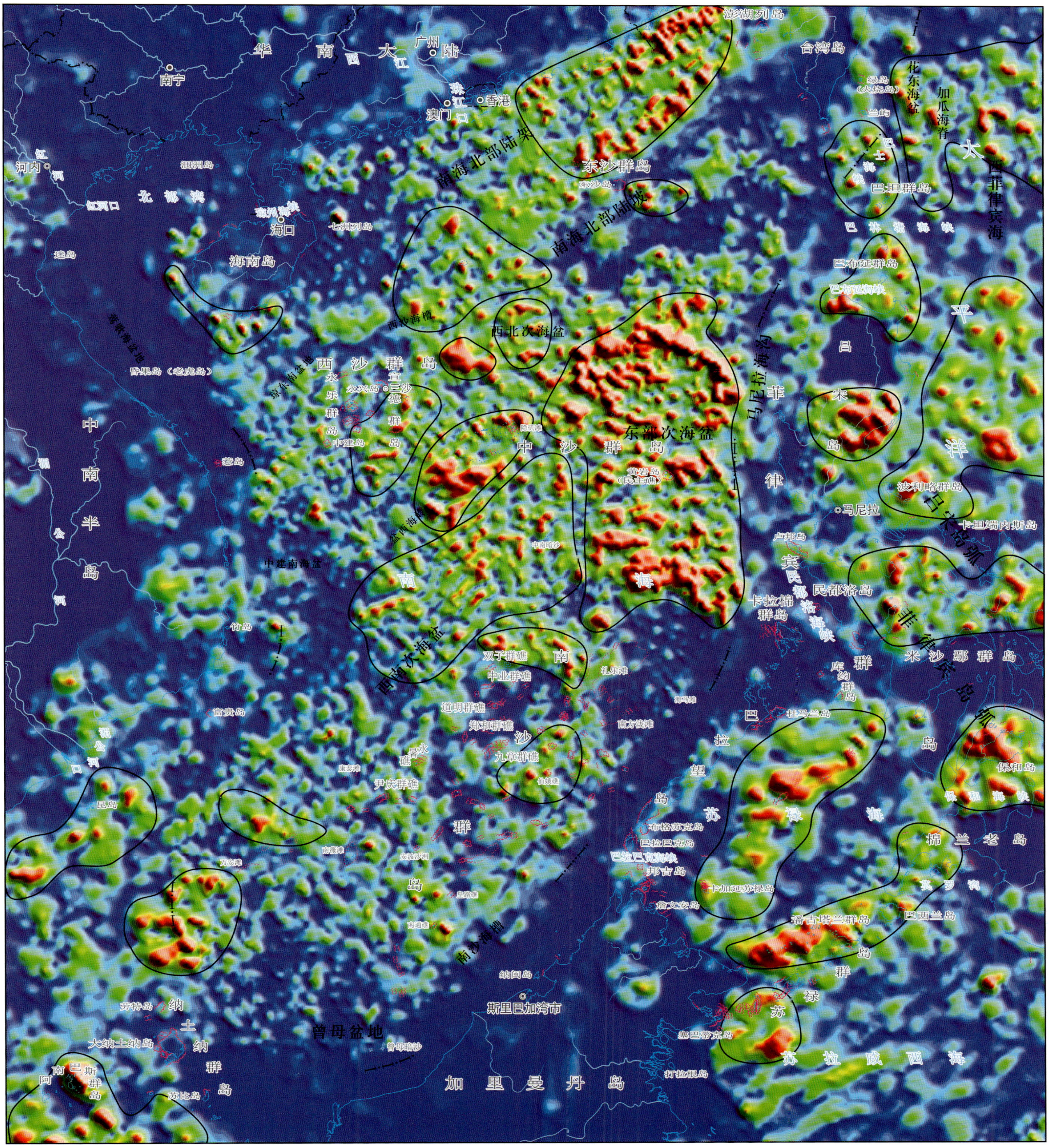

磁异常解析信号模 0 1 2 3 4 5 6 7 8 9 10 11 12

—— 解析信号模高值区

磁异常对岩浆岩的响应较显著。解析信号模低值代表磁源体埋藏相对较深；反之，解析信号模高值代表磁源体埋藏相对较浅。磁异常解析信号模高值分布最为显著的区域在东部次海盆，其次分布在南海海盆其他区域、南海东北部陆架–陆坡、中沙海台南面、西沙群礁附近、西菲律宾海盆、吕宋岛弧中部、苏禄海盆、万安盆地南面和巽他陆架等区域。磁异常解析信号模低值主要分布在南海东北部陆缘、南海南部礼乐滩附近，以及莺歌海盆地、曾母盆地等巨厚沉积区，可能与磁源埋藏较深有关。

南海及邻域莫霍面埋深图

Map of Moho depth in the South China Sea and its adjacent areas

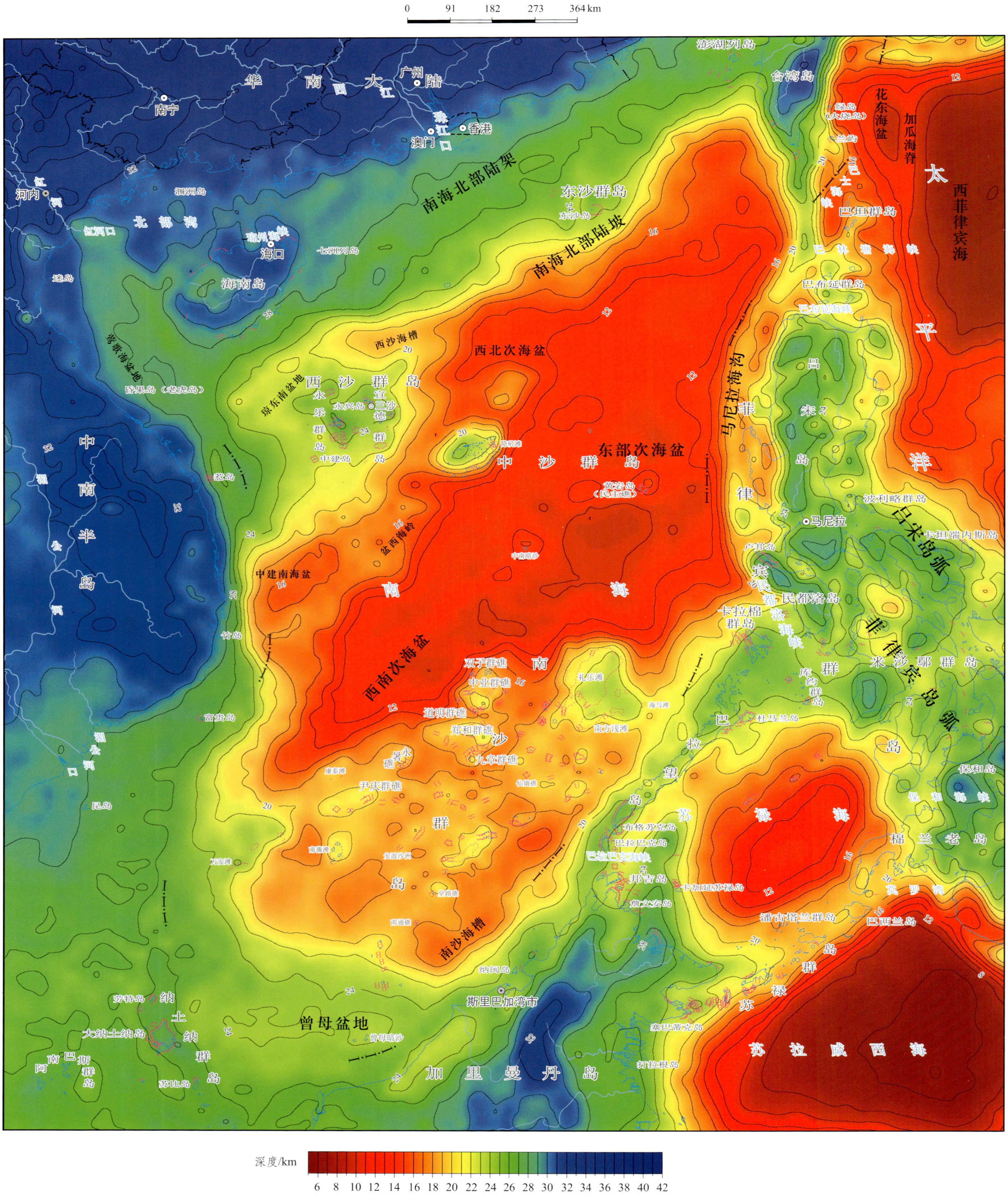

莫霍面埋深起伏较大，其变化有规律可循，陆地、陆架区对应莫霍面的深度大，从陆架破折带到上陆坡直至下陆坡区，莫霍面埋深由深变浅，中央海盆区地壳最薄，莫霍面隆起最高。南海及邻域莫霍面埋深自西北的华南陆地、中南半岛陆地向东南的南海海盆、西菲律宾海盆、苏禄海盆和苏拉威西海盆逐渐抬升，从最深42km抬升至最浅6km。莫霍面埋深的横向变化，同时也间接地反映了地壳厚度的横向变化。

南海及邻域结晶地壳厚度图

Map of crystalline crustal thickness in the South China Sea and its adjacent areas

0　91　182　273　364 km

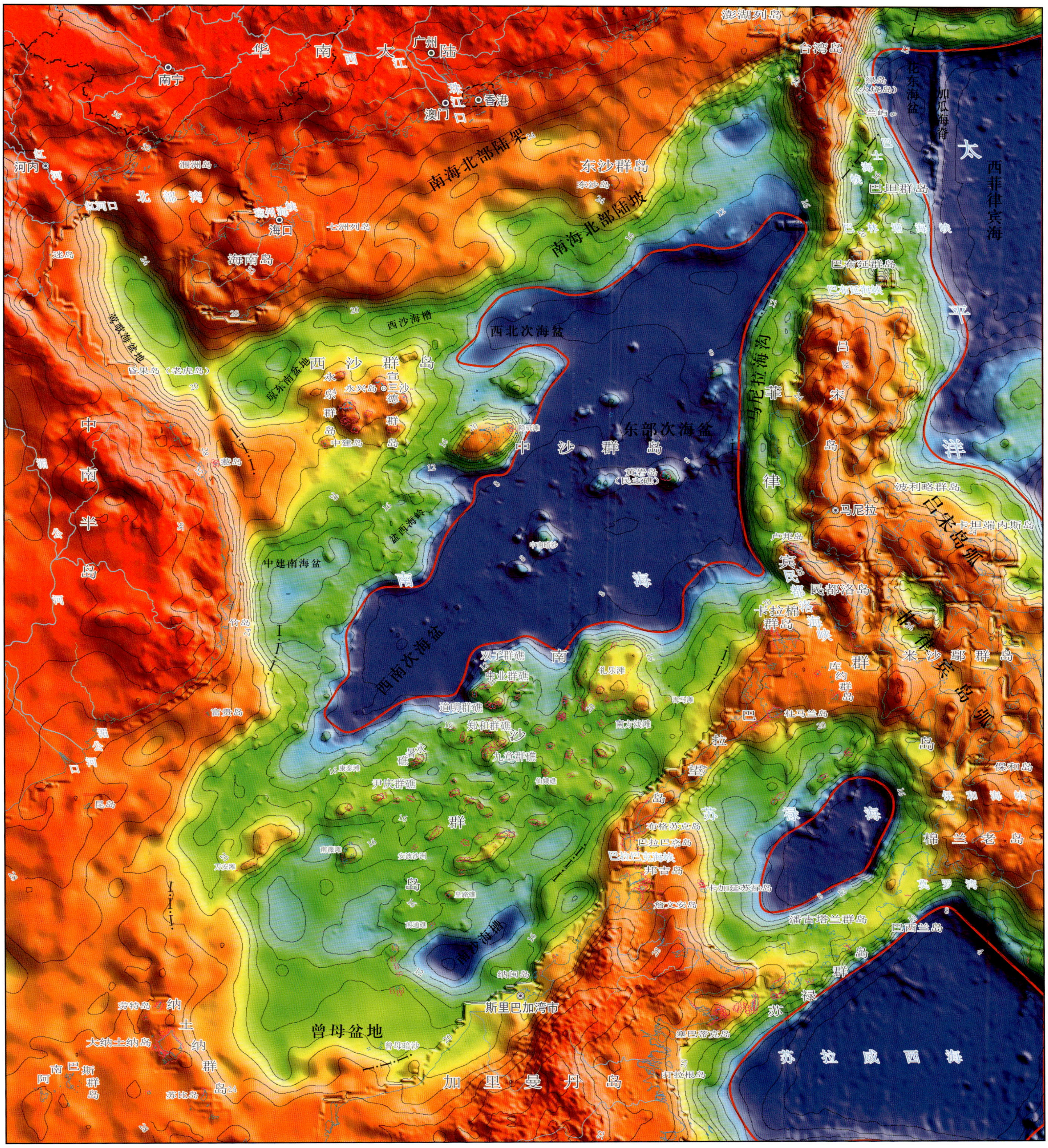

深度/km　4　8　12　16　20　24　28　32　36　40

陆洋边界(COB)

南海及邻域地壳类型划分为陆壳和洋壳，并进一步细分为稳定型陆壳、减薄型陆壳、岛弧型陆壳、超减薄陆壳、洋–陆过渡壳和洋壳。典型陆壳主要分布在华南陆地、海南岛、中南半岛和加里曼丹岛，地壳厚度在28～40km；台湾岛–吕宋岛弧–巴拉望一带发育岛弧型陆壳，地壳厚度在16～34km；南海北部陆坡、台西南盆地、西沙海槽、琼东南盆地、莺歌海盆地、中建南海盆、盆西海岭、中沙南海槽、南沙岛礁区、南沙海槽、苏禄海盆和苏拉威西海盆边缘等区域，地壳减薄较为显著，属减薄及超减薄型陆壳，地壳厚度在12～22km；洋–陆边界附近一般发育洋–陆过渡壳，之后进入典型洋壳区。

GXM130测线重、震联合建模结果

Gravity-seismic joint modeling results of line GXM130

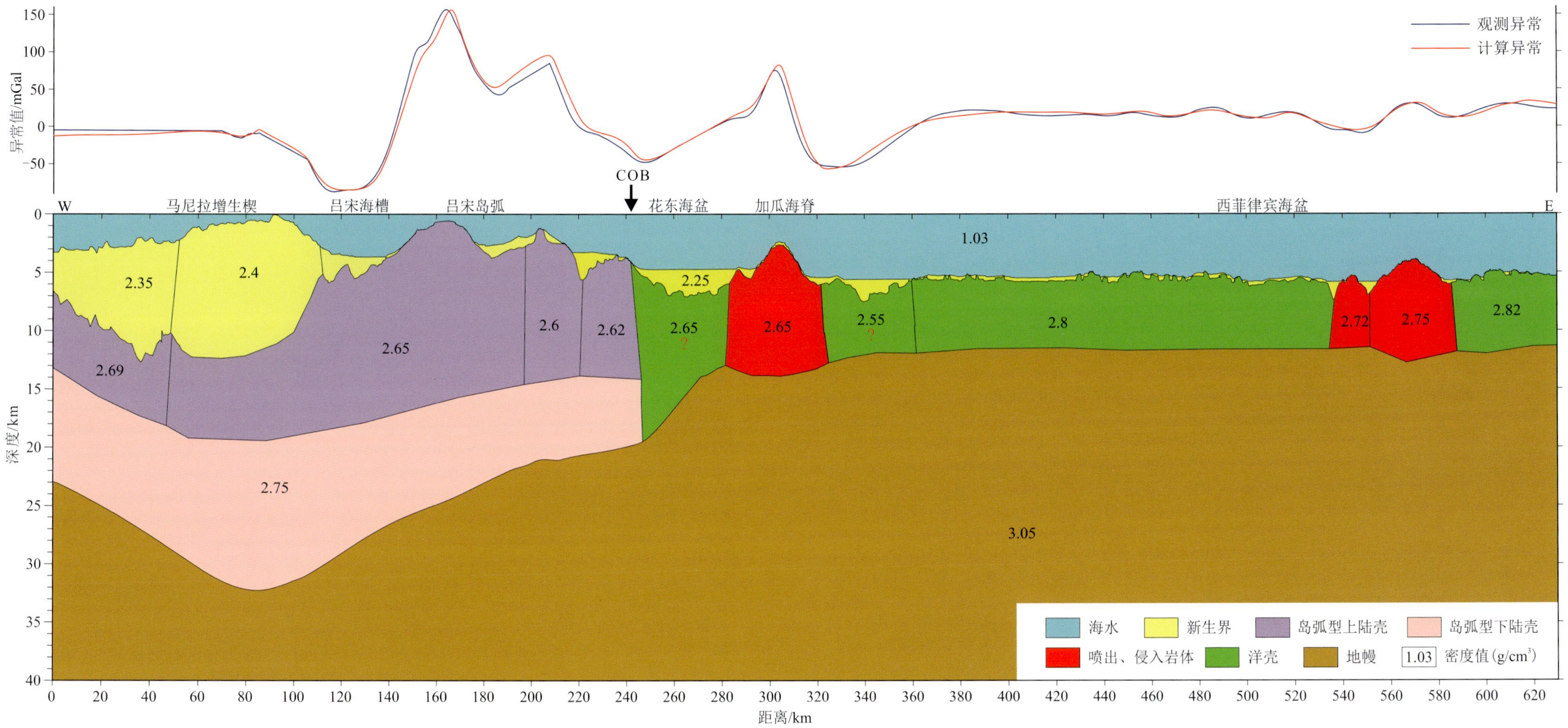

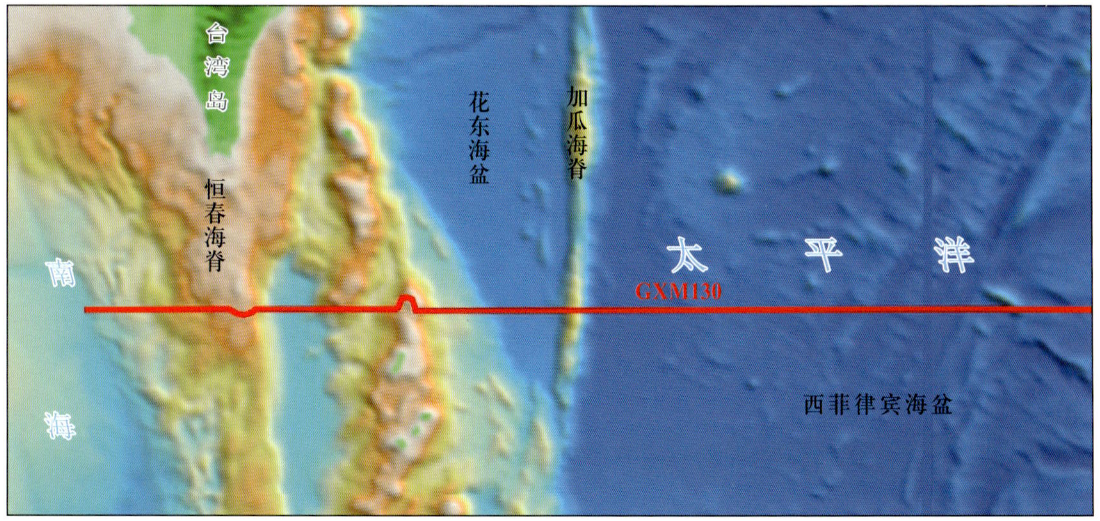

GXM130测线自西向东跨越了马尼拉增生楔、吕宋海槽、花东海盆、加瓜海脊和西菲律宾海盆，全长近630km。该剖面揭示了从岛弧增生楔陆壳到大洋地壳的地壳结构变化特征，展示了西菲律宾海板块与欧亚大陆板块东缘相互俯冲、碰撞造山的板块汇聚状态下地壳各部分的响应。马尼拉增生楔、吕宋岛弧作为板块汇聚带的一部分，是台湾造山带向南部的自然延伸，碰撞挤压伴随着板块汇聚带地壳（岛弧型陆壳）的增生加厚；花东海盆、加瓜海脊及东侧凹陷对应的地壳密度与陆壳上地壳接近，远低于其东侧西菲律宾海盆洋壳密度。

ZSM280测线重、震联合建模结果

Gravity-seismic joint modeling results of line ZSM280

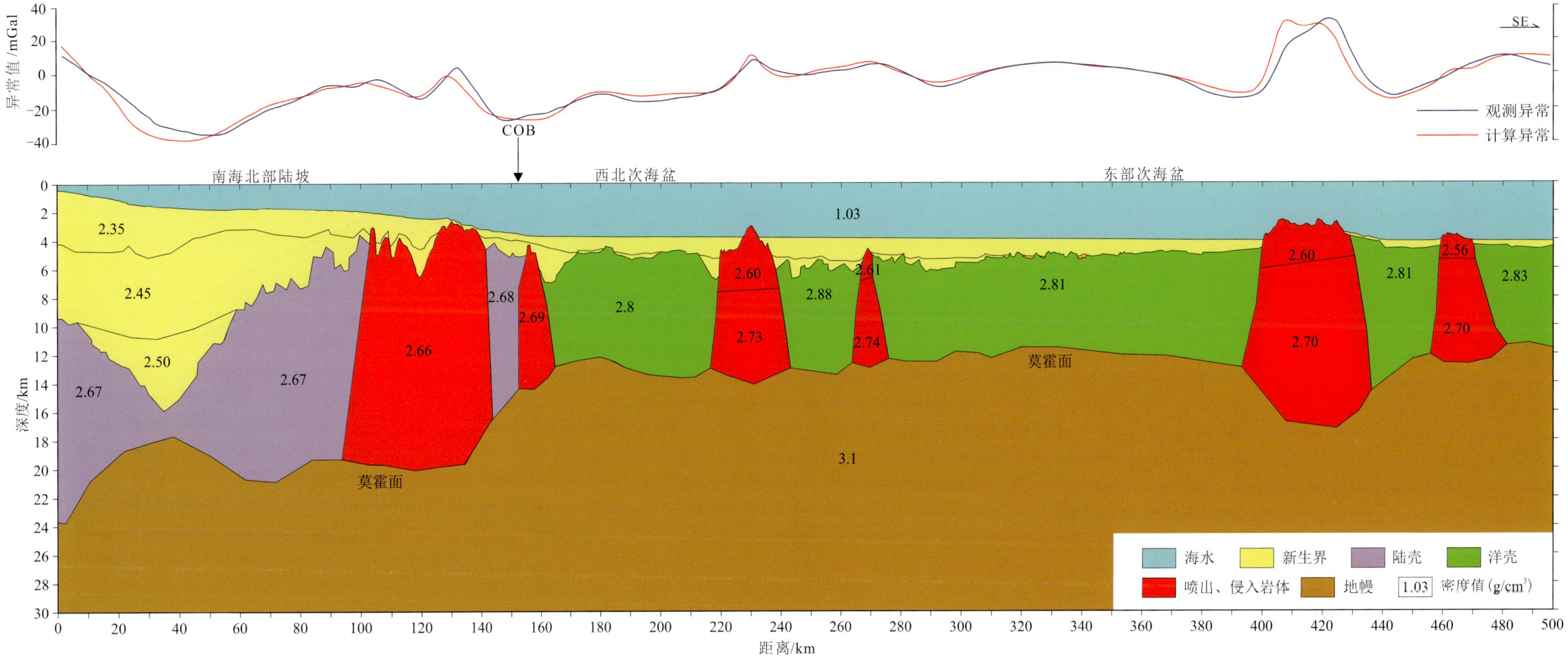

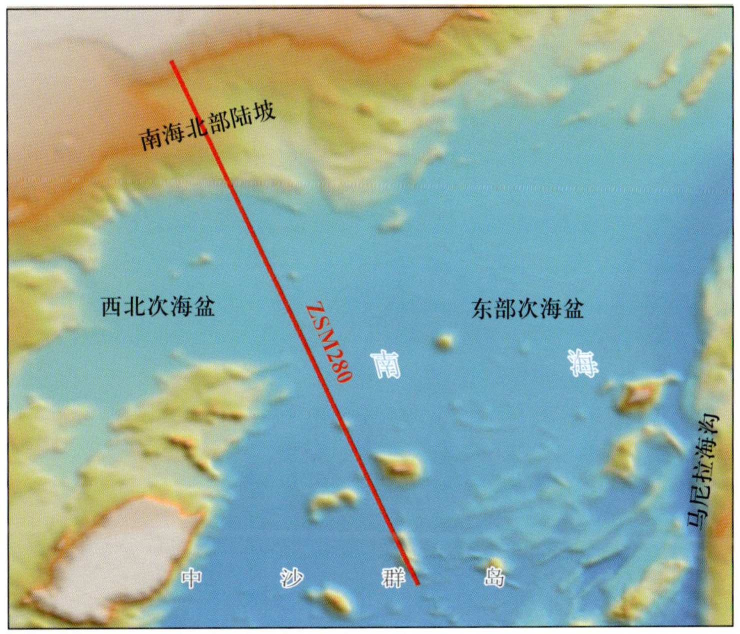

ZSM280测线自西北向东南由南海北部陆坡进入西北次海盆和东部次海盆，全长近500km。该剖面揭示了南海北部陆缘减薄型陆壳、超减薄型陆壳到深海盆洋壳的地壳结构变化特征，记录了南海海盆从陆缘伸展、地壳破裂和海底扩张的海盆演化阶段。南海北部陆缘地壳拉张伸展，伴随着陆壳剧烈减薄、频繁的岩浆活动以及巨厚沉积凹陷的发育；从南海北部陆坡进入深海盆洋壳区域，水深急剧增加，空间重力异常反而呈上升趋势，对应着地壳密度的显著增大，标志着由减薄型陆壳向洋壳的转变。

ZJL80测线重、震联合建模结果

Gravity-seismic joint modeling results of line ZJL80

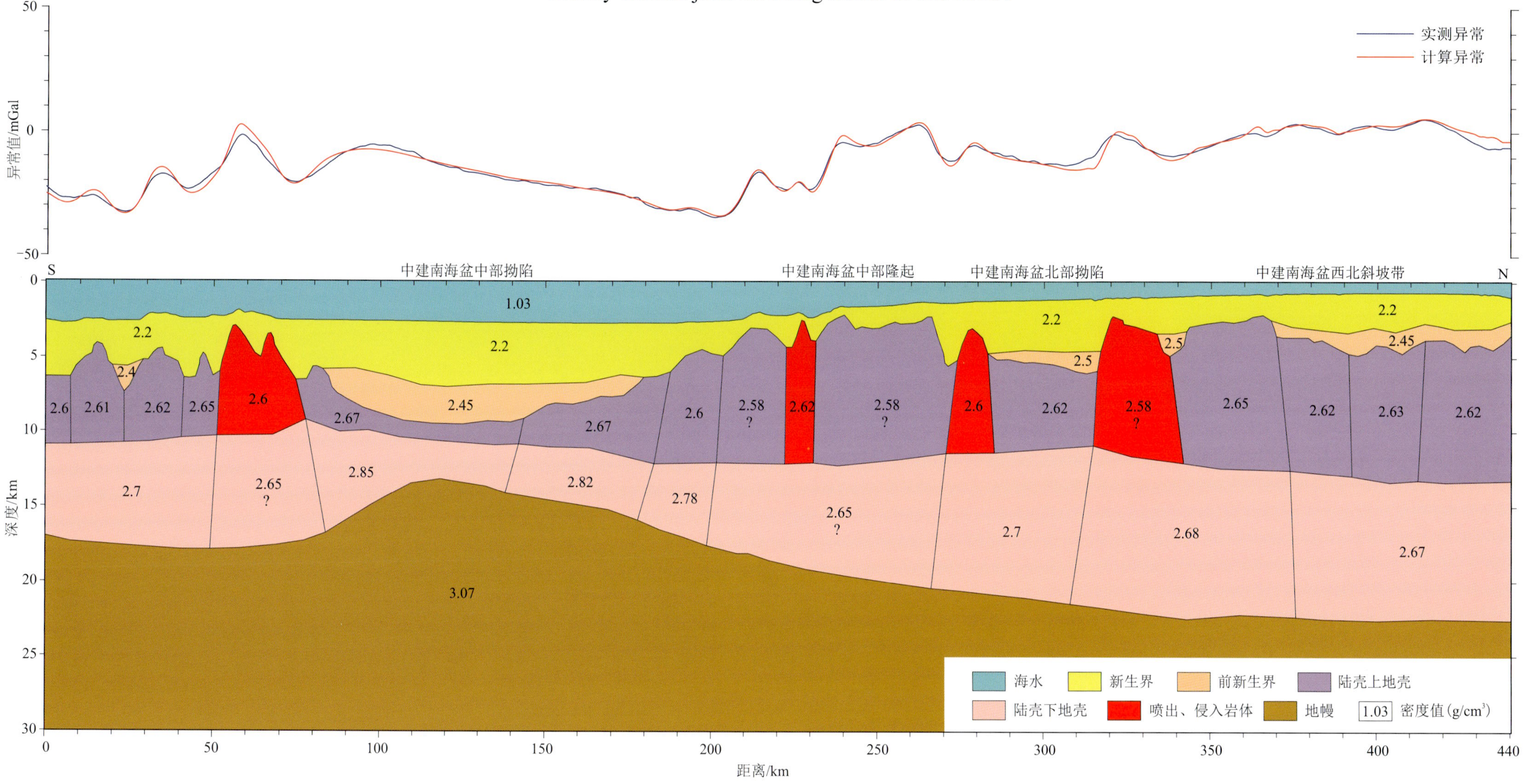

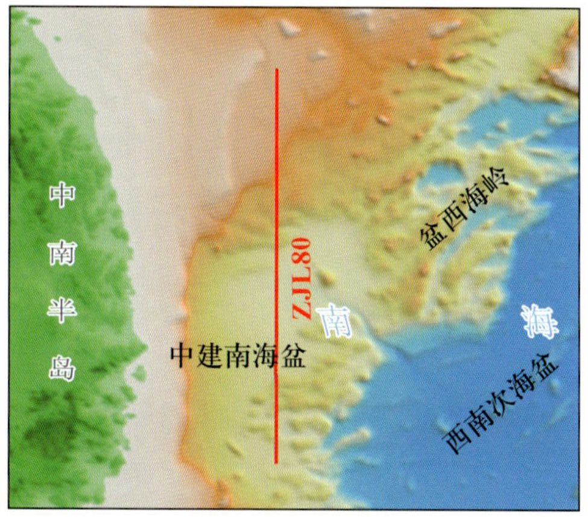

ZJL80测线由南往北跨越了中建南海盆大部分区域，测线全长440km。以南海西缘断裂的南北向走滑拉张和西南次海盆陆缘北西-南东向地壳伸展综合构造应力为背景，中建南海盆的沉积中心位于海盆西南，地壳厚度由西南向东北增厚。该剖面展示了上述构造背景下减薄型陆壳和超减薄型陆壳的结构变化特征。其特殊之处在于，空间重力异常低谷与盆地沉积中心并不对应，而和莫霍面埋深形态吻合得更好，表明地壳剧烈减薄以及高密度地幔物质的上涌是揭示该区空间重力异常形态变化的首要因素。

CFT测线重、震联合建模结果

Gravity-seismic joint modeling results of line CFT

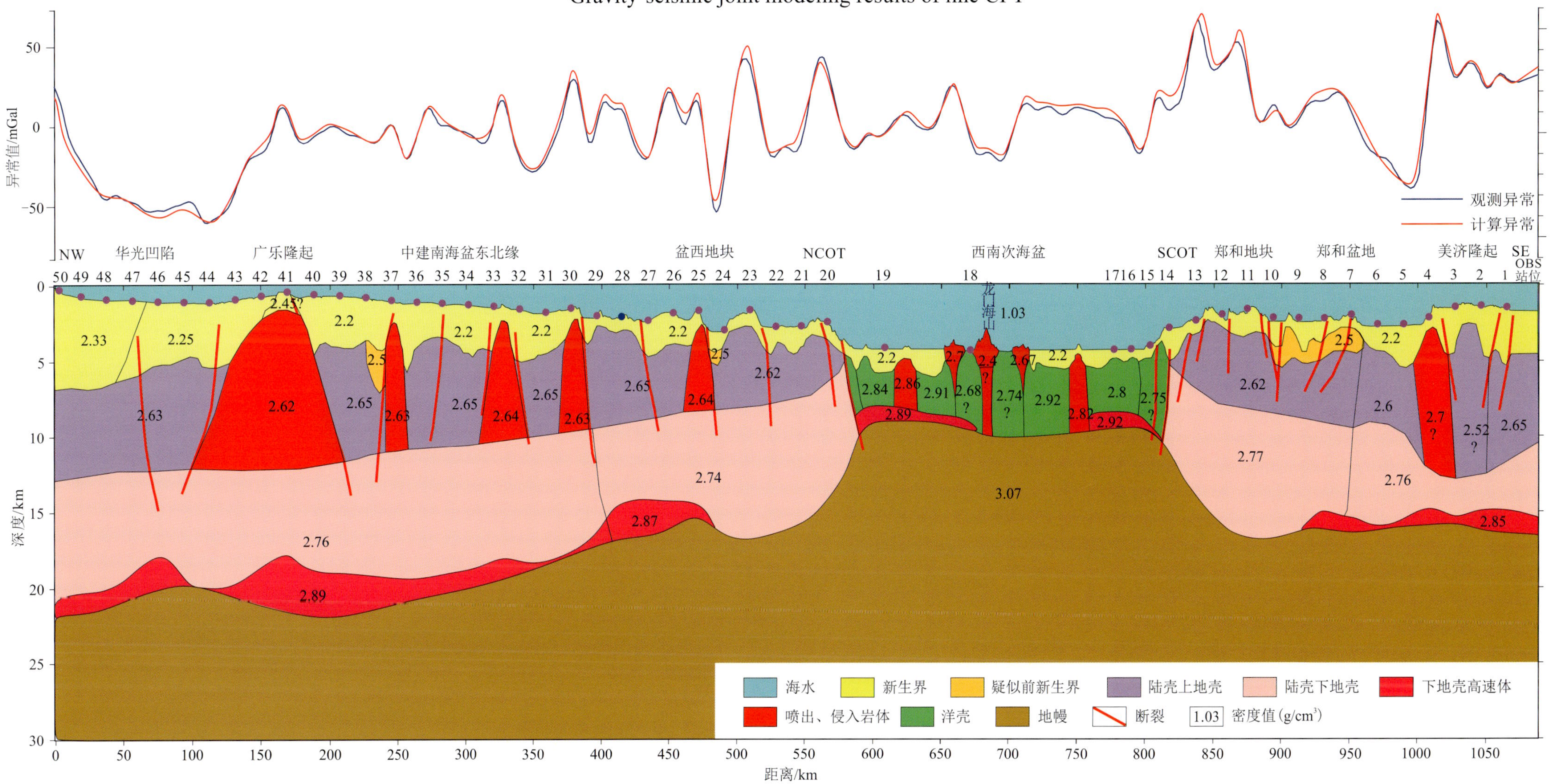

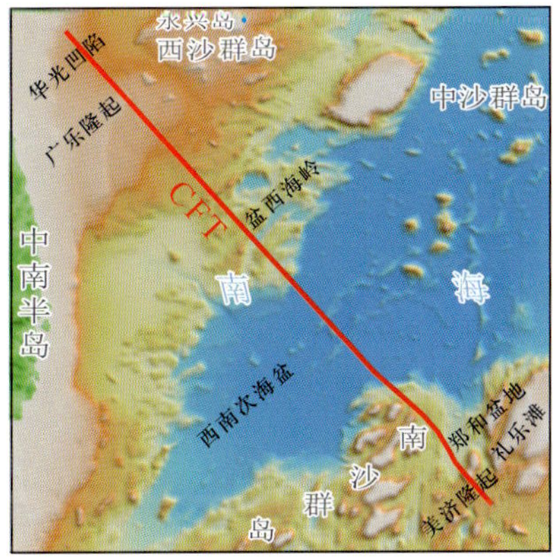

CFT测线是广州海洋地质调查局和法国巴黎高等师范学院合作调查的综合地球物理探测剖面，自西北向东南跨南海西南海盆及两侧陆缘，调查内容包括海底地震（OBS）、长排列多道地震和重磁，测线全长1050km。该剖面展示了南海西部陆缘典型的共轭地壳结构特征，记录了南北两侧陆壳减薄、断裂岩浆发育、下地壳高速层的形成、大陆地壳的破裂和西南次海盆洋壳的形成等构造过程。其中有两个新发现：① 在西南次海盆发现下地壳高速体，速度范围为7.5~8.0km/s，可能与深海盆海底扩张期间构造拉伸导致地幔蛇纹岩化有关；② 发现西南次海盆残留中脊的龙门海山以及下方地壳由超低密度物质组成，其重力模型拟合密度仅为$2.4g/cm^3$，接近沉积地层密度值。

南海及邻域地质构造特征及其演化

Geological Tectonic Characteristics and Evolution of the South China Sea and Its Adjacent Areas

南海是西太平洋最大的边缘海，经历了中生代俯冲到新生代岩石圈拉张减薄、破裂和海底扩张以及海洋岩石圈俯冲等一系列演化过程，已经成为认识西太平洋地区板块相互作用、大陆边缘演化和边缘海形成动力学机制及其资源效应的天然实验室。本次研究以近20年南海海洋区域地质调查大量实测资料和丰富成果为主，结合陆地露头和海上钻探认识，系统开展了南海及邻域地质构造特征及其形成演化等方面的研究，分析了不同时代岩浆岩类型与分布、构造运动与构造层关系，刻画了新生代断裂时空展布以及南海东、西、南三个不同陆缘的构造特点，提出了南海及邻域新的构造单元划分原则和方案，探讨了花东海盆－加瓜脊构造及其成因，提出了南海新的构造演化模式。以下集中展现南海及邻域地质构造研究方面的最新认识和成果。

1. 以“地球系统多圈层构造观”和板块构造理论为指导，提出了南海及邻域新的构造单元划分方案，突出反映东亚大陆边缘中新生代的构造格局

按照“地球系统多圈层构造观”和板块构造理论，以重点突出中生代以来东亚大陆边缘构造演化格局为指导思想，以“深部约束浅部、区域约束局部、海陆联编”相结合的综合技术方法，基于南海海域独特的构造特点，南海北部伸张、东部俯冲、西部走滑拉张、南部挤压碰撞不同构造属性的陆缘特点，编制完成我国第一代基于实测数据南海及邻域构造图。在此基础上，针对欧亚板块与西太平洋板块、特提斯和印度－澳大利亚板块相互作用及演化过程的多变性和复杂性，提出了南海及邻域新的构造单元划分方案，划分了三级构造单元。一级构造单元，东以琉球海沟俯冲带－东吕宋海槽－菲律宾海沟俯冲带为界，西以台湾西麓前锋断裂－马尼拉－内格罗斯－哥打巴托俯冲带以及民都洛－三宝颜弧陆碰撞带为界，划分了欧亚板块、菲律宾海板块和东亚大陆边缘汇聚带，突出了东亚大陆边缘汇聚带的构造属性，其是发育于欧亚大陆岩石圈板块与西太平洋大洋岩石圈板块转换汇聚构造体制中的独特板块边界，具有双向俯冲带特征，在时间上和空间上按一定的历史演化、彼此密切相关的空间关系配置，形成具有特定的物质组成、结构和构造体系。二级构造单元为板块内的地块、边缘海盆、增生带、岛弧－海脊、俯冲带、造山带、弧－陆碰撞带、弧－弧碰撞带、俯冲－逆冲推覆带等，以缝合带（结合带）、碰撞带、俯冲带、洋陆边界、岩石圈－地壳断裂或逆掩推覆断裂等为边界。三级构造单元为新生代沉积盆地、隆起区、次海盆、海台等。

2. 系统总结了南海及邻域不同构造旋回岩浆岩的类型和时空分布特征

依托覆盖全南海地震和海底地形地貌的解释结果，结合海域钻井－拖网和陆地资料，较系统编制南海及邻域喜马拉雅期和燕山期岩浆岩分布图。根据地壳发展阶段及岩浆作用强度和类型，总结了南海及邻域不同构造旋回岩浆岩的类型和时空分布特征，以及与区域构造事件的关系。南海燕山晚期—喜马拉雅晚期岩浆活动最强烈且规模大，主要出现在东部大陆边缘和南海等海域，但岩浆岩性质和大地构造环境不同，前者以酸性岩浆岩为主，具有自陆向海迁移的规律，反映了东亚大陆边缘太平洋构造域的转换叠加；后者以南海扩张停止后的基性玄武岩为主，与南海等边缘海形成演化密切相关。

3. 分析了南海区域构造运动与区域构造层的关系以及时空变化特征

基于反映南海全区地层接触关系、沉积充填类型、地震反射界面和区域不整合面、构造变形和构造沉降等基本特征，以南海新生代海底扩张由北往南迁移、自东向西的演化历史为指导，从区域构造运动的响应关系出发，将南海新生代构造层分为五个主要构造区。北部以T_6、T_7、T_g界面，西部以T_3、T_6、T_g界面，西南部以T_5、T_7、T_g界面，东南部以T_5、T_7、T_g界面，东部次海盆以T_5、T_6、T_g（T_7）界面以及西南次海盆以T_5、T_g（T_6）界面划分上、中、下三个构造亚层。分析认为南海南、北陆缘新生代构造层具有早期趋同、晚期分异，以及东早西晚的发育特征。

4. 系统刻画了南海海域断裂分布特征与时空发育规律

根据地震剖面上识别的断层在平面上的组合，结合地质、地球物理场特征，首次编制了南海及邻域断裂级别与分布特征图，发现并圈定了南海东南缘美济礁大断裂。南海断裂极为发育，不同方向、不同规模、不同性质和不同深度的断层均有分布，主要发育北东－北东东向、北西向、近东西向及近北南向四组断裂。按照断裂规模、延伸长度、发育历史以及对构造控制作用等，可划分为岩石圈、地壳、基底和盖层四个级别断裂。南海东西分带、南北分段的区域构造演化格架由南海周缘发育的边界断裂如南海西缘断裂带、马尼拉俯冲断裂带、卢帕尔断裂带、廷贾断裂带、美济礁断裂带以及中南－礼乐断裂带等所控制，这些分隔不同地壳属性的深大断裂通常具有复杂的断裂组合形式，发育于晚中生代或新生代早期。整体上，南海北部主要以一系列阶梯状正断层为主；南缘北侧是与南海北缘相似的被动边缘，与现今南海扩张有关，主要为张性断层；南缘南侧与古南海消亡和碰撞有关，发育挤压逆冲和走滑两种类型的断层；西缘主要为走滑断层以及派生的张扭性正断层；东缘是典型的沟－弧构造体系，表现与斜向俯冲相关的逆冲断层和走滑断层为主。

5. 研究了南海不同陆缘的构造属性以及对南海形成演化的控制作用

1）南海西缘走滑构造带

南海西缘走滑构造带，主要由红河断裂、莺歌海盆地东缘（莺东）1号断裂、中建断裂、万安断裂、卢帕尔断裂和廷贾断裂及两侧伴生构造组成的断裂体系，其南北延伸长约1500km，主要呈近北南走向。通过浅部构造和深部结构、构造几何学、构造运动学等系统研究，认为该断裂带为地块的分界，是一条岩石圈尺度的深大走滑断裂。

南海西缘断裂带形成于新生代早期，其走滑活动具有分段性和分

期性。该断裂可分为北、中和南三段，分别对应莺东1号断裂、中建断裂、万安断裂和卢帕尔－廷贾断裂，且各段走滑活动具有差异性，总体由北往南从左旋逐渐向右旋活动转换。在深部结构上，重磁异常特征、莫霍面和结晶地壳厚度反映其横向不均一性的深大断裂。根据动力变形、应力场和构造样式，南海西缘断裂带可划分为三个主要构造活动时期：渐新世—早中新世中北段左旋活动、南段右旋走滑期，中—晚中新世走滑转换期和晚中新世以来右旋走滑期，其东西两侧分别受到古南海向南俯冲拖曳、西南次海盆扩张和印支地块挤出－逃逸不同动力的联合作用，形成了以走滑作用为主的陆架区（莺歌海盆地、万安盆地）和以走滑－伸展双重作用为主的陆架－陆坡区（中建南盆地）。

2）*南海东部马尼拉海沟俯冲构造带*

马尼拉海沟俯冲带的形成演化主要受控于菲律宾海板块北西斜向运动，致使南海洋壳被动向东俯冲过程。地震剖面显示，马尼拉俯冲带具有南北分段和东西分带的特征。横向上，从西向东依次为俯冲前缘、马尼拉海沟、增生楔和弧前盆地共四个构造带。纵向上，以巴布延断裂、菲律宾断裂和西布断裂为界，将马尼拉俯冲带划分为北、中、南和民都洛四段，各段反映了不同的构造特征和演化模式。北段由南向北从张裂减薄的大陆边缘俯冲至台湾弧陆碰撞的特征，受到南海停止扩张后岩浆活动的改造，表现为"过渡壳与平板俯冲"；中段为俯冲特征，具有一定的走滑性质和洋中脊及两侧的海山链向下俯冲，表现为"洋中脊俯冲与板块撕裂"；南段为"对向俯冲"，西侧马尼拉俯冲带，俯冲角度急剧增大，以近乎垂直的角度自西向东俯冲至地幔过渡带深度，东侧俯冲的地壳并非正常洋壳的本哈姆海台，在菲律宾海中部俯冲深部呈现高速异常特征；民都洛段，由北向南俯冲作用强度逐渐减弱，走滑作用逐渐增强，至民都洛地区则表现为挤压碰撞的性质。

3）*南海南缘俯冲－挤压构造带*

南海南缘地质构造最复杂，以北婆罗洲－巴拉望俯冲增生－造山最具特色，整体上具有东西分段、南北分带的特征。由西向东，被一系列北西－北北西向卢帕尔断裂、廷贾断裂、美济礁断裂和乌鲁根断裂所分割，反映了曾母地块和南沙地块分别于晚始新世和早中新世与西南婆罗洲地块发生软碰撞，导致南海俯冲消减向东呈剪刀式闭合，时代逐渐变新。在加里曼丹岛中北部，从沙捞越至沙巴，由中、新生代一系列增生－造山带组成，从南往北分为三带：古晋俯冲增生系、西布与婆罗洲－苏禄俯冲增生系以及米里俯冲增生系，时代由老变新，反映了中生代以来古南海洋壳不断向南俯冲消亡的结果和向北后撤的过程。

6. 研究了花东海盆－加瓜海脊构造与及其成因

台湾岛以东的花东海盆形成时代与构造属性，争议很大。目前多数学者认为，花东海盆可能是被围闭的中生代洋壳，或属于古南海的残余。通过地层层序对比和重、磁、震联合建模等综合研究，我们认为花东海盆与西菲律宾海盆可能是同期的产物，属于西菲律宾海盆的一部分；加瓜海脊曾是西菲律宾海盆的转换断层带，在西菲律宾海板块往北右旋漂移的过程中，受到挤压，加瓜海脊东侧洋壳往西俯冲，形成转化加压带，在继续右旋往北过程，其西部可能与欧亚大陆碰撞，导致加瓜海脊及其西侧的花东海盆未进一步旋转，而其以东的西菲律宾海盆继续右旋，导致加瓜海脊与西菲律宾海盆转换断层之间形成约30°的夹角。

7. 探讨了南海的成因机制，提出新的演化模式

南海成因及其形成演化的动力学机制问题一直是国际研究热点，目前多种成因模式，如古南海俯冲拖曳模式、碰撞挤出模式等，其合理性均受到较多的质疑。在南海海洋区域地质调查基础上，综合研究认为，南海的形成主要受两方面因素影响：中生代末澳大利亚板块往北俯冲和始新世后菲律宾海板块形成和向北漂移，其活动是南海扩张的关键，首次提出南海"弧后扩张－左旋走滑"演化模式：

早白垩世晚期—古新世，澳大利亚北侧的新特提斯洋开始往北俯冲，随着俯冲积累，弧后岩浆活动增强，华南陆源处于张性环境，开始形成早期裂谷；而西部印度板块往北运动更快，形成向东的挤压，同时太平洋板块向北北西俯冲，形成向西的挤压，导致华南陆缘处于张性环境。

中晚始新世，约45Ma，印度板块与欧亚板块碰撞，导致地幔挤出，同时太平洋板块向东亚陆缘俯冲方向由北北西转向北西西，两侧挤压结果华南地区处于南北拉张增强。此时澳大利亚加速往北运动，新特提斯洋俯冲加快，导致其弧后岩浆活动增强，华南陆缘整体处于张性环境，形成大量裂谷盆地，廷贾线以西古南海俯冲消亡，曾母地块与北加里曼丹岛碰撞形成西部增生系，东部的菲律宾海已开始扩张。

由于菲律宾海板块向北的运动，导致华南大陆东南缘形成大规模左旋走滑断裂，致使早渐新世（33～32Ma），在原有裂谷的基础上形成海底扩张，南海从东往西呈剪刀式张开。

渐新世末（约24Ma），受俯冲后撤的影响，扩张中心向南迁移，形成南海的洋脊跃迁。约16Ma，南海南缘与苏禄脊碰撞受阻，南海扩张停止。

南海及邻域构造单元划分

Tectonic units division in the South China Sea and its adjacent areas

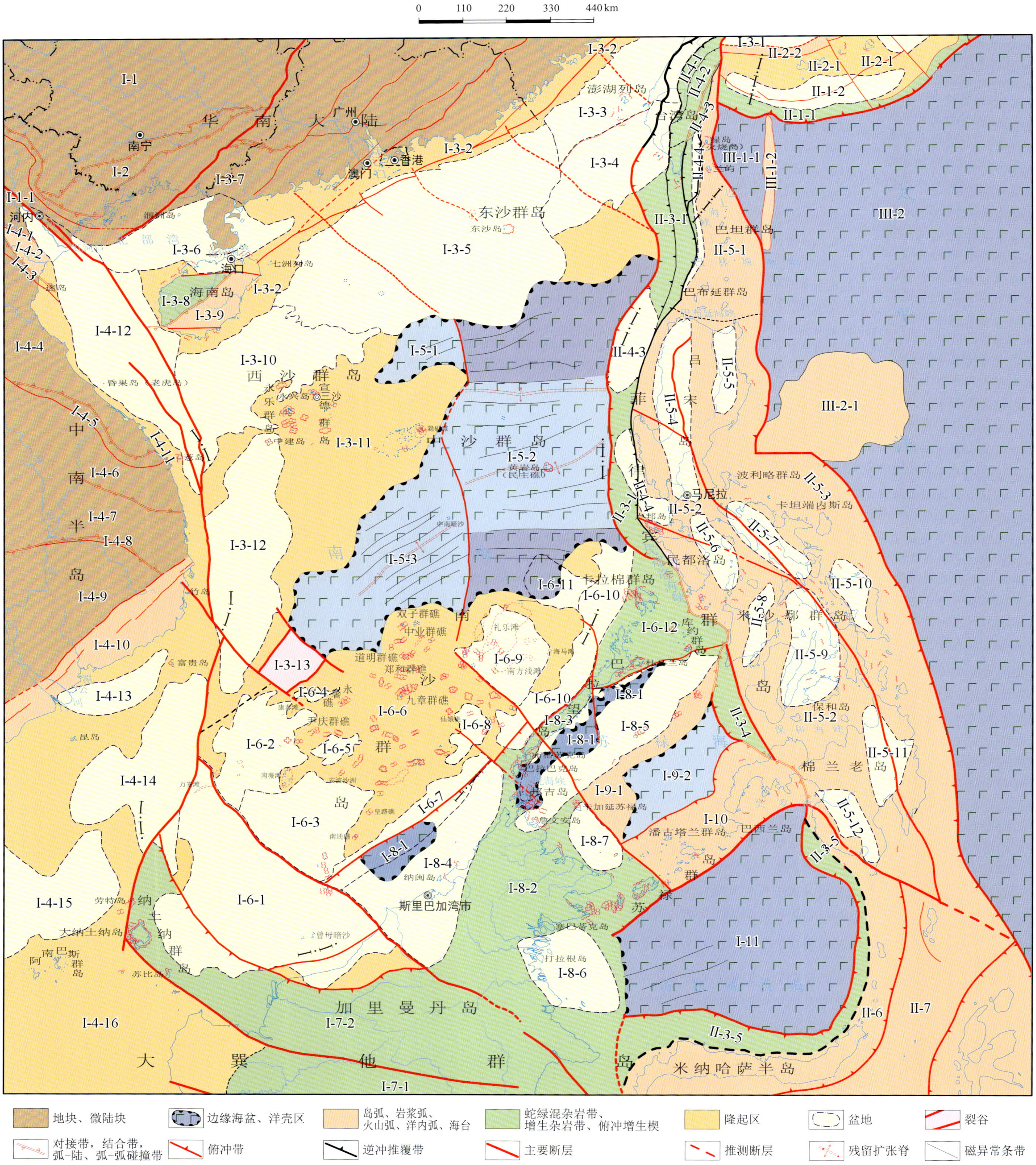

南海及邻域分布不同性质和不同层次的地质构造单元。按照“地球系统多圈层构造观”和板块构造理论，以重点突出中生代以来东亚大陆边缘构造演化格局为指导思想，以“深部约束浅部、区域约束局部、海陆联编”相结合的综合技术方法，基于南海独特的构造特征，以及欧亚、印度-澳大利亚、太平洋-菲律宾海和特提斯洋多板块多动力系统的区域构造背景，提出了以两大板块为主体的三级构造单元划分方案，包括3个一级构造单元、20个二级构造单元和84个三级构造单元。

一级构造单元为板块、洋-陆板块之间的汇聚带等。南海及邻域共划分2个板块和1个汇聚带：欧亚板块、菲律宾海板块及二者之间的东亚洋陆边缘汇聚带。

二级构造单元包括地块、边缘海盆（洋壳区）、对接带、俯冲带、蛇绿混杂岩带、弧-陆碰撞带、弧-弧碰撞带、岛弧等。南海及邻域共划分4个地块、5个边缘海盆（洋壳区）、1条对接带、2条俯冲带、1条弧-陆碰撞带、1条弧-弧碰撞带、2条蛇绿混杂岩带、4个岛弧。

三级构造单元包括盆地（弧前盆地、弧后盆地、弧间盆地等）、海盆（次海盆、残留海盆）、裂谷、微陆块、隆起区、结合带、蛇绿岩混杂岩带（增生杂岩带）、增生楔、岩浆弧（火山弧、火山内弧、洋内弧、增生弧）、海台等。南海及邻域共划分38个盆地、6个海盆、1个裂谷、6个微陆块、6个隆起区、3个结合带、9条蛇绿混杂岩带、5个增生楔、9条岩浆弧和1个海台。

一级构造	二级构造	三级构造
I. 欧亚板块	I-1. 扬子地块	I-1-1. 金平－和平－越北微陆块
	I-2. 江绍－钦防－郴州对接带	
	I-3. 华夏地块	I-3-1. 冲绳海槽盆地
		I-3-2. 浙闽－粤琼隆起区
		I-3-3. 台湾海峡盆地
		I-3-4. 台西南盆地
		I-3-5. 珠江口盆地
		I-3-6. 北部湾盆地
		I-3-7. 云开微陆块
		I-3-8. 江边－邦溪俯冲增生杂岩带
		I-3-9. 五指山岩浆弧
		I-3-10. 琼东南盆地
		I-3-11. 中－西沙隆起区
		I-3-12. 中建南盆地
		I-3-13. 南海西南裂谷
	I-4. 印支－巽他地块	I-4-1. 黑河蛇绿混杂岩带
		I-4-2. 莱州－清化火山弧
		I-4-3. 哀牢山－马江结合带
		I-4-4. 长山微陆块
		I-4-5. 色潘－车邦－三岐－岘港结合带
		I-4-6. 嘉域微陆块
		I-4-7. 昆嵩微陆块
		I-4-8. 斯雷博河结合带
		I-4-9. 琅勃拉邦－大叻微陆块
		I-4-10. 大叻岩浆弧
		I-4-11. 南海西缘隆起区
		I-4-12. 莺歌海盆地
		I-4-13. 湄公盆地
		I-4-14. 万安盆地
		I-4-15. 西纳土纳盆地
		I-4-16. 巽他隆起区
	I-5. 南海海盆	I-5-1. 西北次海盆
		I-5-2. 东部次海盆
		I-5-3. 西南次海盆
	I-6. 曾母－南沙地块	I-6-1. 曾母盆地
		I-6-2. 南薇西盆地
		I-6-3. 北康盆地
		I-6-4. 永暑盆地
		I-6-5. 南薇东盆地
		I-6-6. 永暑－郑和隆起区
		I-6-7. 南沙海槽盆地
		I-6-8. 安渡北盆地
		I-6-9. 礼乐盆地
		I-6-10. 巴拉望盆地

一级构造	二级构造	三级构造
I. 欧亚板块	I-6. 曾母－南沙地块	I-6-11. 礼乐北盆地
		I-6-12. 北巴拉望增生杂岩带
	I-7. 古晋－西布蛇绿混杂岩带	I-7-1. 古晋蛇绿混杂岩带
		I-7-2. 西布增生杂岩带
	I-8. 沙巴－巴拉望蛇绿混杂岩带	I-8-1. 残留古南海
		I-8-2. 沙巴蛇绿混杂岩带
		I-8-3. 中南巴拉望蛇绿混杂岩带
		I-8-4. 文莱－沙巴弧前盆地
		I-8-5. 西北苏禄海弧后盆地
		I-8-6. 山打根盆地
		I-8-7. 打拉根盆地
	I-9. 苏禄海盆	I-9-1. 卡加延火山弧
		I-9-2. 东南苏禄海盆
	I-10. 苏禄岛弧	
	I-11. 苏拉威西海盆	
II. 东亚洋陆边缘汇聚带	II-1. 琉球俯冲带	II-1-1. 琉球俯冲增生楔
		II-1-2. 南澳弧前盆地
	II-2. 琉球岛弧	II-2-1. 琉球隆起区
		II-2-2. 琉球火山内弧
	II-3. 马尼拉－内格罗斯－哥打巴托俯冲带	II-3-1. 马尼拉俯冲增生楔
		II-3-2. 西北吕宋海槽弧前盆地
		II-3-3. 西吕宋海槽弧前盆地
		II-3-4. 内格罗斯俯冲增生楔
		II-3-5. 哥打巴托俯冲增生楔
	II-4. 台湾弧－陆碰撞带	II-4-1. 台湾中央山脉俯冲增生楔
		II-4-2. 玉里蛇绿混杂岩带
		II-4-3. 东台湾蛇绿混杂岩带
		II-4-4. 北吕宋弧前盆地
	II-5. 菲律宾岛弧	II-5-1. 吕宋火山弧
		II-5-2. 民都洛－宿务增生弧
		II-5-3. 棉兰老增生弧
		II-5-4. 伊洛戈斯－中央裂谷盆地
		II-5-5. 卡加延弧间盆地
		II-5-6. 民都洛弧间盆地
		II-5-7. 比科尔弧间盆地
		II-5-8. 伊洛伊洛弧间盆地
		II-5-9. 米沙鄢弧间盆地
		II-5-10. 萨马弧间盆地
		II-5-11. 阿古桑－达沃弧间盆地
		II-5-12. 哥打巴托弧间盆地
	II-6. 桑义赫－北苏拉威西岛弧	
	II-7. 马鲁古弧－弧碰撞带	
III. 菲律宾海板块	III-1. 花东洋壳区	III-1-1. 花东海盆
		III-1-2. 加瓜洋内弧
	III-2. 西菲律宾海盆	III-2-1. 本哈姆海台

南海新生代沉积盆地及中生代地层分布图

The Cenozoic sedimentary basin distribution and Mesozoic stratigraphic distribution of the South China Sea

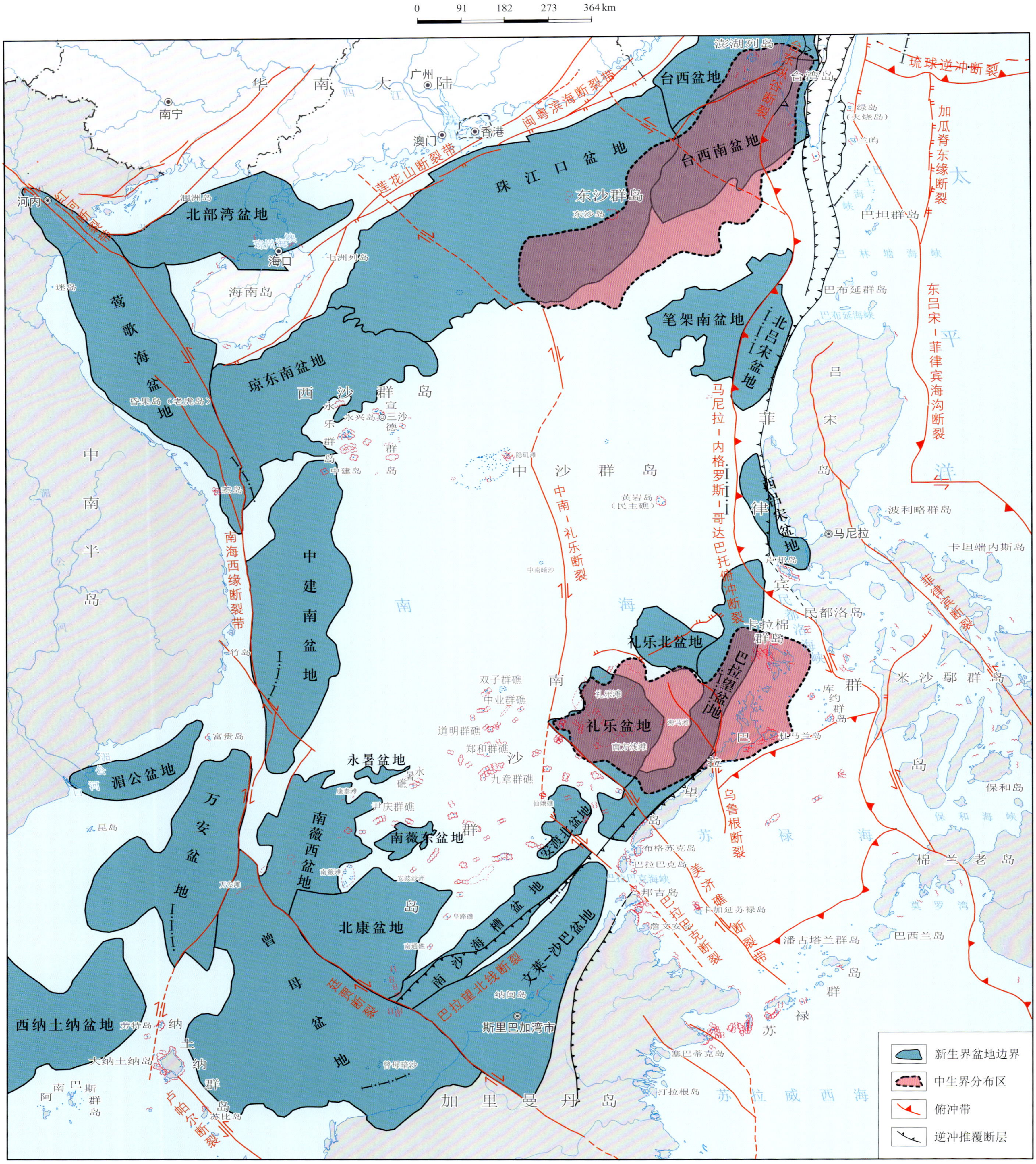

南海中、新生代沉积盆地类型

盆地名称	板块构造位置	二级构造单元	盆地定格期的应力状态	盆地大类	盆地类型
台西盆地	板块离散边缘	华夏地块	拉张环境	陆缘盆地	陆缘裂谷或断陷盆地
台西南盆地					
珠江口盆地					
北部湾盆地					
琼东南盆地					
中建南盆地	板块走滑边缘		走滑拉分环境		陆缘走滑拉分盆地
莺歌海盆地		印支-巽他地块			
万安盆地					
湄公盆地	板块离散边缘		拉张环境		陆缘裂谷或断陷盆地
西纳土纳盆地					
南薇西盆地		南沙地块			
北康盆地					
礼乐盆地					
巴拉望盆地					
曾母盆地	板块汇聚边缘	曾母地块	挤压环境		周缘前陆盆地
南沙海槽盆地		残留古南海海盆			
文莱-沙巴盆地		婆罗洲-苏禄俯冲增生系			
西、北吕宋盆地		马尼拉增生带		岛弧带盆地	弧前盆地

南海区域地质-地球物理解释大剖面

Geological-geophysical large profile in the South China Sea

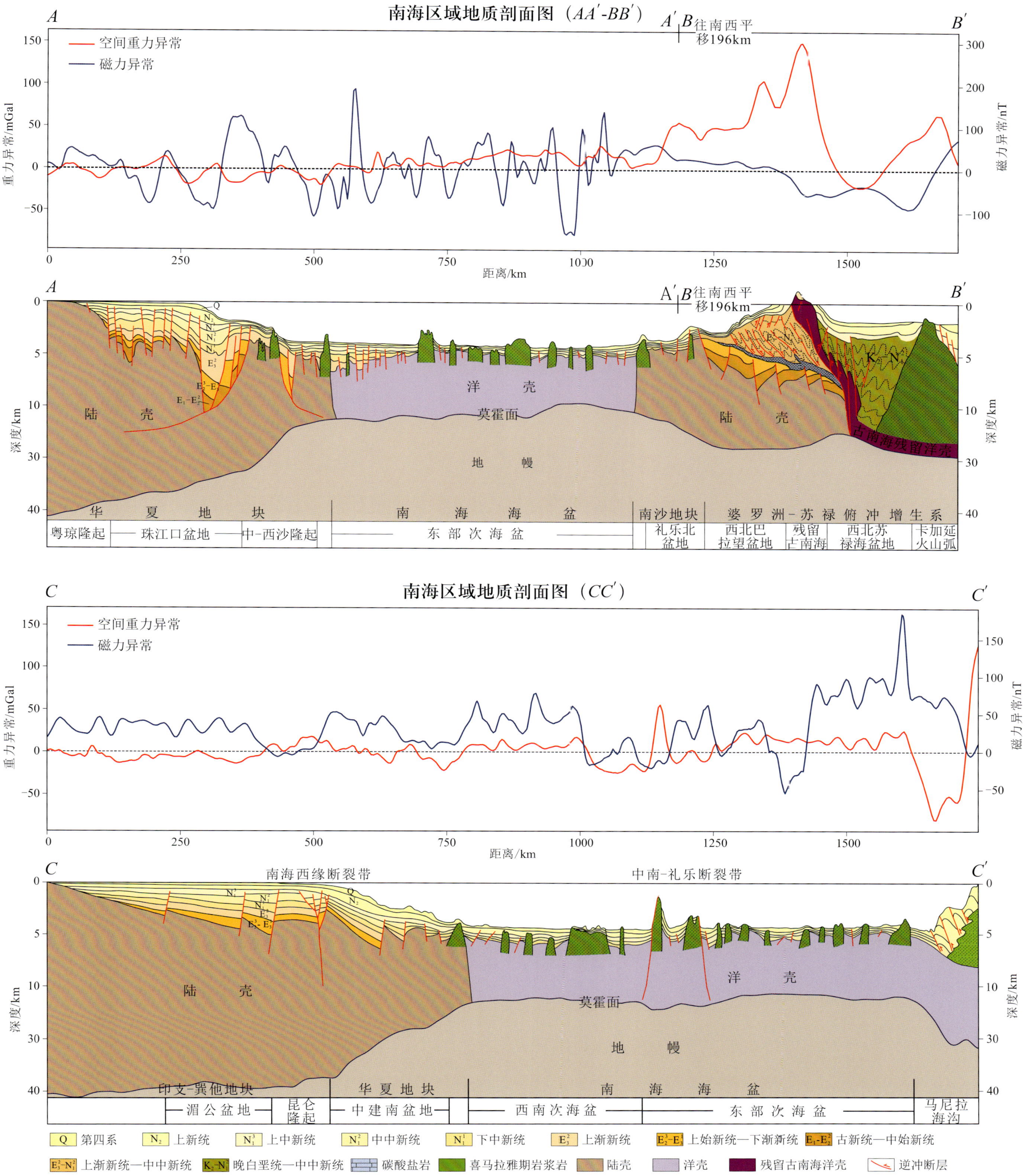

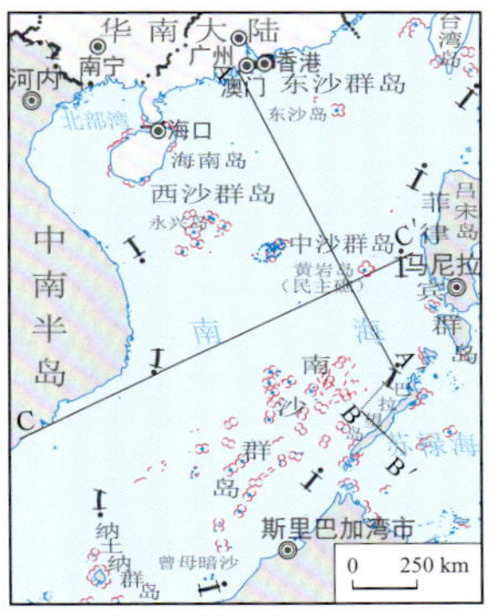

*AA′-BB′*剖面地壳厚度自华南陆缘向洋盆逐渐减薄，东部次海盆洋壳厚度相对稳定；华南陆缘发育拆离断层，洋陆过渡带及洋盆内发育喜马拉雅期火成岩；西北巴拉望盆地逆冲构造十分发育，并可见因逆冲折返至地表的残留古南海洋壳。

*CC′*剖面地壳厚度自陆缘向洋盆逐渐减薄，洋壳厚度相对稳定；在昆仑隆起与中建南盆地过渡区，可见负花状深大断裂，推测其为南海西缘断裂带；西南次海盆与东部次海盆过渡区，发育地壳级别深大断裂，推测其为中南-礼乐断裂带；剖面东端，逆冲构造发育，且重力急剧下降，推测该处为马尼拉海沟俯冲带。

南海喜马拉雅期构造层划分与特征

Classification and characteristics of tectonic layers of the South China Sea in Himalayan Period

南海海域喜马拉雅期构造层划分表

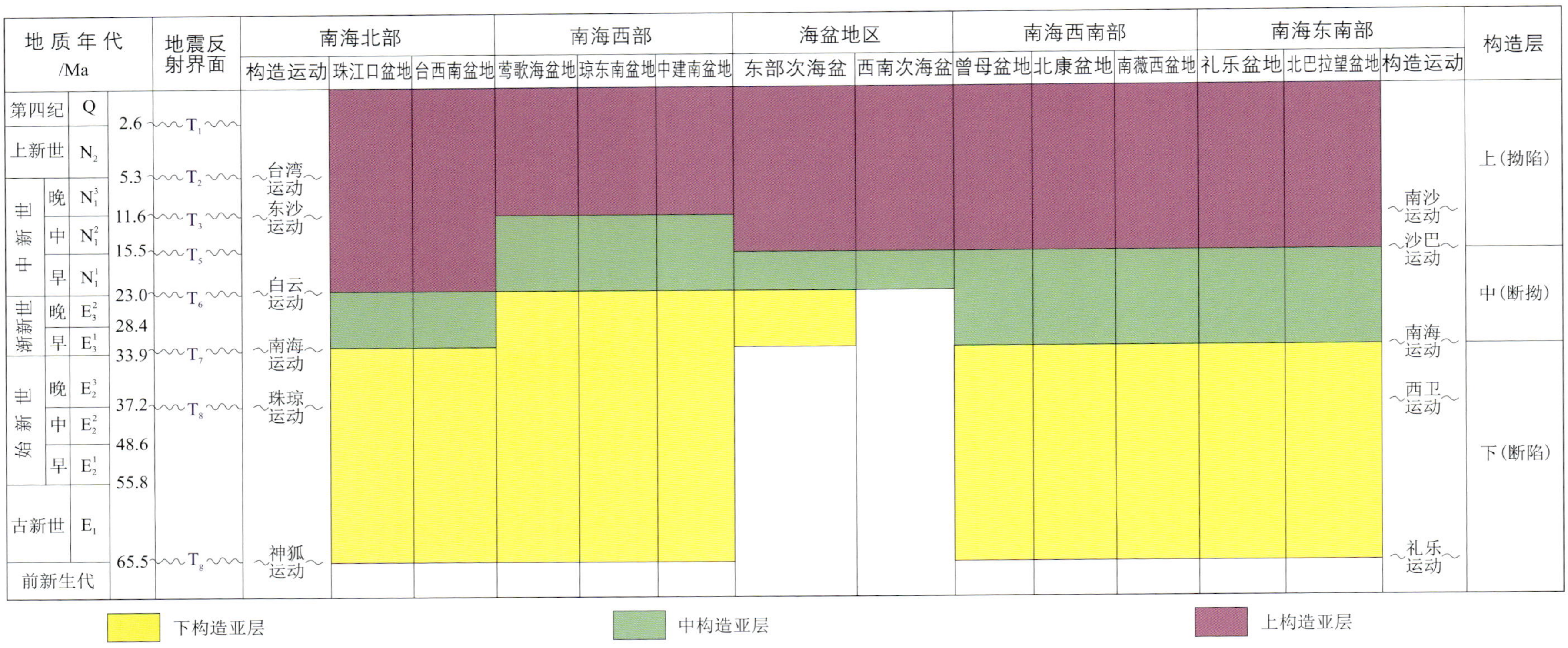

南海北部喜马拉雅期构造亚层地震反射特征

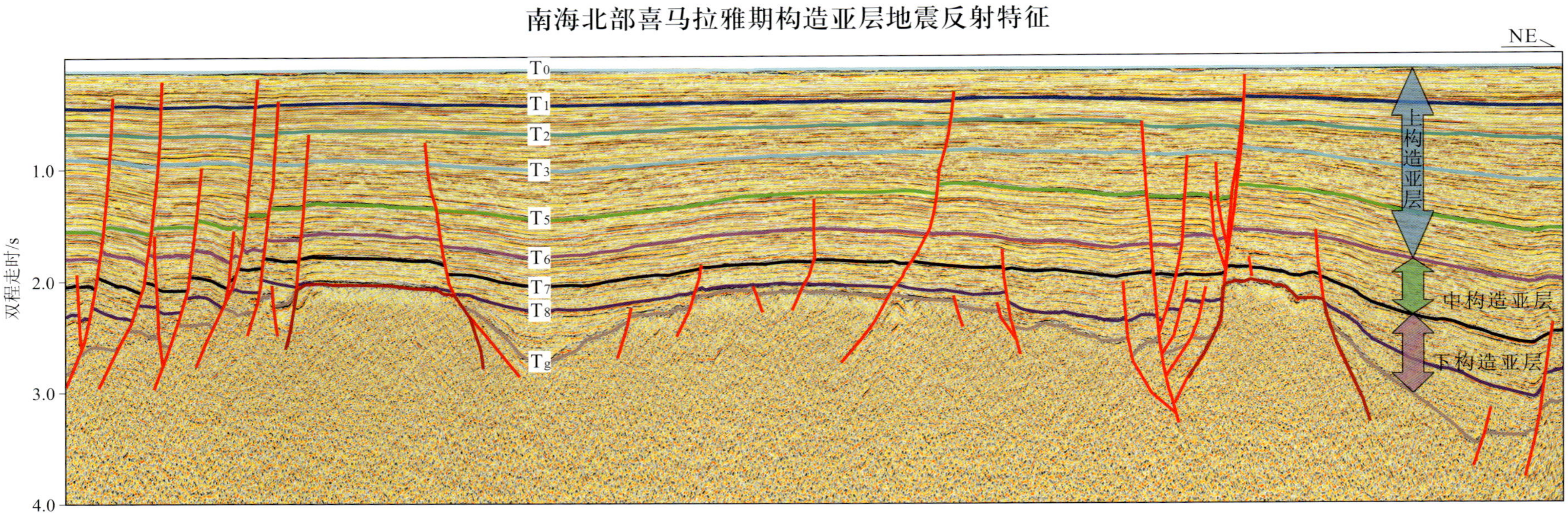

南海西部喜马拉雅期构造亚层地震剖面反射特征

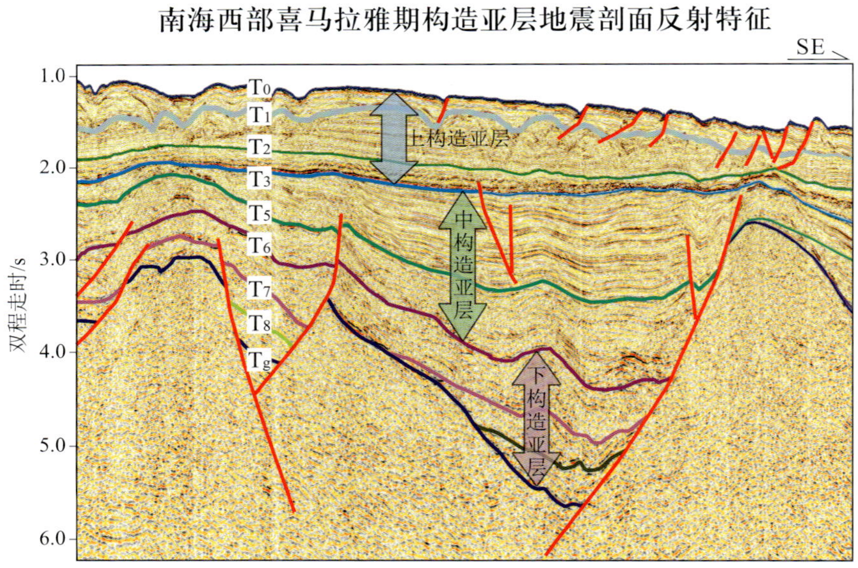

东部次海盆喜马拉雅期构造亚层地震剖面反射特征

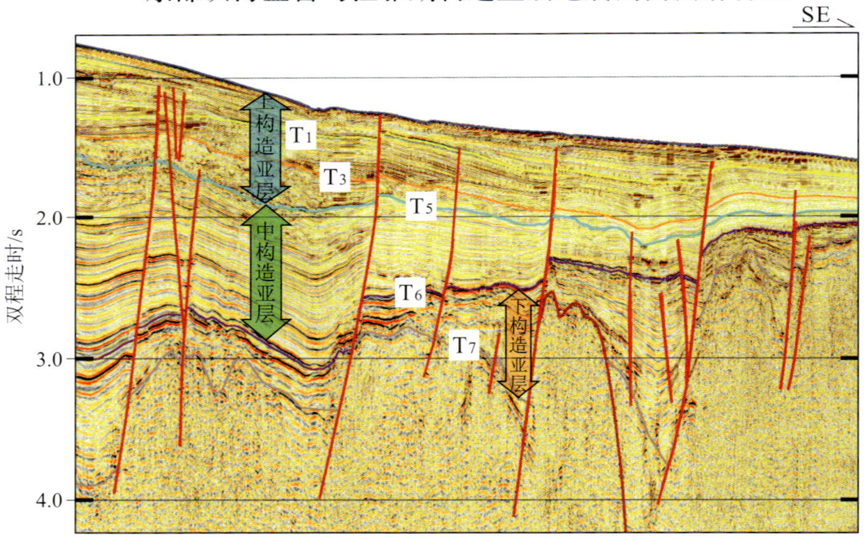

根据地层接触关系、沉积充填类型、地震反射界面、区域性不整合面、构造变形、构造沉降等特征，结合南海新生代海底扩张由北往南迁移、自东向西渐进式发展的特点，以及东西分带和南北分块的构造格局，将喜马拉雅期构造层分为五个不同的地区：北部、西部、西南部、东南部和海盆地区。北部以T_6、T_7、T_g界面，西部以T_3、T_6、T_g界面，西南部以T_5、T_7、T_g界面，东南部以T_5、T_7、T_g界面，东部次海盆以T_5、T_6和T_g（T_7）界面和西南次海盆以T_5和T_g（T_6）界面划分为上、中、下三个构造亚层，反映南海南、北陆缘新生代构造层具有早期趋同、晚期分异，以及东早西晚的发育特征。

下构造亚层：对应南海扩张大规模裂谷阶段，其时代差异反映了南海由东往西渐进式扩张。

中构造亚层：对应断拗转换阶段，其顶界面具穿时性，北部响应白云运动，南部响应沙巴运动，西部响应南海西缘走滑断裂剪切运动模式的调整。

上构造亚层：为稳定海相沉积披覆层，属地壳区域热沉降阶段发展的产物，反映南海扩张期后伴随地幔热消退的壳–幔均衡调整。

南海南部喜马拉雅期构造亚层地震剖面反射特征

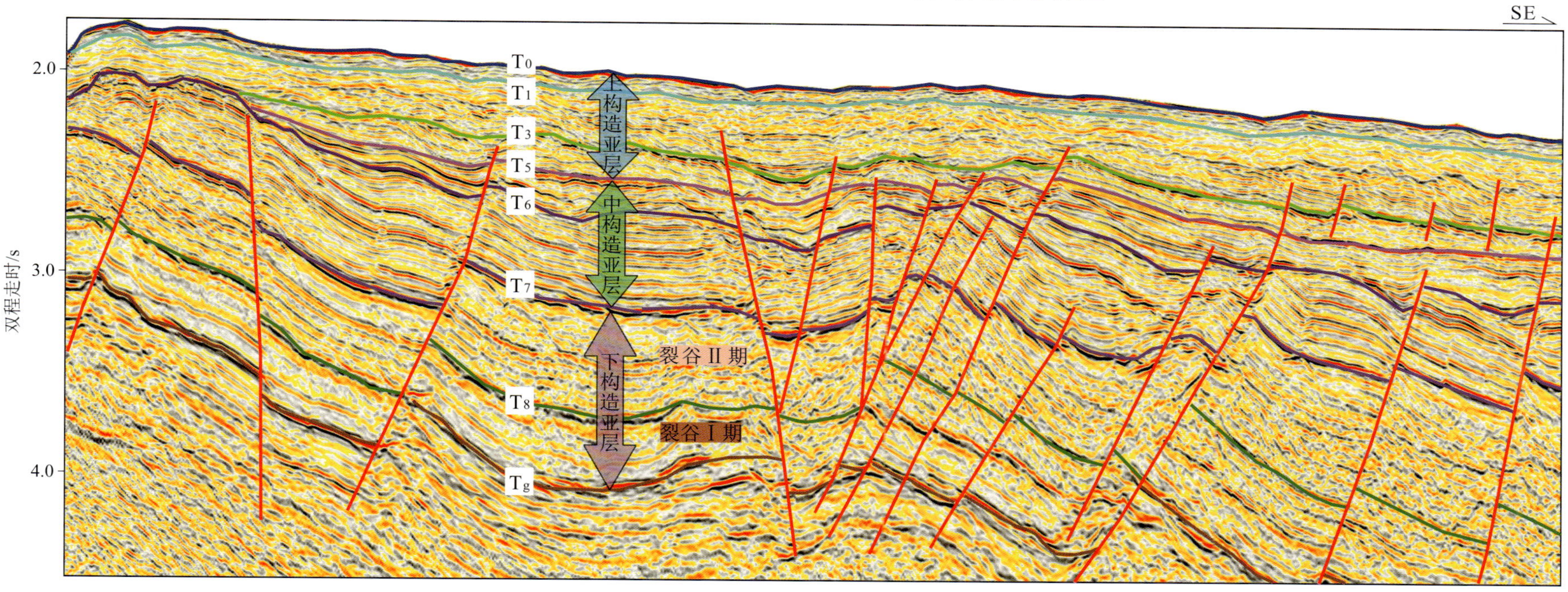

南海及邻域新生代构造运动

Cenozoic tectonic movement in the South China Sea and its adjacent areas

南海及邻域构造运动划分表

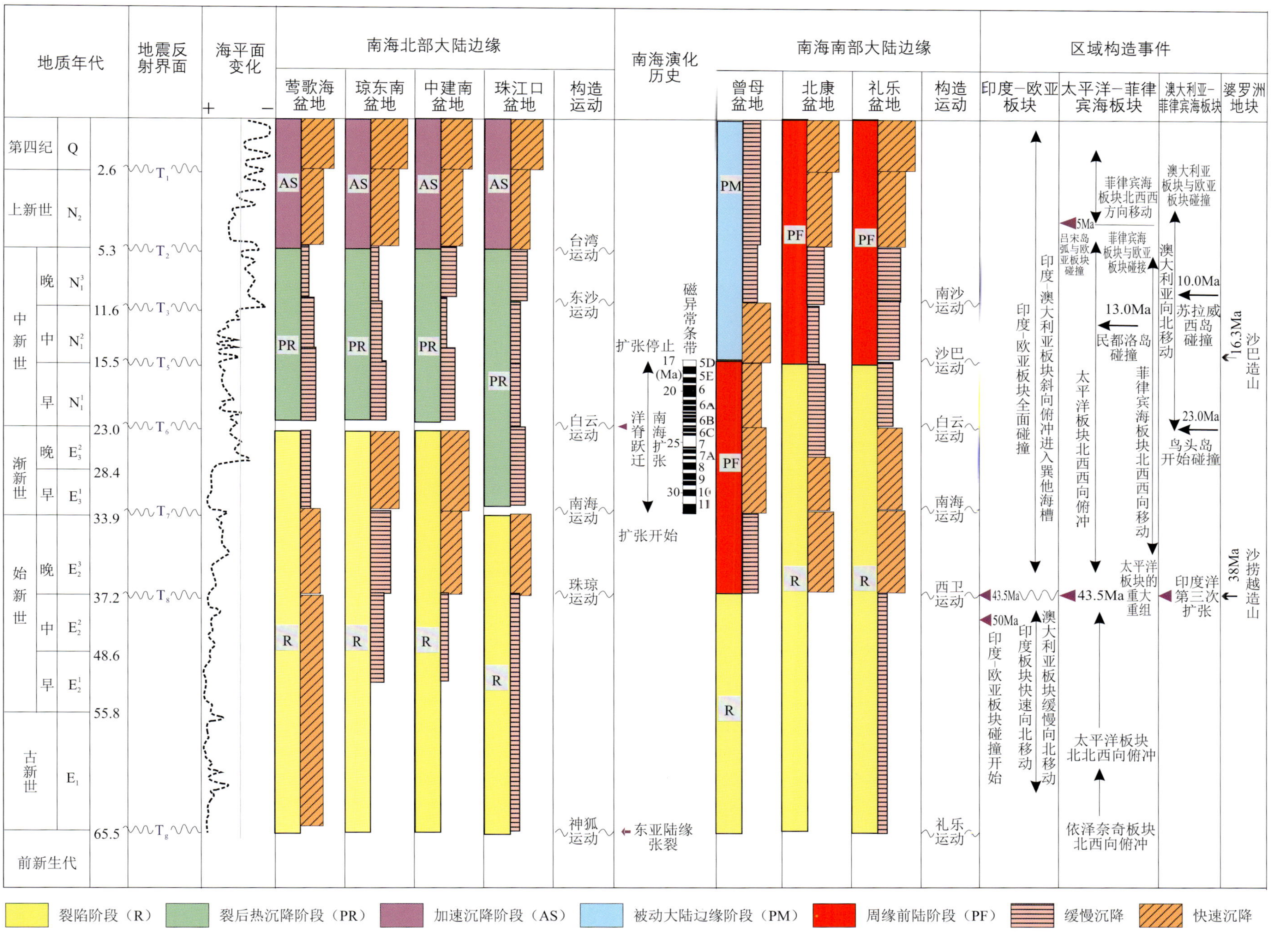

新生代以来，南海处于欧亚、印度−澳大利亚和太平洋三大板块相互作用的构造环境下，经历了七次不同性质的构造运动，自老而新为神狐运动（南部礼乐运动）、珠琼运动（南部西卫运动）、南海运动、白云运动、沙巴运动、东沙运动（南沙运动）和台湾运动，分别对应T_g、T_8、T_7、T_6、T_3、T_2区域不整合面。其中，神狐运动（礼乐运动）、珠琼运动（西卫运动）主要反映了中生代末至新生代早期的东亚大陆边缘张裂伸展作用和太平洋板块运动方式和动力学机制的改变；南海运动、白云运动、沙巴运动和东沙运动主要对应南海海底扩张开始以及由北往南迁移和自东向西渐进式发展的结果和响应；台湾运动是晚新生代菲律宾海板块与欧亚板块碰撞的结果。

南海及邻域喜马拉雅期岩浆岩分布特征

Distribution map of magmatic rocks formed in the Himalayan period in the South China Sea and its adjacent areas

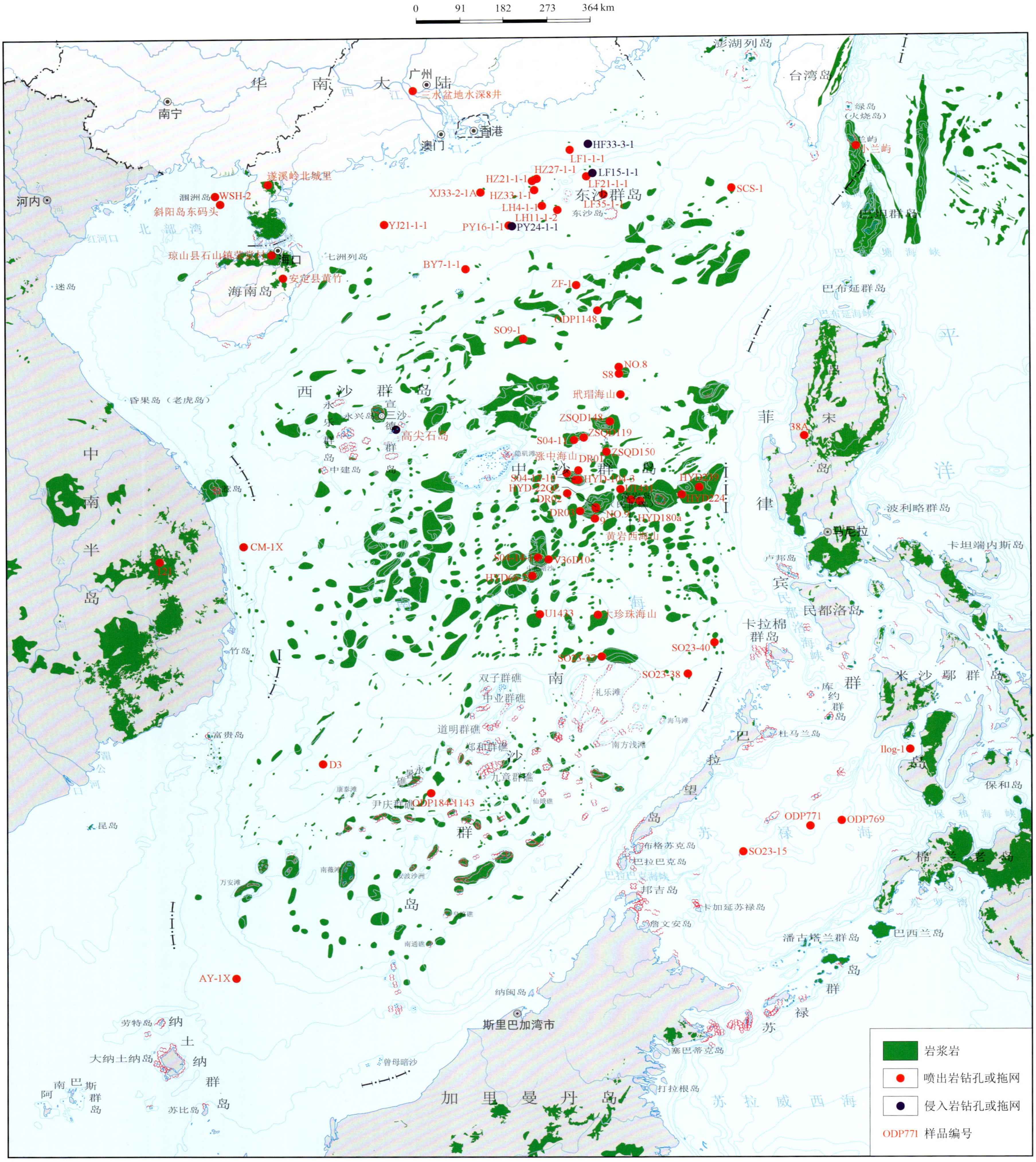

喜马拉雅期，南海及邻域岩浆分布广泛，从古新世到第四纪均有，且岩浆基性成分不断增加。根据地震剖面岩浆岩与地层的接触关系、钻井和拖网等岩石地球化学与年龄综合分析，喜马拉雅期岩浆活动可分为三期：前扩张期（>32Ma）、扩张期（32～16Ma）和扩张期后（<16Ma），以扩张期后岩浆活动最为强烈，遍布整合南海海域及相邻陆地，在南海海盆形成一系列规模宏大的现代海山或海山链。海山样品主微量元素、稀土同位素组成结果显示，总体上具有洋岛玄武岩地球化学特征，以碱性玄武岩为主。

东部次海盆黄岩海山地震剖面反射特征

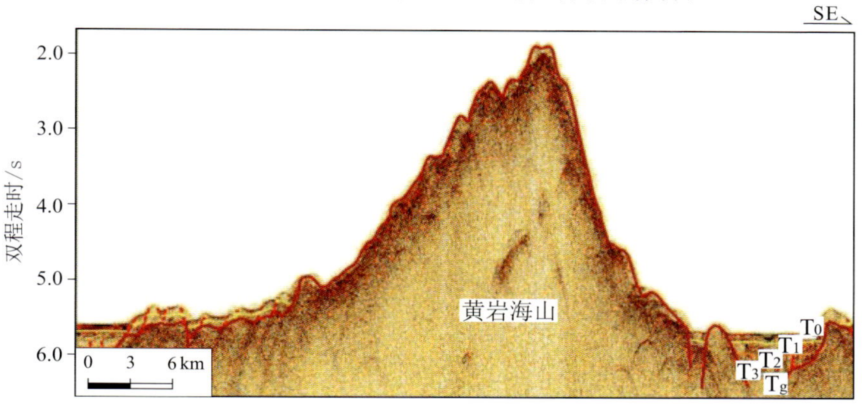

南海海盆中南海山地震剖面反射特征

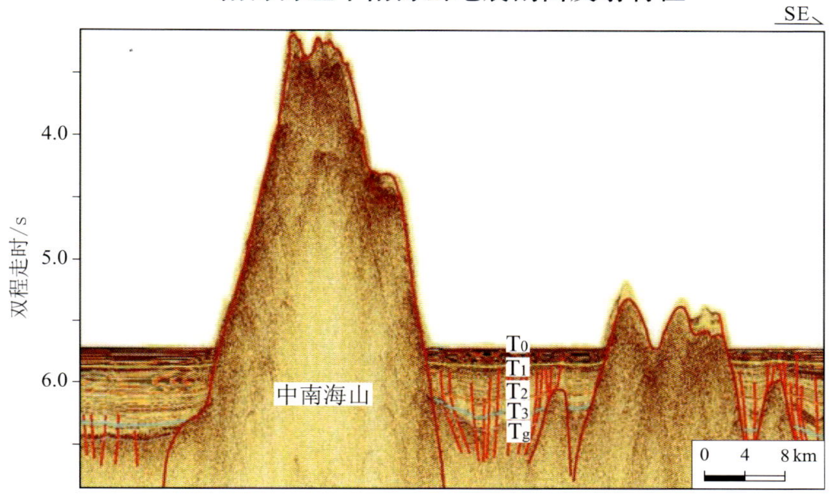

西南次海盆龙北、龙南海山地震剖面反射特征

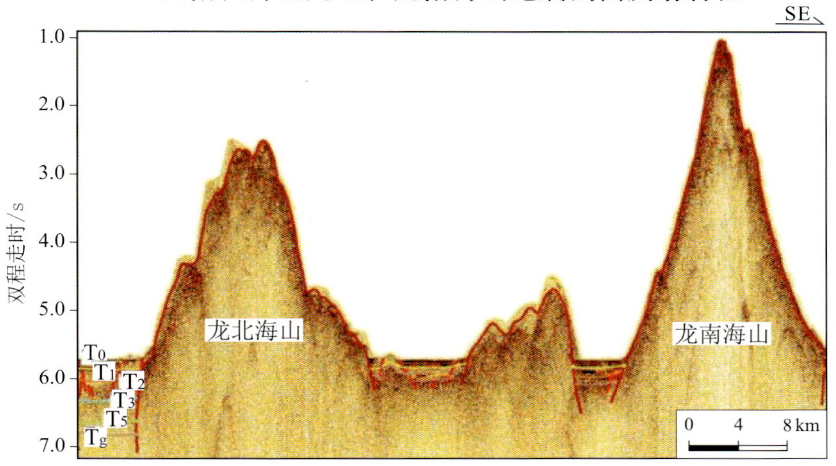

南海海盆小珍珠、大珍珠海山地震反射特征

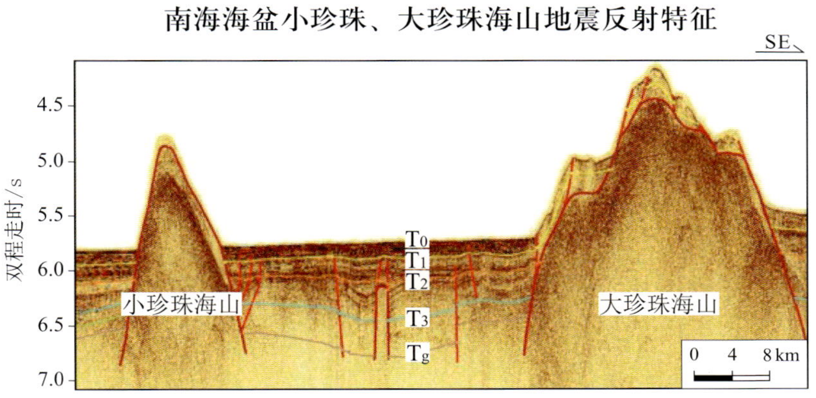

西南次海盆扩张脊中部长龙海山地震反射特征

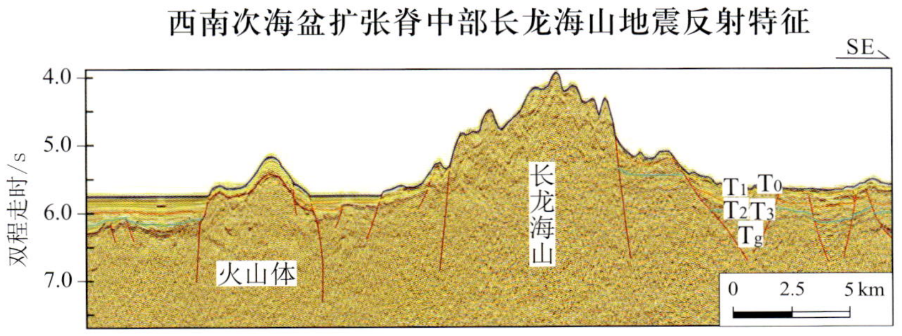

南海及邻域喜马拉雅期钻孔-拖网岩浆岩岩性、年代表

样品编号	岩性	年龄 / Ma	数据来源
三水盆地水深 8 井	橄榄玄武岩	62.8553	孙嘉诗，1991 年
遂溪岭北城里	粗玄岩	11.5107±0.67	孙嘉诗，1991 年
琼山县石山镇荣堂村	玄武岩	3.8072±99.5	孙嘉诗，1991 年
安定县黄竹	橄榄玄武岩	1.3185±0.336	孙嘉诗，1991 年
121	玄武岩、碧玄岩	0.8~4.3	Lee 等， 1998 年
38A		2.8	
小兰屿	安山岩	0.02	Yang，1996 年
WSH-2	碱性玄武岩	5.9±0.2	贾大成等，2003 年
斜阳岛东码头	火山岩中贝壳	0.036135±0.000185	樊祺诚等，2006 年
AY-1X	火山集块岩	54.6±2.7	吴进民等，1994 年
BY7-1-1	玄武质熔岩层	35.5±2.78	李平鲁等，1994 年
CM-1X	玄武岩	早中新世末—中中新世早期	Anh 等，2017年
D3	碱性玄武岩	4.3	Bellon 等，1991年
DR01	碱性玄武岩	6~11	Wang 等，1990 年
DR02	碱性玄武岩	6~11	Wang 等，1990 年
DR03	粗玄岩	6~8	Wang 等，1990 年
玳瑁海山	碱性玄武岩	20~26	邱华宁等，2019 年
高尖石岛	玄武岩	1.57±0.125	冯国荣，1992 年
	辉橄岩	2.7	孙嘉诗，1991 年
HF33-3-1	辉岩闪长玢岩	31.9±0.67	彭学超等，2015 年
HZ21-1-1	英安斑岩	41.1±0.67	李平鲁等，1994 年
		27.7±1.8	彭学超等，2015 年
	英安岩	41.1	阎贫和刘海龄，2005年
HZ33-1-1	玄武岩	41.1±4	李平鲁等，1994 年
HZ27-1-1	安山岩	57.1±2.5	李平鲁等，1994 年
		45.3±2.9	彭学超等，2015 年
HYD66-2	碱性玄武岩	8.29±0.06	高红芳等，2016 年
HYD180a	碱性玄武岩	7.83±0.06	高红芳等，2016 年
HYD224	碱性玄武岩	7.88±0.01	高红芳等，2016 年
HYD239	碱性玄武岩	8.98±0.18	高红芳等，2016 年
HYD-104-3	碱性玄武岩	6.67±0.03	高红芳等，2016 年
HYD-22QZ	碱性玄武岩	8.26±0.03	高红芳等，2016 年
		9	邱华宁等，2019 年
黄岩西海山	玄武岩	7.94±0.06	黄小龙等，2015 年
Ilog-1	砾岩火山岩	？中中新世	Schluter 等，1996 年
LF1-1-1	凝灰岩	33.58±0.7、32.0±1.4	李平鲁等，1994 年
LF15-1-1	玄武岩	45.1±1.63	李平鲁等，1994 年
	闪长岩	40.9±1.63、45.1±1.8	彭学超等，2015 年
LF21-1-1	凝灰岩	47.3±1.1、49.33	李平鲁等，1994 年
LF35-1-1	玄武岩	36~118	邱燕等，2013 年
LH4-1-1	英安岩凝灰岩	43.15±0.7	李平鲁等，1994 年
LH11-1-2	英安岩	27.2±0.6	李平鲁等，1994 年
LH11-1-2	玄武岩	27.17±0.55	李平鲁等，1994 年
NO.8	拉斑玄武岩	13.95	Jin，1989 年
NO.9	拉斑玄武岩	9.7	Jin，1989 年
9	石英拉斑玄武岩	9.5±0.92、9.9±1.4	高红芳等，2012 年
ODP769	凝灰岩、火山泥石流	早中新世晚期	Schluter 等，1996 年
ODP771	火山碎屑	17.8	Schluter 等，1996 年
ODP1148	凝灰岩	<1	阎贫和刘海龄，2005年
ODP184-1143	凝灰岩、火山灰	＜2	Prell 等，1990 年
PY16-1-1	玄武岩	41.2±2	李平鲁等，1994 年
PY24-1-1	绿帘斜长角闪岩	45.3±2.2	彭学超等，2015 年
PY24-1-1	闪长岩	42.5±2.1、31.4±1.6	彭学超等，2015 年
S8	石英拉斑玄武岩	14.1±1.14、13.8±1.03	王贤觉等，1984 年
SCS-1	碱性玄武岩	21±0.2	Wang 等，2012 年
S04-11	碱性玄武岩	7.91±0.19	鄢全树等，2008 年
S04-12-10	碱性玄武岩	4.78±0.11	鄢全树等，2008 年
S04-14-1	碱性玄武岩	6.33±0.2	鄢全树等，2008 年
SO9-1	粗面岩	23.29±0.22	Li 等，2015 年
SO23-15	斑状安山岩	14.7±0.6	Areshev 等，1992 年
SO23-37	玄武岩	0.4	Areshev 等，1992 年
SO23-38	橄榄玄武岩	0.5	Areshev 等，1992 年
SO23-40	斑晶玄武岩	2.7	Areshev 等，1992 年
U1431	拉斑玄武岩	15±0.2	Tejada 等， 2014 年
U1433	拉斑玄武岩	17.5	Anthony Kopper，2015年
V36D10	碱性玄武岩	3.49±0.58	Taylor 和 Hayes，1983 年
大珍珠海山	火山玻璃	0.95	邱华宁等，2019 年
XJ33-2-1A	玄武岩	24.3±1.3	李平鲁等，1994 年
YJ21-1-1	流纹岩	51.6±8.3	李平鲁等，1994 年
ZF-1	流纹英安岩	18.61±4.88	李兆麟等，1991 年
涨中海山	碱性玄武岩	7	邱华宁等，2019 年
ZSQD119	玄武岩	12.4±0.21	高红芳等，2016 年
ZSQD148	碱性玄武岩	22.9±0.42、15.26±0.26	高红芳等，2016 年
ZSQD150	拉斑玄武岩	15.04±1.61	高红芳等，2016 年

南海及邻域前喜马拉雅期岩浆岩分布特征

Distribution map of magmatic rocks formed in pre-Himalayan period in the South China Sea and its adjacent areas

0 91 182 273 364 km

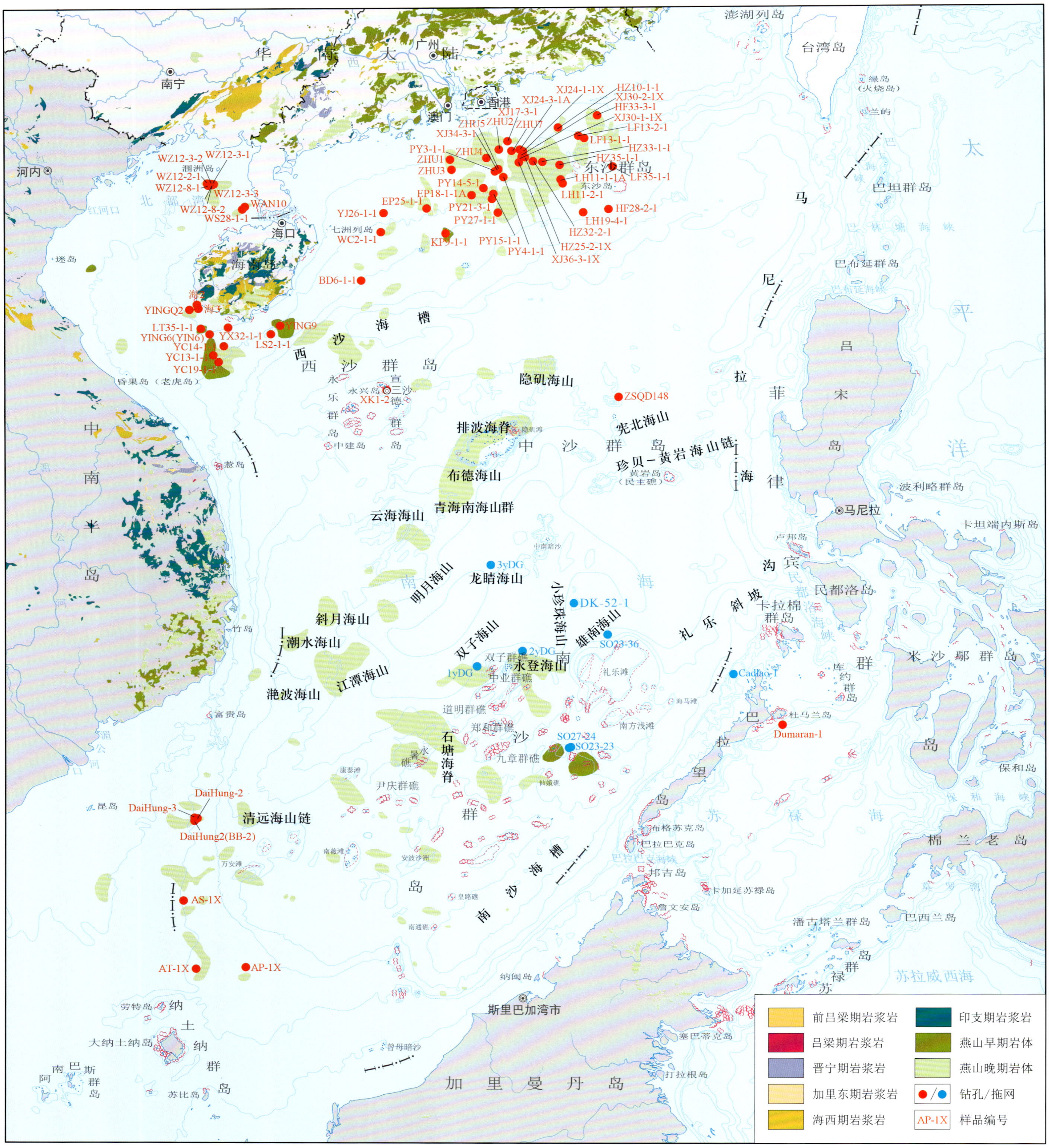

燕山期，是南海乃至整个东亚和东南亚陆缘岩浆强烈活动时期，岩浆岩类型多样，规模较大，都与活动边缘的构造环境有关，伴随强烈的断裂活动，南海频繁地发生岩浆侵入和喷发，形成了一系列大规模的以酸性为主的侵入岩和火山岩。

前燕山期，岩浆岩主要发育在南海西北部和东南部，以印支期为主，主要岩性以花岗岩为主，喷出岩较少，已有多口钻井钻遇花岗岩、闪长岩、流纹岩等，时代为晚二叠世，主要分布在北部湾盆地。

南海及邻域前喜马拉雅期钻孔-拖网岩浆岩样品岩性、年代表

样品编号	岩性	年龄 / Ma	数据来源
AP-1X	花岗闪长岩	79.3±4.7	邱燕等，2016年
AS-1X	花岗闪长岩	129±7	吴进民和杨木壮，1994年
AT-1X	花岗闪长岩	80±2.4	吴进民和杨木壮，1994年
BD6-1-1	火山集块岩	87	邱燕等，2016年
Cadlao-1	凝灰岩	晚侏罗世	Schluter等，1996年
DaiHung-2	花岗闪长岩	109±9	邱燕等，2016年
DaiHung-3	花岗闪长岩	105±5	邱燕等，2016年
DaiHung2(BB-2)	花岗闪长岩	109±5	邱燕等，2016年
Dumaran-1	超基性岩	晚白垩世	邱燕等，2016年
小珍珠海山	花岗闪长岩	122~127	邱华宁等，2019年
EP18-1-1A	花岗岩	100.38±1.46、94.38±1.89	李平鲁等，1998年
EP25-1-1	花岗岩	晚白垩世	彭学超等，2015年
海 2	花岗岩	白垩纪	何家雄等，2008年
海 3	花岗岩	白垩纪	何家雄等，2008年
HF28-2-1	苏长岩	92.9、109.25±2.4	彭学超等，2015年
HF33-3-1	辉岩闪长玢岩	晚白垩世	邱燕等，2016年
HZ10-1-1	花岗岩	晚白垩世	彭学超等，2015年
HZ25-2-1X	花岗碎裂岩	99.8±1.53	彭学超等，2015年
HZ32-2-1	花岗岩	88.5±3.6	彭学超等，2015年
HZ33-1-1	花岗岩	86.2~93.2	彭学超等，2015年
HZ35-1-1	花岗岩	105	彭学超等，2015年
KP9-1-1	碎裂花岗岩	153±6	李平鲁等，1998年
LF13-1-1	花岗碎裂岩	晚白垩世	邱燕等，2016年
LF13-2-1	安山岩	晚白垩世	邱燕等，2016年
LF35-1-1	花岗岩	102	彭学超等，2015年
LH11-1-1A	花岗碎裂岩	90	彭学超等，2015年
LH11-2-1	花岗岩	90.62±1.49	邱燕等，2016年
LH19-4-1	闪长岩	早白垩世	邱燕等，2016年
LS2-1-1	安山玢岩	93.92	邱燕等，2016年
LT35-1-1	花岗岩	224±2	何家雄等，2008年
PY3-1-1	花岗岩	90.7±3.3	彭学超等，2015年
PY4-1-1	花岗岩	130±5	邱燕等，2016年
PY14-5-1	花岗岩	晚白垩世	彭学超等，2015年
PY15-1-1	花岗岩	89.8	邱燕等，2016年
PY21-3-1	黑云母碎裂花岗岩	89.83±1.32	李平鲁等，1998年
PY27-1-1	石英二长岩	118.9±2.1	李平鲁等，1998年
1yDG	二长花岗岩	109.7、114.2、120	邱燕等，2016 年
		153.6±0.3、127.2±0.2	鄢全树等，2008年
2yDG	花岗岩	早白垩世晚期	邱燕等，2016年
2yDG	斜长花岗岩	159.1±1.6、157.8±1.0	鄢全树等，2008年
3yDG	花岗闪长岩	早白垩世晚期	邱燕等，2016年
SO23-23	橄榄辉长岩及流纹凝灰岩	晚三叠世	Areshev 等，1992年
SO23-36	多孔玄武岩	146	Kudrass 等，1986年
SO27-24	蚀变闪长岩及流纹质凝灰岩	中三叠世	Areshev 等，1992年
WAN10	深红色粗晶花岗岩	古生代	赵汉卿，1979年
WC2-1-1	黑云母闪长岩	118	邱燕等，2016年
WZ12-2-1	花岗岩	晚二叠世	邱燕等，2016年
WZ12-3-1	花岗岩	237.8±3.6	邱燕等，2016年
WZ12-3-2	花岗岩	晚二叠世	邱燕等，2016年
WZ12-3-3	花岗岩	晚二叠世	邱燕等，2016年
WZ12-8-1	花岗岩	晚二叠世	邱燕等，2016年
WZ12-8-2	花岗岩	晚二叠世	邱燕等，2016年
WS28-1-1	花岗岩	晚白垩世	邱燕等，2016年
XJ17-3-1	碎裂花岗岩	72.9±2.8	彭学超等，2015年
XJ24-1-1X	碎裂石英二长岩	84	邱燕等，2016年
XJ24-3-1A	碎裂花岗岩	98	邱燕等，2016年
XJ30-1-1X	花岗闪长岩	晚白垩世	彭学超等，2015年
XJ30-2-1X	花岗岩	晚白垩世	彭学超等，2015年
XJ34-3-1	火山集块岩	78.5±3.2	彭学超等，2015年
XJ36-3-1X	花岗闪长碎裂岩	晚白垩世	彭学超等，2015年
XK1-2	花岗岩	107.8±3.6	朱伟林等，2017年
YC13-1-1	花岗岩	194~226	何家雄等，2008年
YC14-1-1	英安流纹岩	82.8±1.7	何家雄等，2008年
YC19-1-1	花岗闪长岩	白垩纪	何家雄等，2008年
YING6(YIN6)	安山岩	68.24	邱燕等，2016年
YING6(YIN6)	凝灰质砂岩	97.21	何家雄等，2008年
YING9	花岗岩	106.9、156~185	邱燕等，2016年
YINGQ2	黑云母花岗岩	90.41~95.51	何家雄等，2008年
YX32-1-1	安山岩	白垩纪	何家雄等，2008年
YJ26-1-1	流纹斑岩	89.2±1.58	李平鲁等，1999年
ZHU1	粗粒花岗岩	73~76	李平鲁等，1999年
ZHU2	粗粒黑云母花岗岩	70.5	彭学超等，2015年
ZHU3	花岗闪长斑岩	69~70.5	邱燕等，2016年
ZHU4	粗粒黑云母花岗岩	75	彭学超等，2015年
ZHU5	花岗闪长斑岩	75	彭学超等，2015年
ZHU7	花岗岩	晚白垩世	彭学超等，2015年
ZSQD148	二辉橄榄岩	87.21±2.17	高红芳等，2012年

南海及邻域断裂级别及分布特征

Classification and distribution characteristics of faults in the South China Sea and its adjacent areas

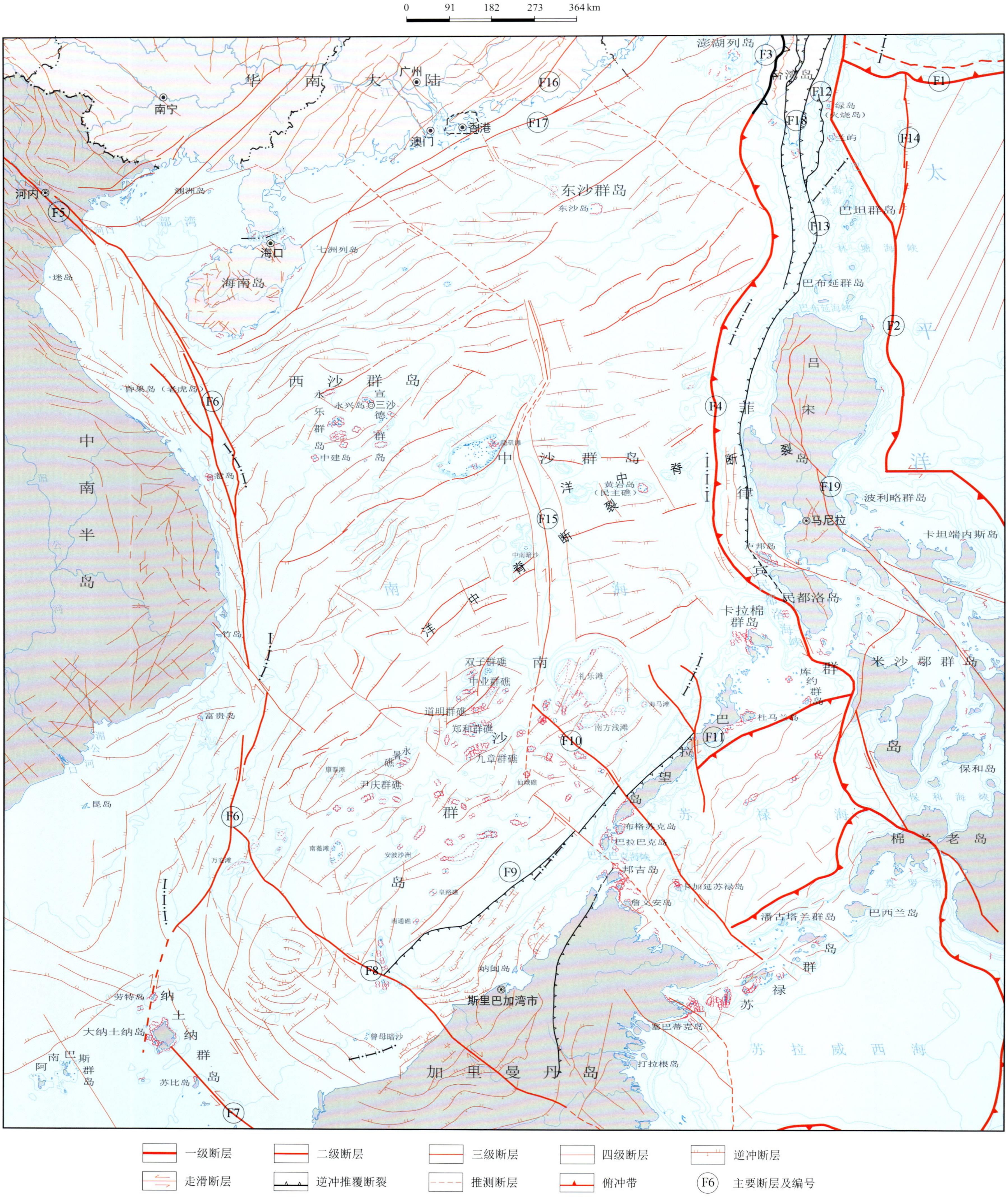

南海及邻域中、新生代以来断裂极为发育，平面上，主要为北东-北东东向、北西-北北西向、近东西向及近南北向四组断裂，各断裂系在不同地区发育密度、形成与活动时间均存在差异。整体上，南海北部以一系列阶梯状正断层为主；南缘与现今南海扩张、古南海消亡和碰撞相关，发育张扭性、挤压逆冲和走滑断层；西缘为南海西缘走滑断裂系统以及派生的张扭断层；东缘是典型的沟-弧构造体系，以与俯冲相关的逆冲断层、走滑断裂为主。

南海及邻域主要断裂要素表

断裂名称	编号	级别	断裂性质	走向	倾角/（°）	倾向	延伸长度/km
琉球海沟逆冲断裂带	F1	I	逆冲断层	EW	40 ～ 60	N	520
东吕宋 - 菲律宾海沟断裂	F2	I	俯冲断层	SN-NW	40 ～ 60	SWW	1800
台湾西麓前锋断裂	F3	I	逆冲断层	NE	70 ～ 80	SE	280
马尼拉 - 内格罗斯 - 哥达巴托俯冲断裂	F4	I	俯冲断层	近 SN	40 ～ 60	E	1000
红河断裂带	F5	II	走滑断层	NW	40 ～ 50	SW	1000
南海西缘断裂带	F6	II	走滑断层	近 NS	30 ～ 50	SE	1500
卢帕尔断裂	F7	II	挤压断层	NE	30 ～ 50	SW	700
廷贾断裂	F8	II	挤压断层	NW	30 ～ 50	SW	750
巴拉望北线断裂	F9	II	走滑断层	NE	5 ～ 10	SE	400
美济礁断裂	F10	II	右旋走滑断层	NW	70 ～ 80	NE	280
乌鲁根断裂	F11	II	右旋走滑断层	NNW	60 ～ 70	NE	280
台东纵谷断裂	F12	II	逆冲断层	NE	70 ～ 80	SE	300
北吕宋海槽西缘逆冲断裂	F13	II	逆冲断层	近 SN	70 ～ 80	E	330
加瓜脊东缘断裂	F14	II	正断层	近 SN	40 ～ 50	E	300
中南 - 礼乐断裂带	F15	III	转换-走滑断层	近 SN	70 ～ 80	EW	1700
莲花山断裂带	F16	III	走滑断层	NE	30 ～ 50	SE	750
闽粤滨海断裂带	F17	III	走滑断层	近 SN	60 ～ 70	SE	950
曲尺 - 荖浓断裂	F18	III	逆冲断层	NNE-SN	75 ～ 80	E	300
菲律宾断裂	F19	III	走滑断层	NNW	30 ～ 50	SW	900
中建洋陆边界断裂		IV	正断层	NE	60 ～ 70	SE	500
广乐隆起东断裂		IV	正断层	NE	70 ～ 80	E	200
中建南盆地控拗断裂		IV	正断层	NE	30 ～ 40	SE	100~130
中沙海槽西北断裂		IV	正断层	NE	60 ～ 70	SE	30~50
南海海盆洋中脊断裂带		IV	正断层	NE	75 ～ 85	SE	30~50
中沙海台南断裂		IV	正断层	EW	60 ～ 70	S	50
南沙海槽北缘断裂		IV	逆冲断层	NE	40 ～ 50	SE	840
巴拉巴克断裂		IV	走滑断层	NW	40 ～ 50	SW	800
九章盆地南控拗西断裂		IV	正断层	NE	30 ～ 50	NW	150
安渡北盆地北控拗断裂		IV	正断层	NE	30 ～ 50	SE	150
九章盆地南控拗东断裂		IV	正断层	NE	40 ～ 60	NW	100
南沙海槽盆地南控拗断裂		IV	正断层	NE	20 ～ 40	NW	50
礼乐盆地南控拗断裂		IV	正断层	NE	20 ～ 50	NW	60
礼东断裂		IV	右旋走滑断层	NW	70 ～ 80	NE	100

琉球海沟逆冲断裂带（F1）

Thrust fault zone in Ryukyu Trench（F1）

琉球海沟逆冲断裂带地震剖面反射特征

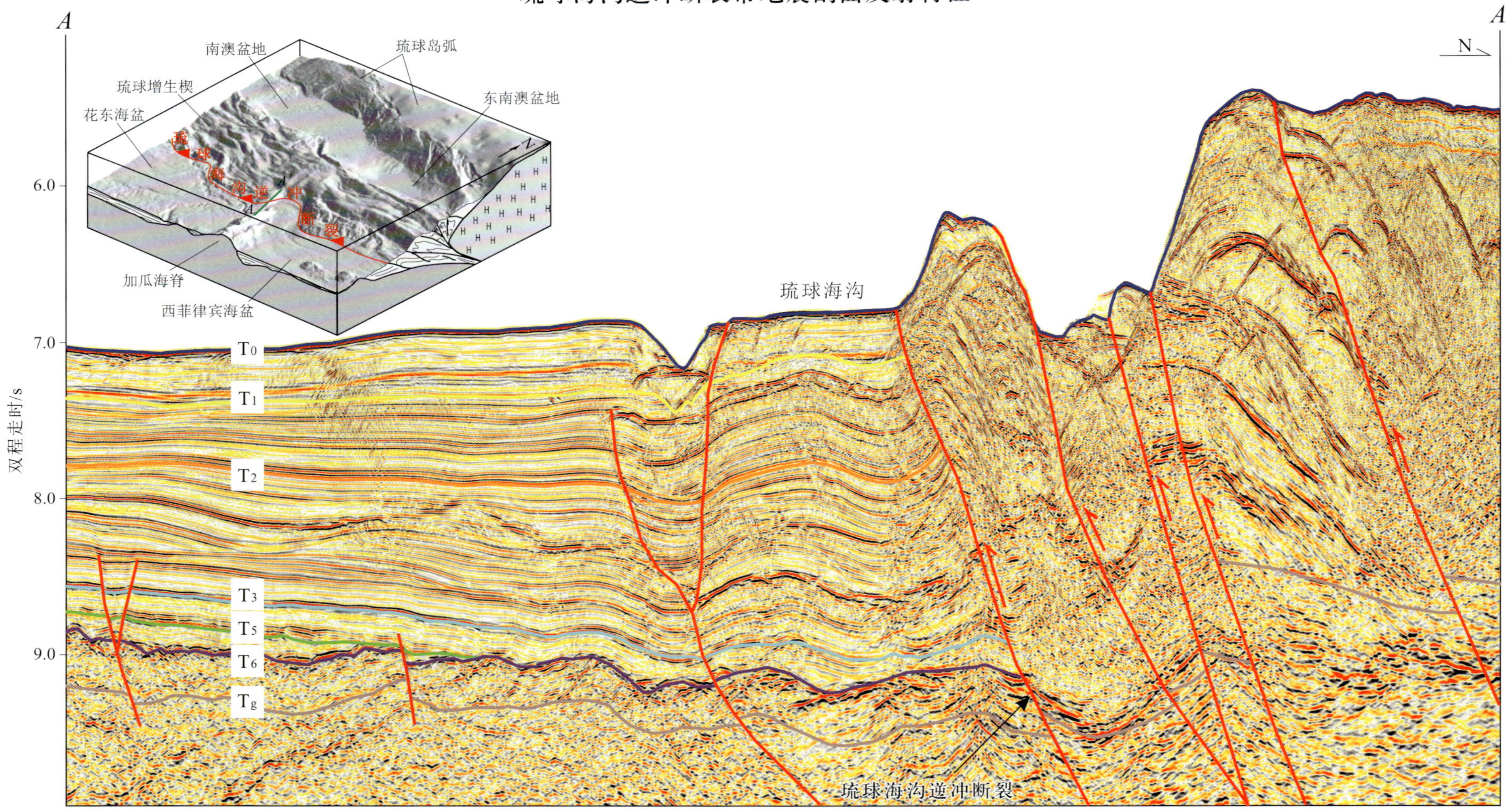

琉球海沟逆冲断裂带重力异常特征

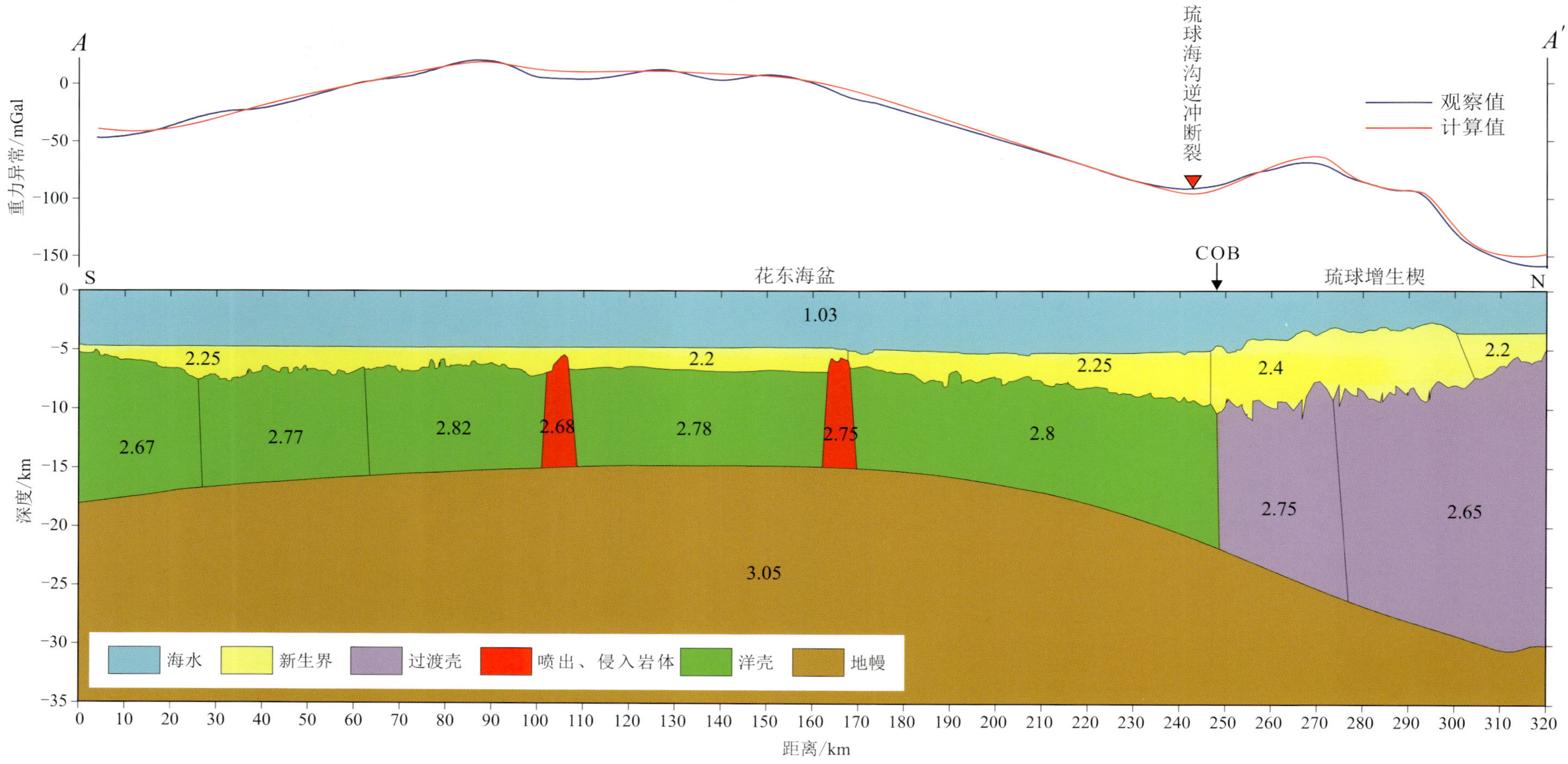

琉球海沟逆冲断裂带大致沿琉球海沟发育，平面呈近东西向延伸，长约520km，其西段临近台湾岛和加瓜海脊北端部位，构造线向北呈弧形偏转。琉球逆冲断裂为琉球褶皱冲断带的前锋断层，地震剖面显示断面浅部高陡，向深部延伸归并至琉球褶皱冲断带底板滑脱断层。

琉球海沟逆冲断裂带南北两侧构造变形差异明显，南侧是花东海盆和西菲律宾海盆，发育近水平沉积地层，地震波组清晰、连续，显示其未发生强烈变形。北侧为琉球褶皱冲断带，内部发育密集陡立断层，且各断层夹持紧闭褶皱，褶皱两翼地层较陡，近平行展布强烈褶皱和断裂变形表明，琉球逆冲断层的发育受到强烈挤压作用。

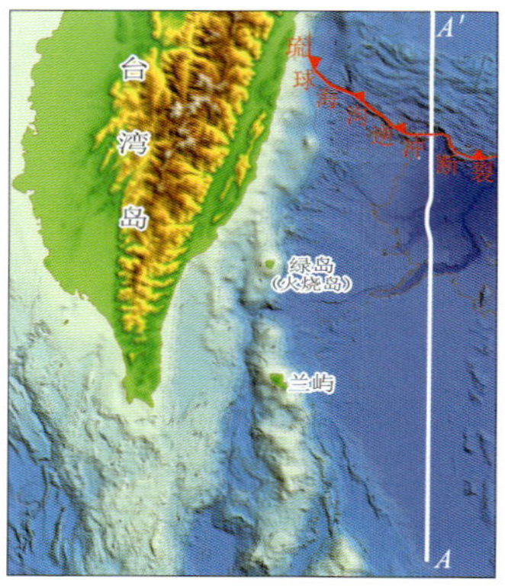

闽粤滨海断裂带（F17）

Minyue coastal fault zone（F17）

闽粤滨海断裂带在空间重力异常图上的平面展布

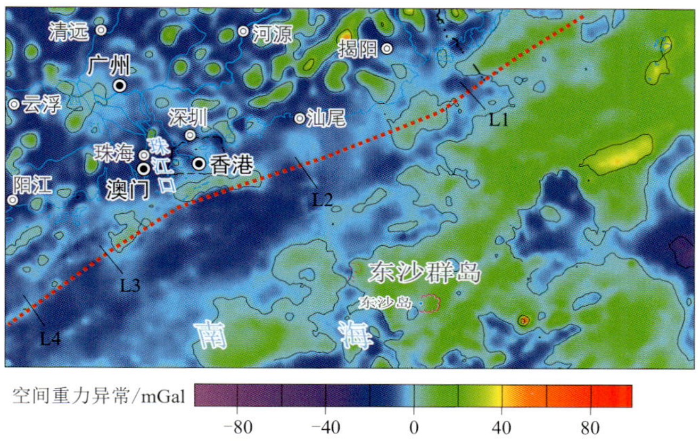

该断裂带全长约760km，宽约18～24km，主体呈北东向，贯穿南海中北部陆缘，向海倾的正断裂。断裂带可分为明显的三段，断裂带在空间重力异常表现为相对高值异常带分布。重力场向上延拓后显示该断裂为深大断裂。在断裂带处莫霍面埋深由陆侧的29km突变抬升至海区的26km。推测该断裂带是华南陆区正常型陆壳与南海减薄型陆壳分界，其发育机制与南海扩张有关。

闽粤滨海断裂带地震剖面反射特征

（红色粗线为主控断裂）

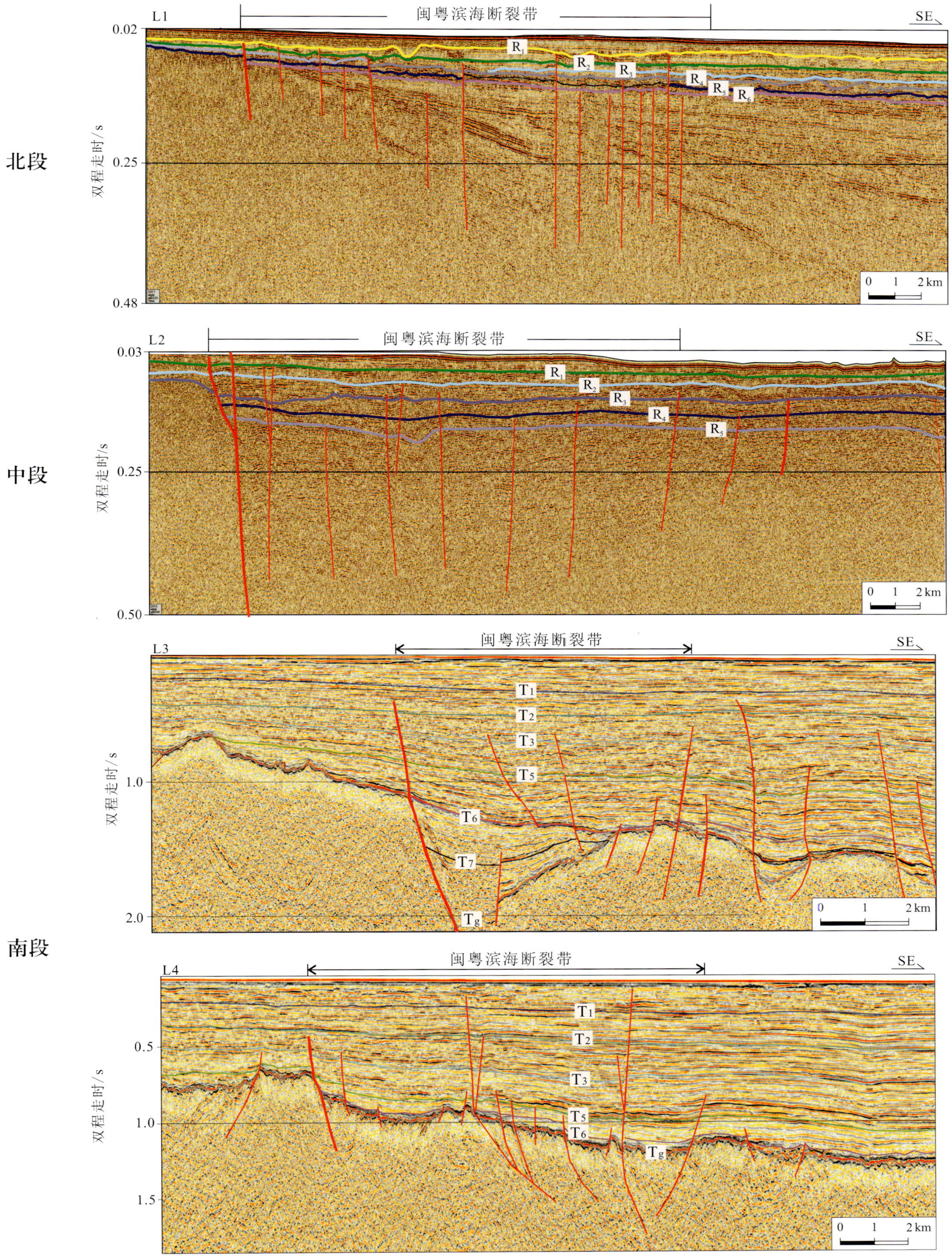

中南-礼乐断裂带（F15）

Zhongnan-Liyue fault zone（F15）

中南-礼乐断裂带在海盆中由北至南具有明显的分段性。北段断裂带宽15km，由经纬度18° N,115.5° E向17.5° N,116° E呈北北西向分布。南段断裂带宽60～80km，由中沙海台东侧向礼乐地块西侧呈北北西向展布。主控断裂沿中南海岭呈北北西向分布。在南北两段的过渡区总体呈北北东向展布。断裂主要发育于晚渐新世到中中新世，晚中新世为继承性活动，到上新世就基本停止活动。推测该断裂带早期为转换断裂，晚期有走滑特征。断裂带对其海盆东西两侧的沉积厚度和洋壳厚度具有明显的控制作用，至少是一条地壳级断裂。断裂带的发育与南海多期次扩张密切相联。

中南-礼乐断裂带在南海海盆空间重力异常图上的平面分布

（蓝色实线为断裂带的宽度范围，红色实线为断裂带的主控断裂位置，红色虚线为推测断裂带的位置）

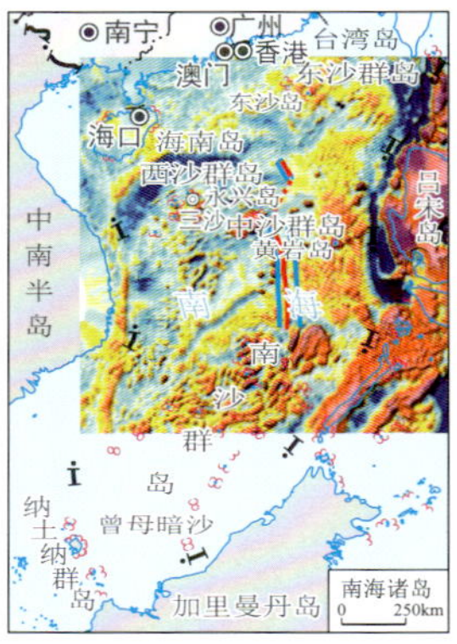

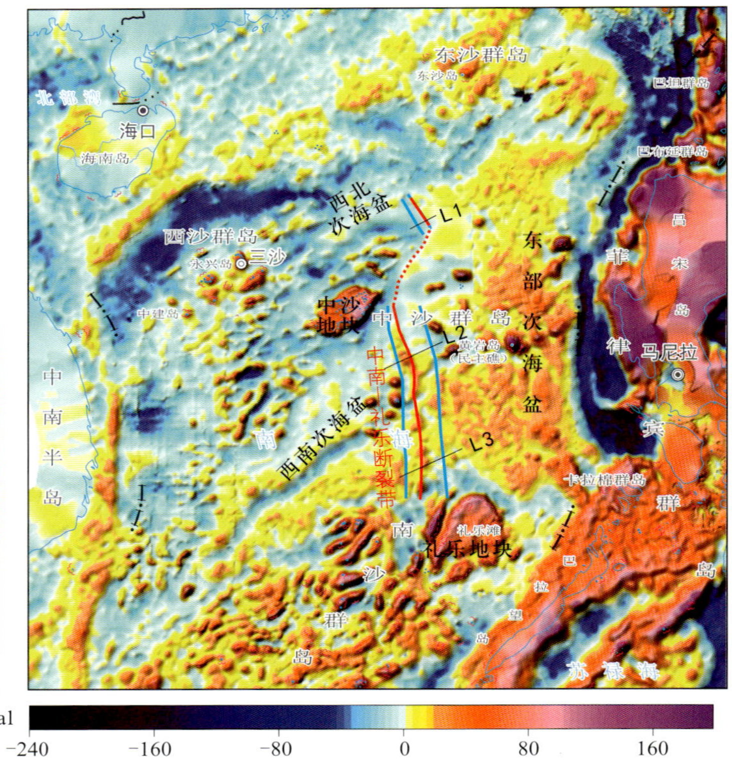

南海海盆磁异常解析信号模

（黑色虚线为磁异常解析信号模过渡区，即中南-礼乐断裂带）

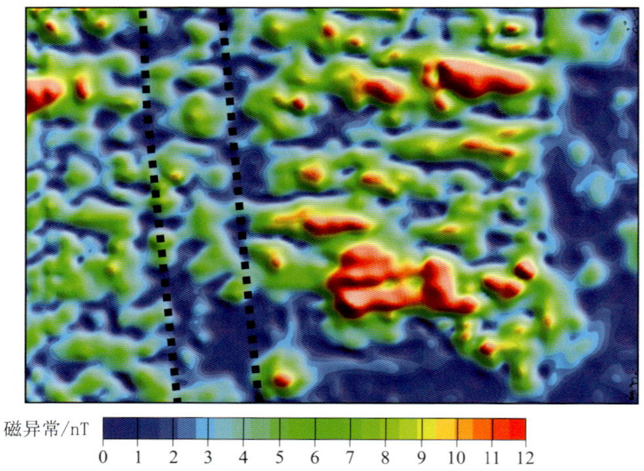

中南-礼乐断裂带地震反射特征

（红色粗线为主控断裂，UCR为上地壳反射界面）

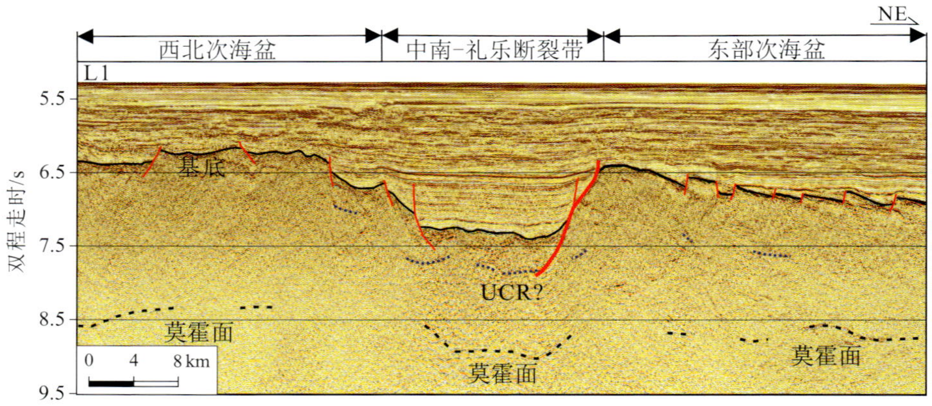

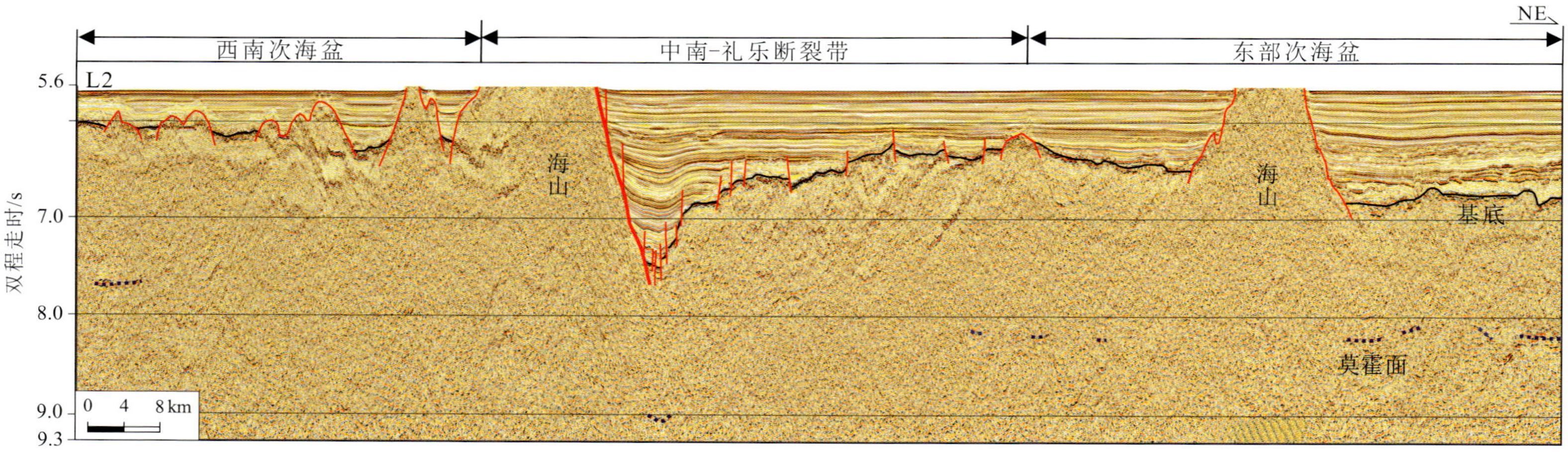

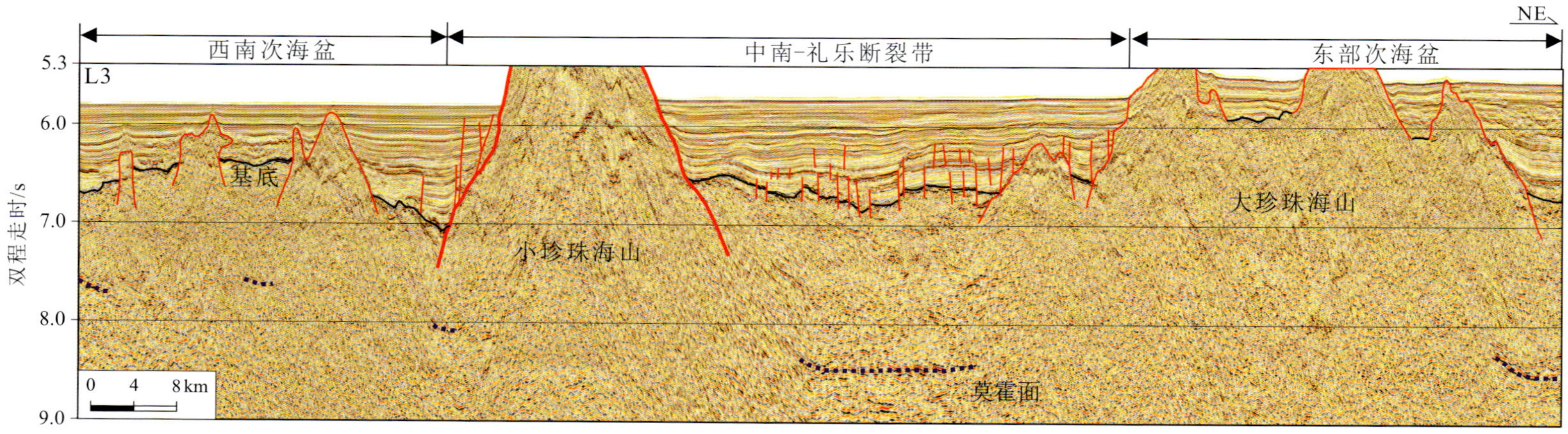

南海海盆洋中脊断裂带

Fault zone on the mid-oceanic ridge in the South China Sea Basin

南海海盆洋中脊断裂带平面分布图

（红色粗线为洋中脊断裂带）

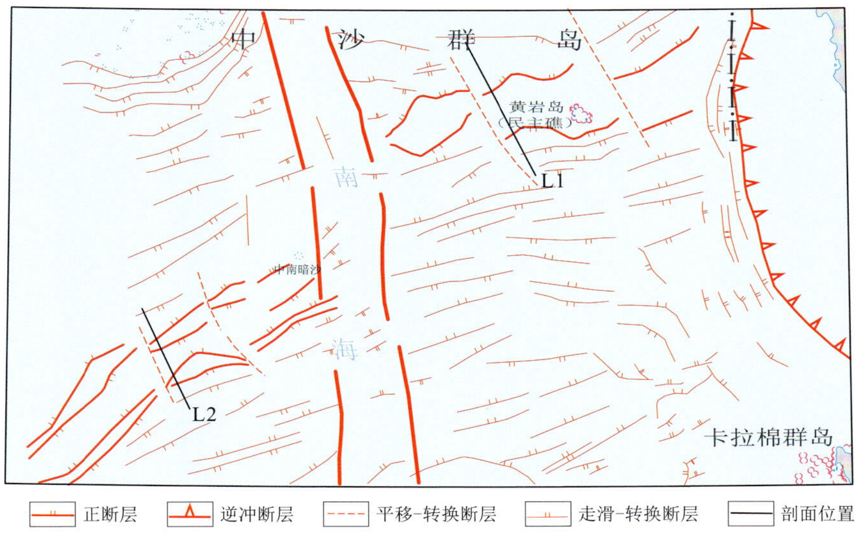

洋中脊断裂带贯穿了东部次海盆和西南次海盆，断裂带性质为张性正断裂，主控断裂向扩张脊中心倾斜。该断裂带可分为西南次海盆段和东部次海盆段。东部次海盆段长50～60km，宽15～20km，主体呈近东西走向。西南次海盆段长30～50km，宽10～15km，主体呈近北东走向。该断裂带控制了海盆洋中脊两侧的沉积及扩张后期海山的发育，主要形成于晚渐新世到中中新世，晚中新世以后为继承性活动。该断裂带在空间重力异常表现为条带状的低值负异常，两侧表现为正异常；磁异常在西南次海盆表现为低值正负异常，东部次海盆表现为高值负异常。重磁场向上延拖后均显示该断裂带为深大断裂。其发育机制受控于东部次海盆的近东西向和西南次海盆北东向扩张作用。

洋中脊断裂带在东部次海盆黄岩海山链两侧的地震剖面反射特征

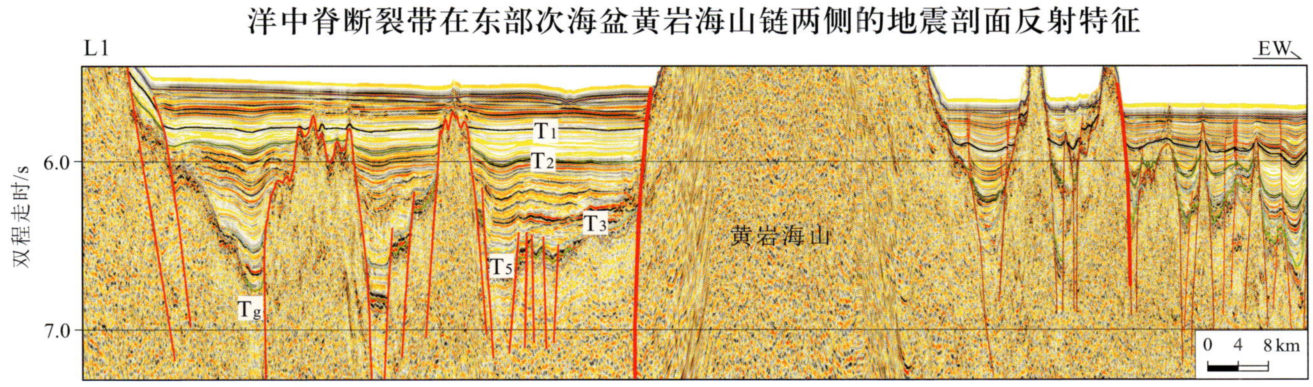

洋中脊断裂带在西南次海盆长龙海山及飞龙海山两侧的地震反射特征

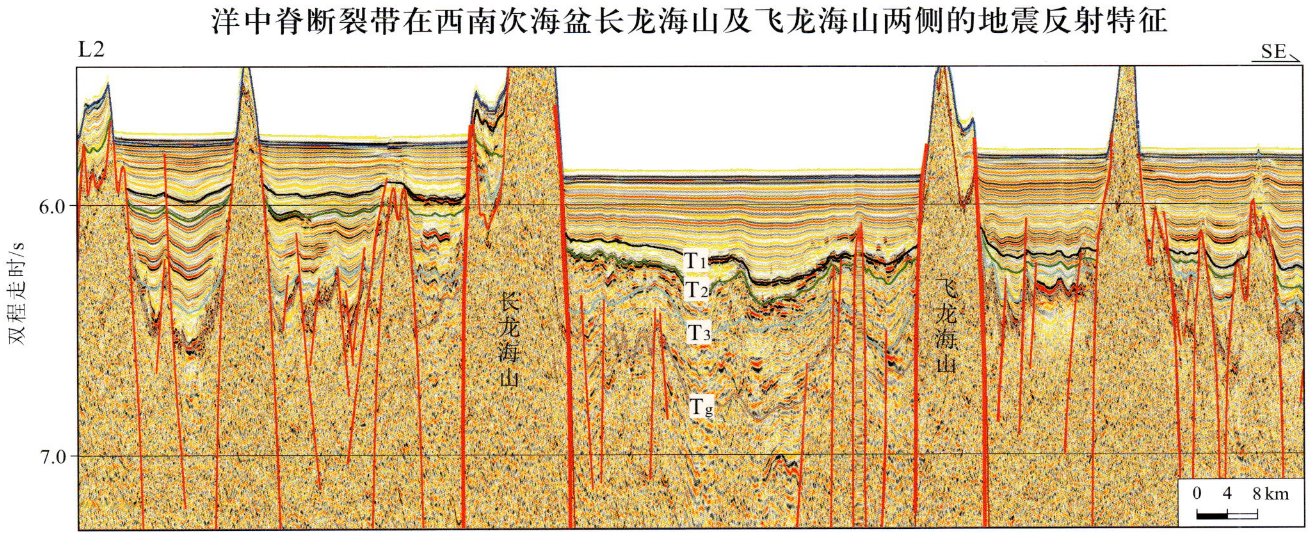

洋中脊断裂带在南海海盆空间重力异常图上的展布

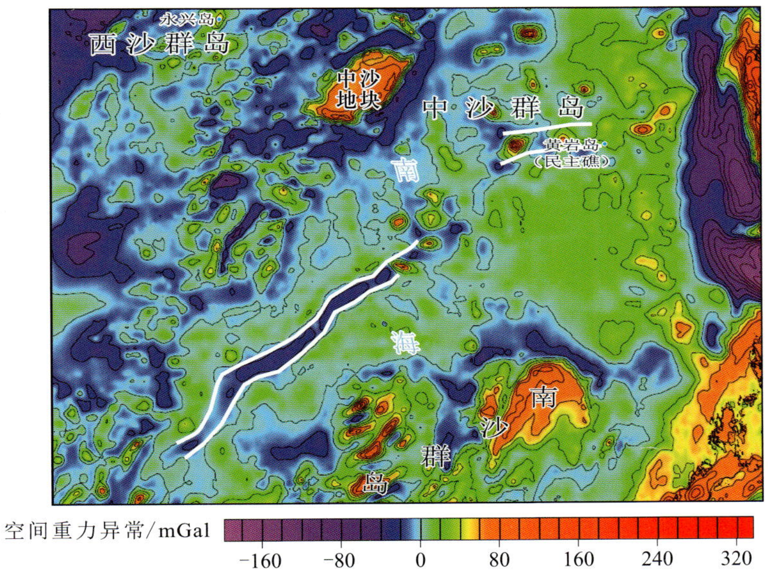

洋中脊断裂带在南海海盆磁异常图上的展布

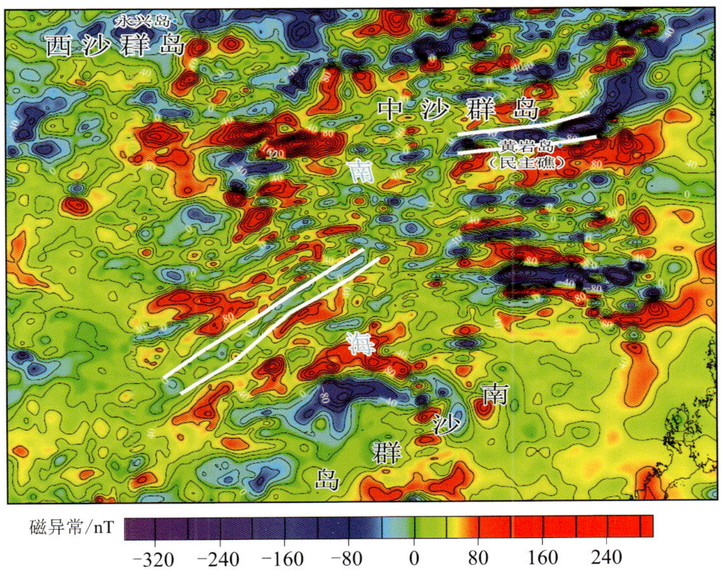

廷贾断裂（F8）

Tinjar fault （F8）

廷贾断裂地震剖面反射特征

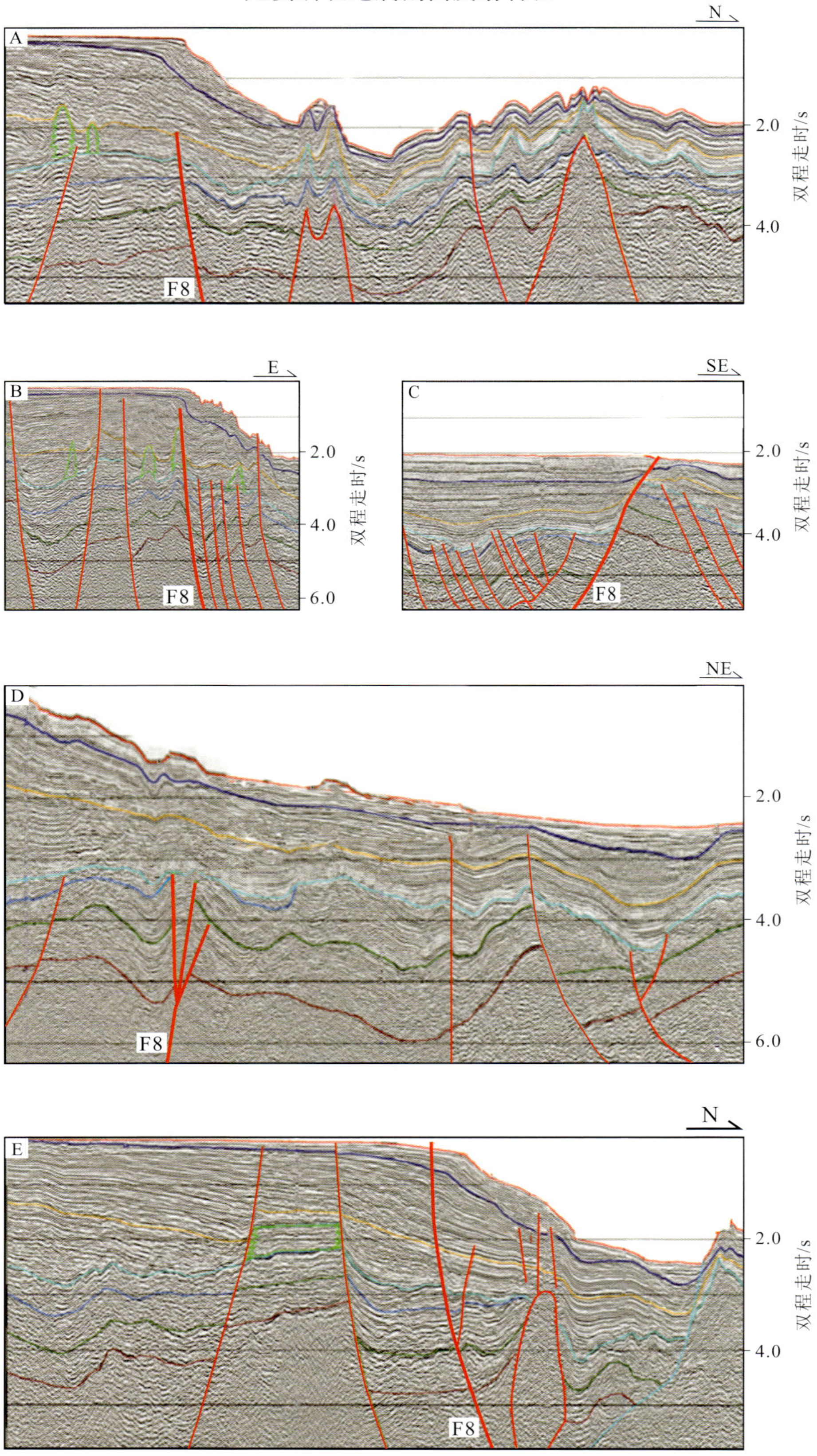

廷贾断裂结晶地壳厚度特征

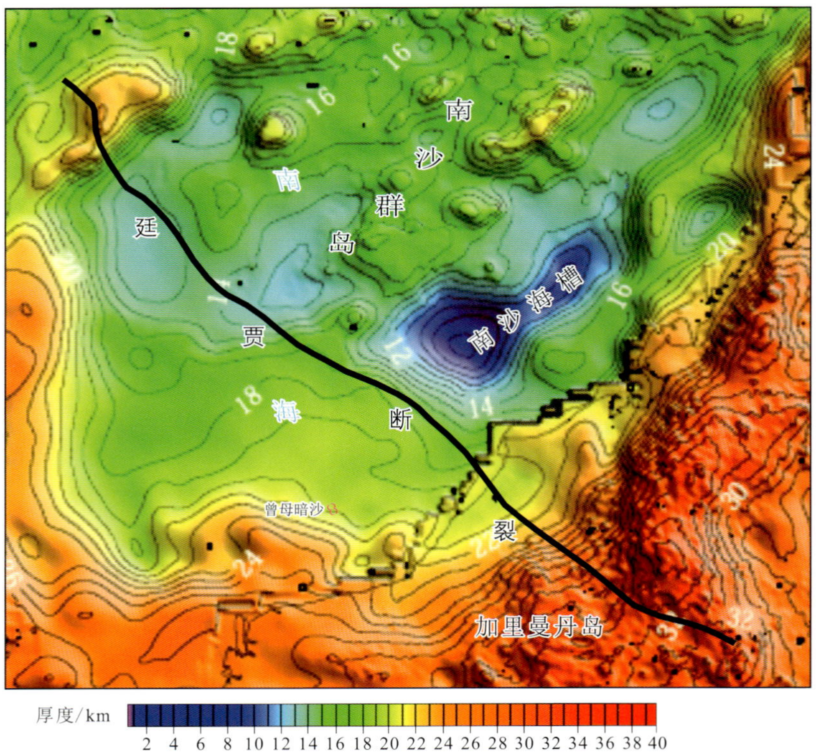

廷贾断裂空间重力异常特征

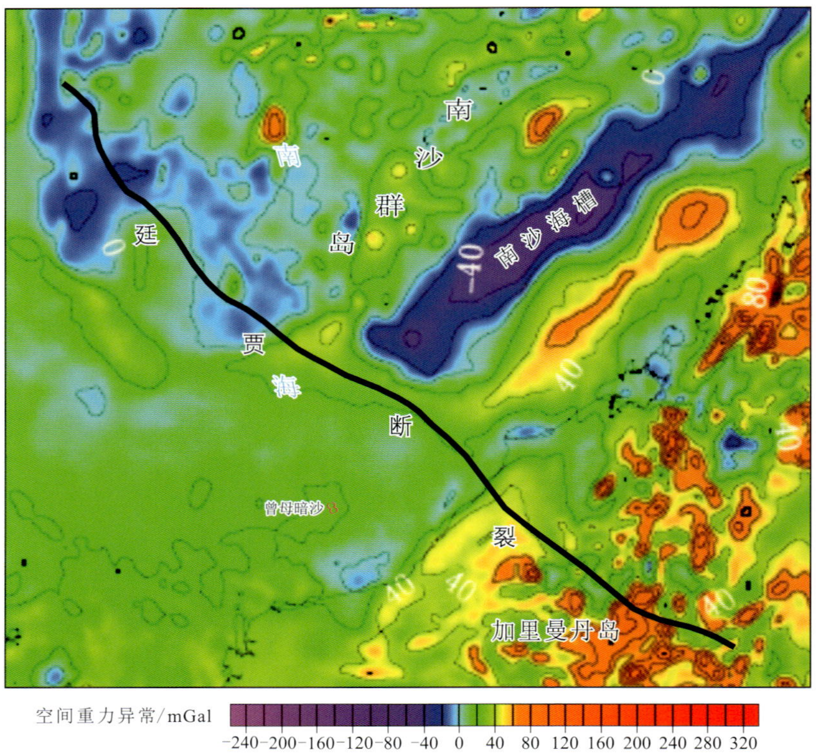

廷贾断裂平面展布

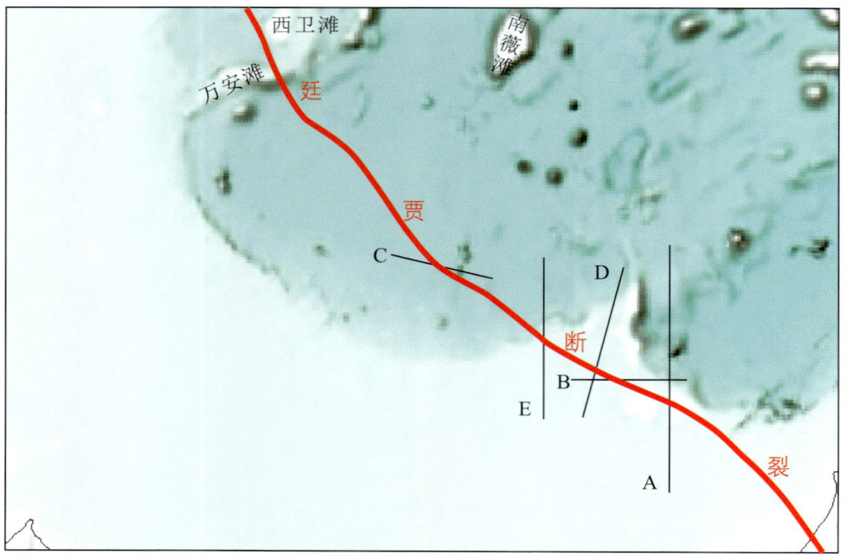

廷贾断裂在加里曼丹岛上沿廷贾河发育，向海域延伸于南沙海槽西南侧，继续向西北坡折带处发育，现代海岸线坡折区的形成和廷贾断裂的发育具有一定相关性。构造上是南沙地块与曾母地块的分界线。该断裂带控制了北康盆地和曾母盆地的沉积和构造特征，其两侧表现为不同走向的断裂系统，以东为北东—北北东向断层系统，以西主要为北西西—北西向断层为主，在地震剖面上局部表现为呈负花状组合样式，体现右旋走滑特征。

美济礁断裂（F10）
Meiji Reef fault（F10）

美济礁断裂(MJJF)平面展布和地震剖面反射特征

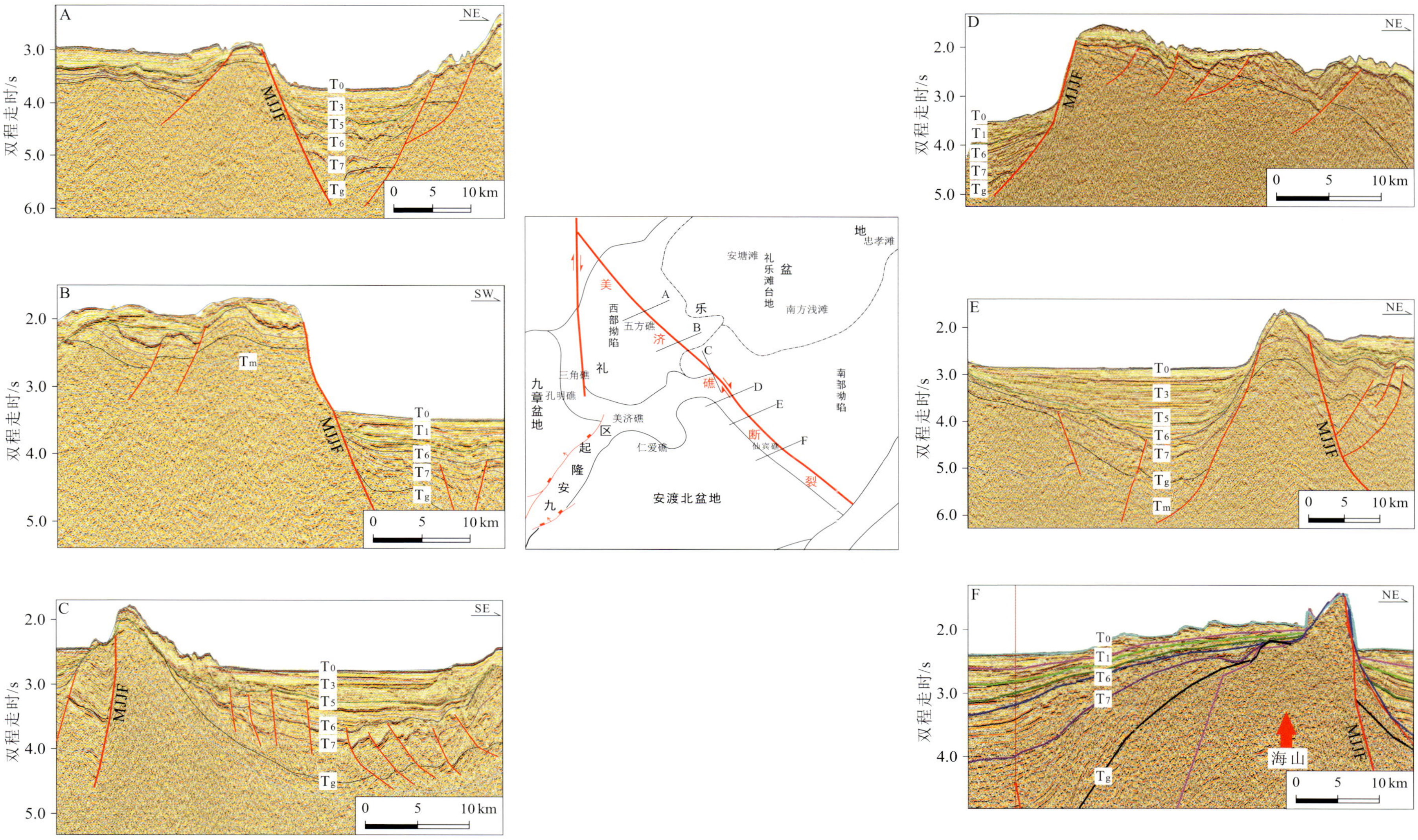

美济礁断裂磁异常特征

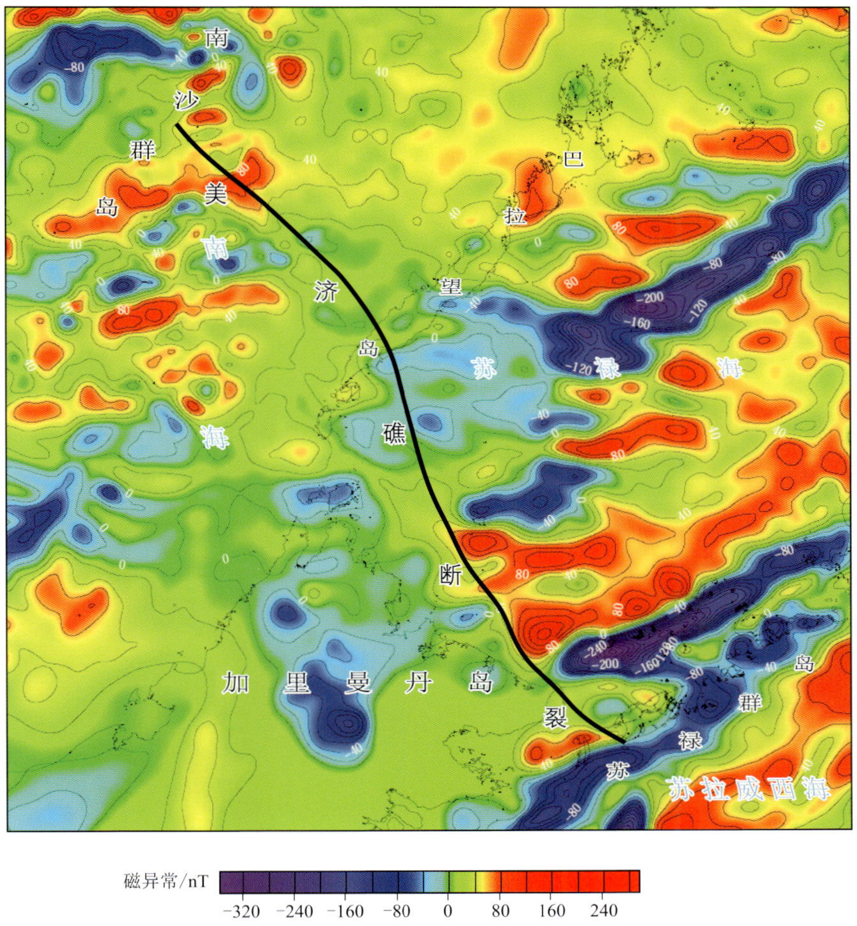

美济礁断裂结晶地壳厚度特征

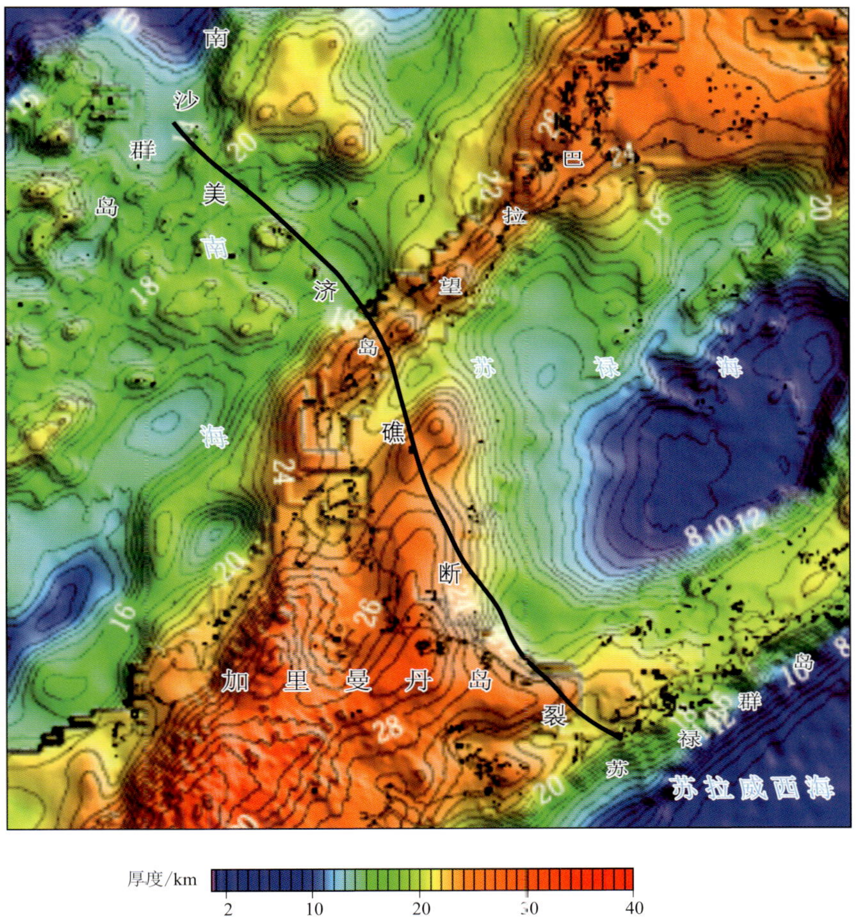

美济礁断裂是新发现的一条北西走向、北东倾向的断裂带，其分隔礼乐盆地和安渡北盆地，也是南沙海槽与北巴拉望海槽的分界线。平面上，该断裂带表现为直线型或曲线型位移带；地震剖面上，深部由相对狭窄、近于直立的主位移带组成，一般为张性正断层特征，局部向上分叉张开，表现辫状散开的负花状断裂，表现为右旋走滑特征，形成于与新生代早期。在重磁异常图，断裂带两侧重磁异常特征明显不同，反映为一条深大断裂带。

南海西缘走滑构造带

Strike-slip tectonic belt in the western margin of the South China Sea

南海西缘断裂带展布

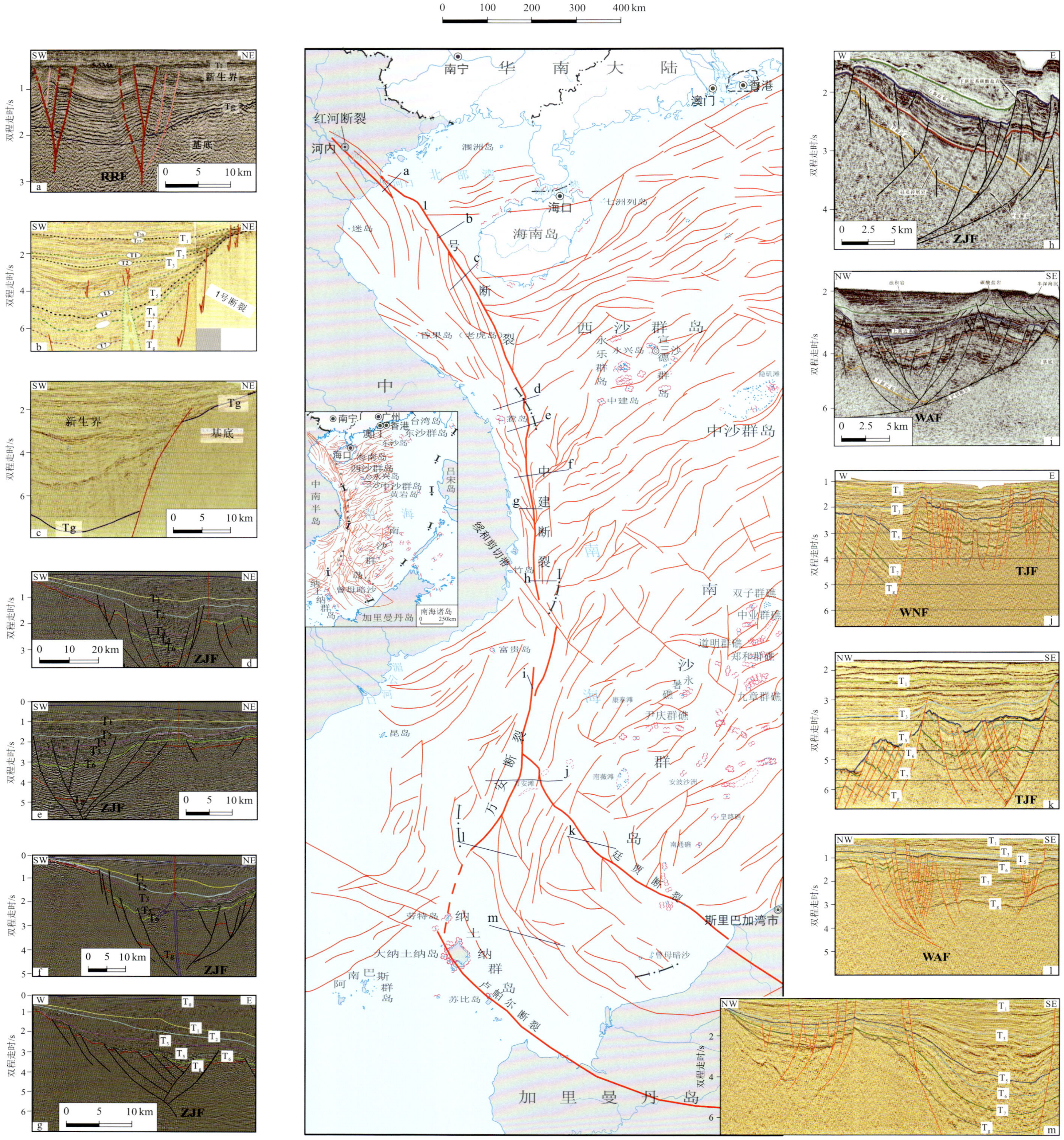

南海西缘断裂带由莺歌海盆地东缘1号断裂、中建断裂、万安东断裂及两侧伴生构造作为统一的断裂系统（简称WMFZ），其南北延伸长超过1500km，主要呈近北南走向。通过浅部构造、深部结构的综合研究，其为一条岩石圈尺度的深大断裂，是两侧印支-巽他地块与华夏地块、南沙地块、曾母地块的分界，具有长期和差异性的活动特点。

南海西缘断裂带形成于新生代早期，其活动历史与陆地哀牢山-红河断裂具有相似性。平面上，该断裂带走滑活动具有分段特点，总体由北往南从左旋逐渐向右旋活动转换，分别受到印支地块挤出-逃逸和古南海向南俯冲拖曳、南海海底扩张不同动力联合作用的结果，形成了陆架区以走滑作用为主的莺歌海盆地、万安盆地和陆架-陆坡区以走滑-伸展双重作用为主的中建南盆地。

南海西缘断裂带构造图

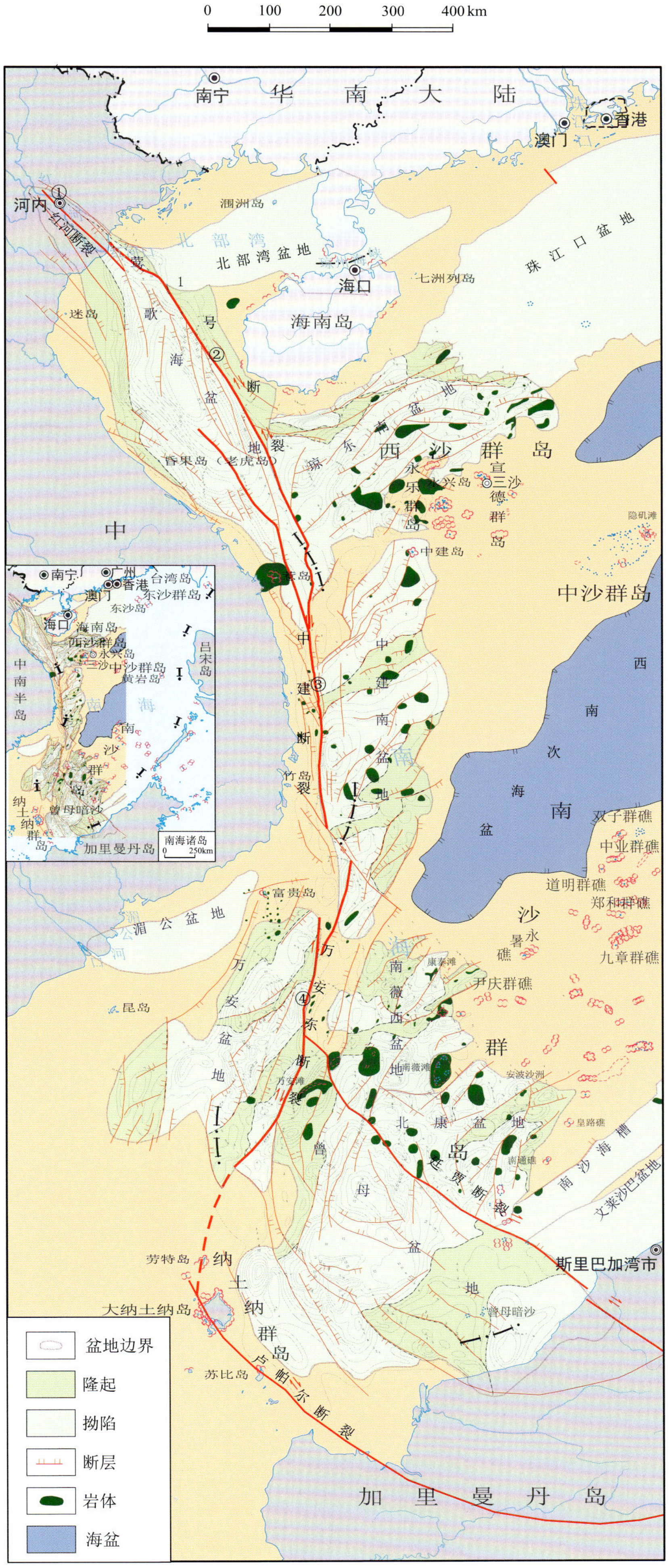

南海西缘走滑断裂带地球物理场特征

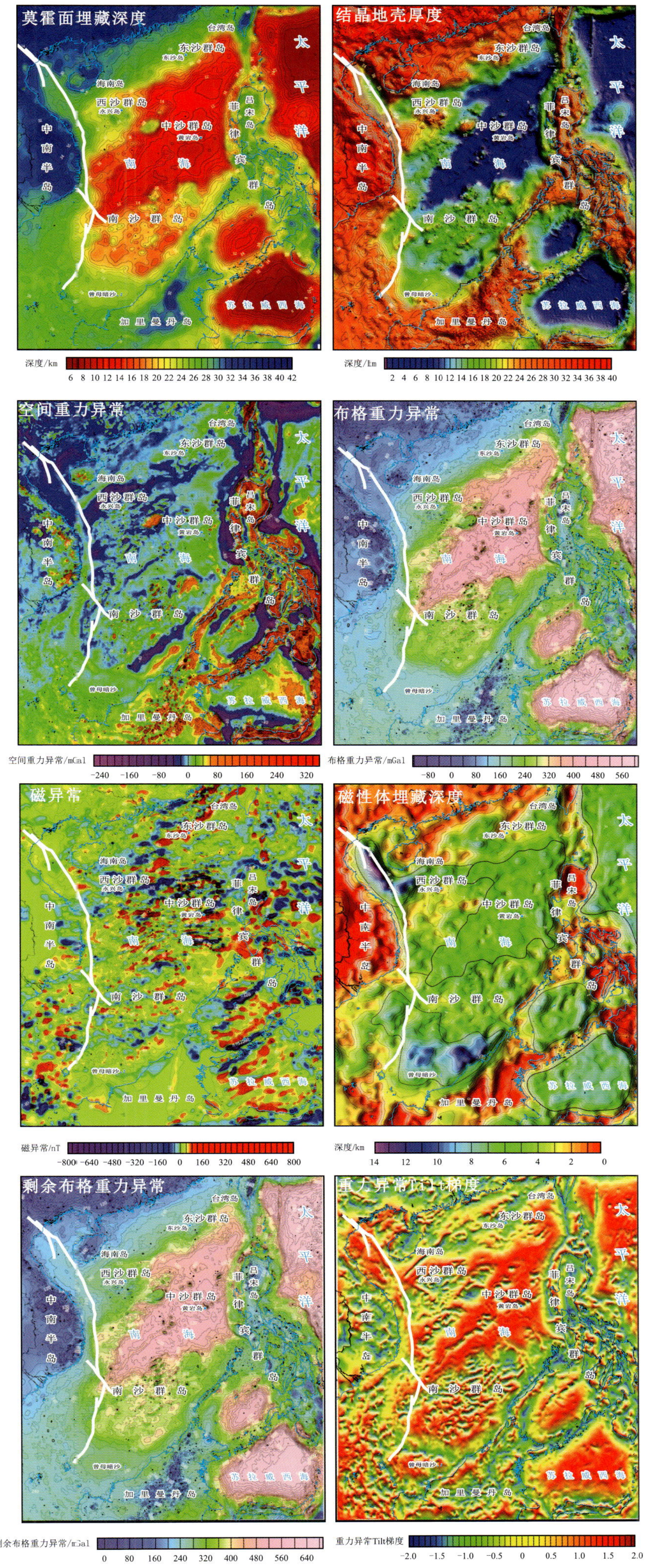

南海东缘马尼拉海沟俯冲构造带

Manila Trench subduction tectonic belt on the in eastern margin of the South China Sea

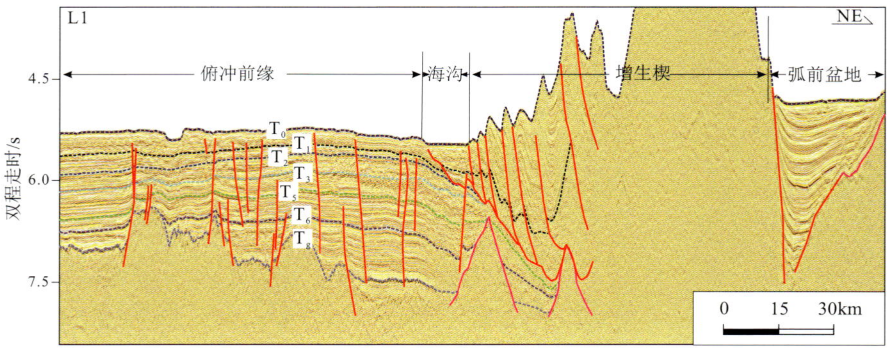

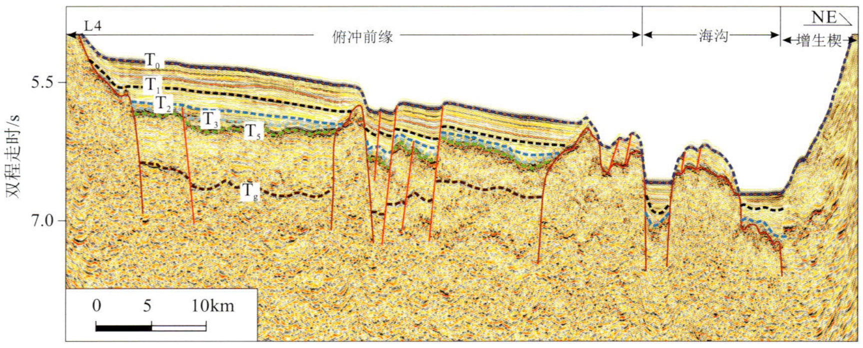

马尼拉俯冲带南北分段和东西分带图

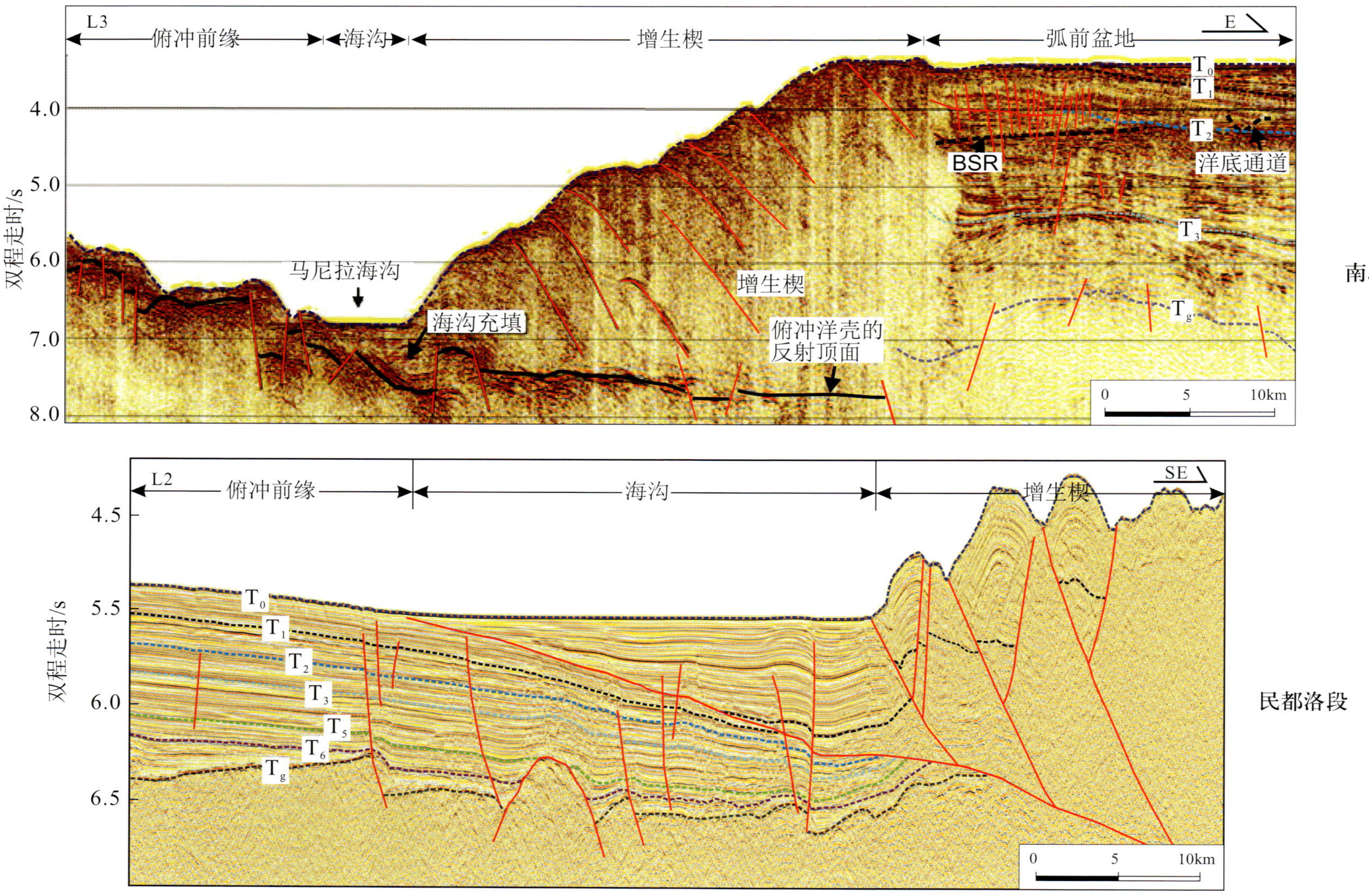

马尼拉俯冲带南北分段和东西分带图

马尼拉俯冲带整体上具有南北向分段和东西向分带的特征。纵向上，马尼拉俯冲带以巴布延断裂、菲律宾断裂和西布断裂可分为北、中、南和民都洛四段；横向上，从西向东依次为俯冲前缘、海沟、增生楔和弧前盆地共四个构造带。地形上，该俯冲带表现为一系列近南北向延伸的岛弧和沟槽区，并且呈现出反“S”形构造，其发育主要受控于一系列东西近平行分布的挤压逆冲断裂带，俯冲带断裂系由一个主逆冲断层和一系列角度相似的逆冲断层以及俯冲前缘的一系列正断层组成，浙西俄断层主要活动时期为新生代，近代仍在活动之中。

马尼拉俯冲带形成演化模式

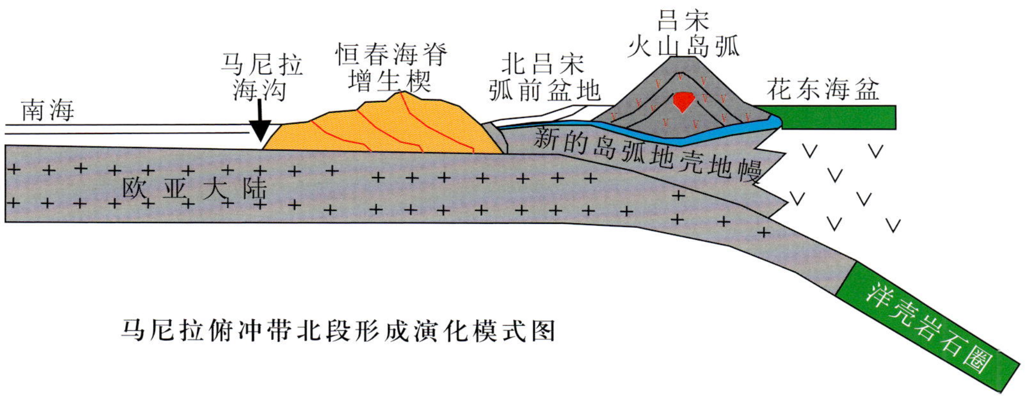

马尼拉俯冲带北段形成演化模式图

马尼拉俯冲带各段反映了不同的构造特征和演化模式。北段由南向北从俯冲至台湾弧–陆碰撞的特征，其输入板块地壳属性为张裂大陆，受到南海扩张停止后岩浆活动的改造，表现为“过渡壳与平板俯冲”；中段为俯冲特征，具有一定的走滑性质以及洋中脊与两侧海山向下俯冲，表现为“洋中脊俯冲与板块撕裂”；南段为“对向俯冲”，西侧马尼拉俯冲带，俯冲角度急剧增大，以近乎垂直的角度自西向东俯冲至地幔过渡带深度，东侧为在菲律宾海本哈姆海台，俯冲板片为非正常洋壳，在深部呈现高速异常特征；民都洛段，由北向南俯冲作用强度逐渐减弱，走滑作用逐渐增强，至民都洛地区则表现为挤压碰撞性质。

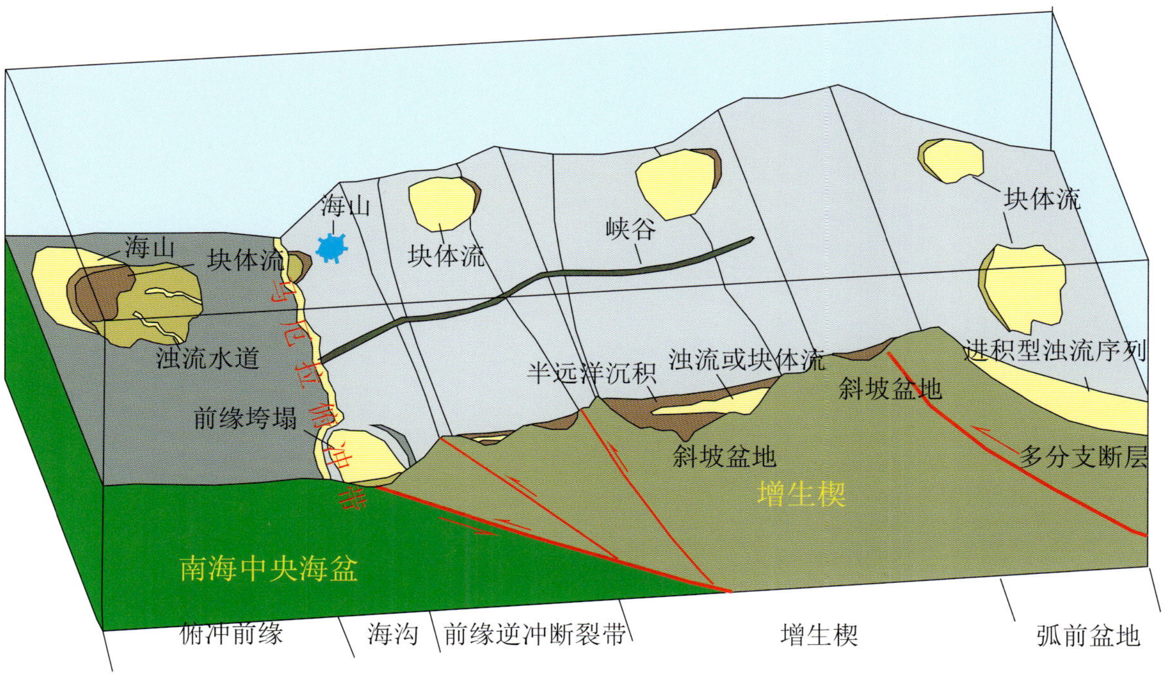

马尼拉俯冲带中南段形成演化模式图

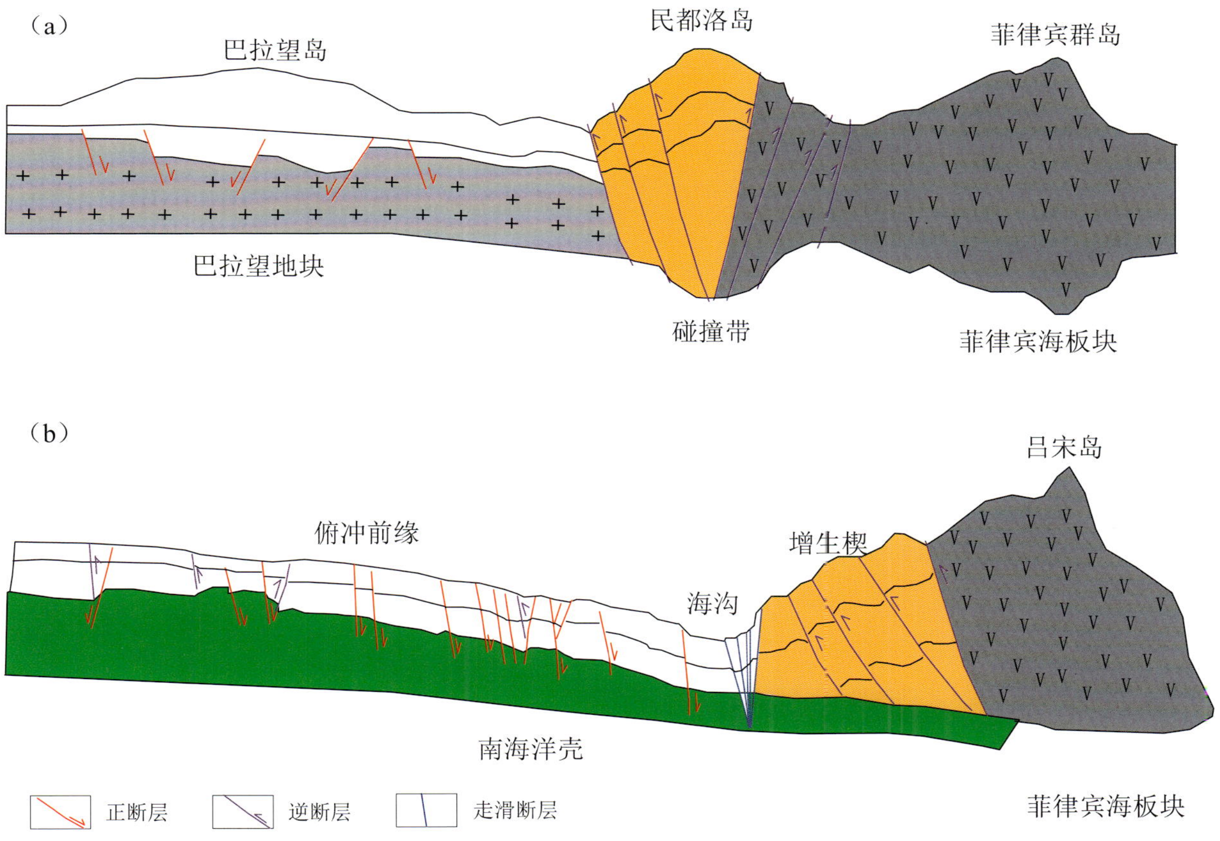

马尼拉俯冲带民都洛段形成演化模式图

南海南缘俯冲-挤压构造带

Subduction-compressional tectonic belt on the southern margin of the South China Sea

南海南缘中、新生代俯冲增生-造山带构造单元图

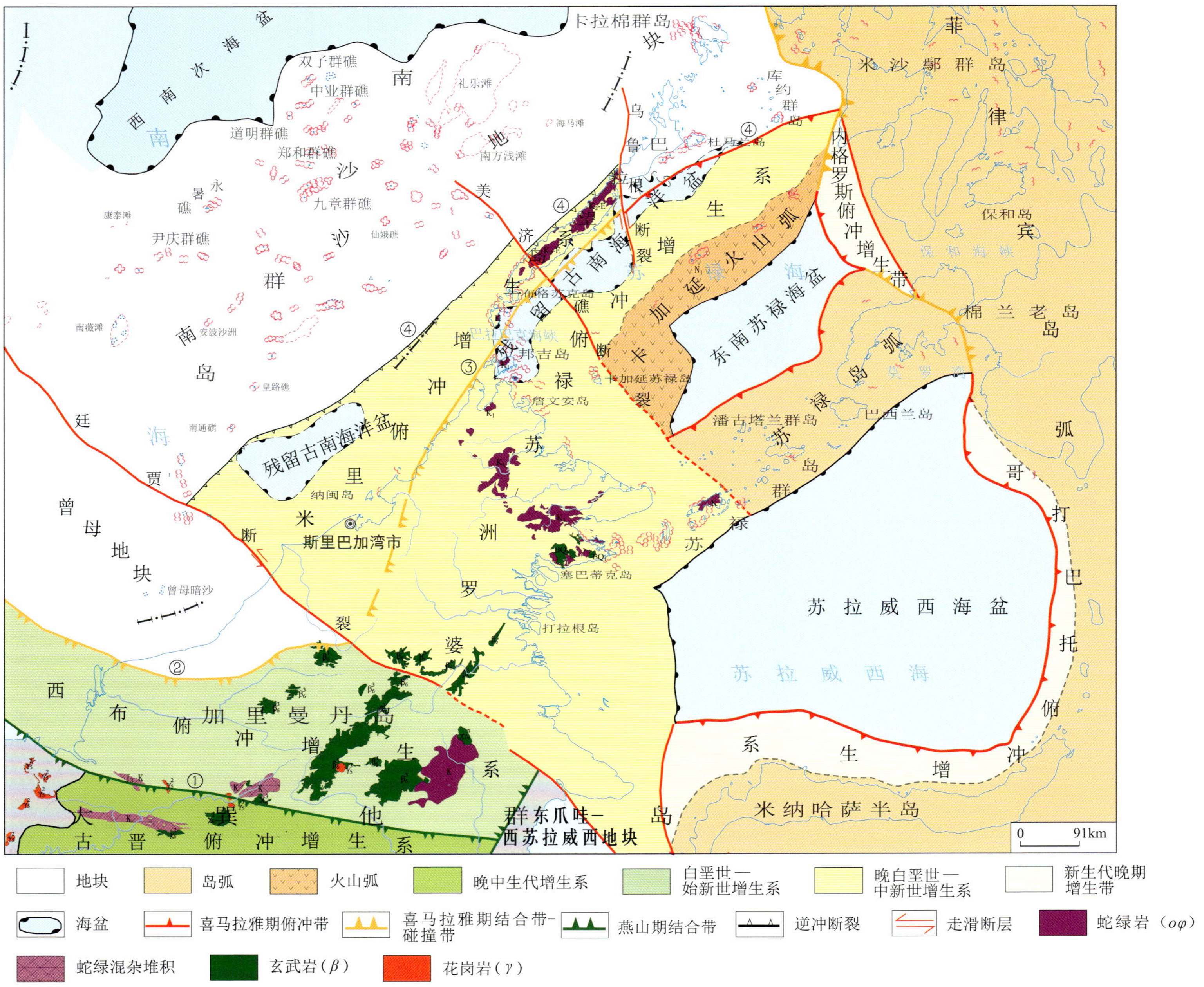

①卢帕尔结合带；②武吉-米新结合带；③沙巴结合带；④南沙海槽-南巴拉望逆冲断裂带-北巴拉望俯冲带

南海南缘中、新生代俯冲增生-造山带与结晶地壳关系图

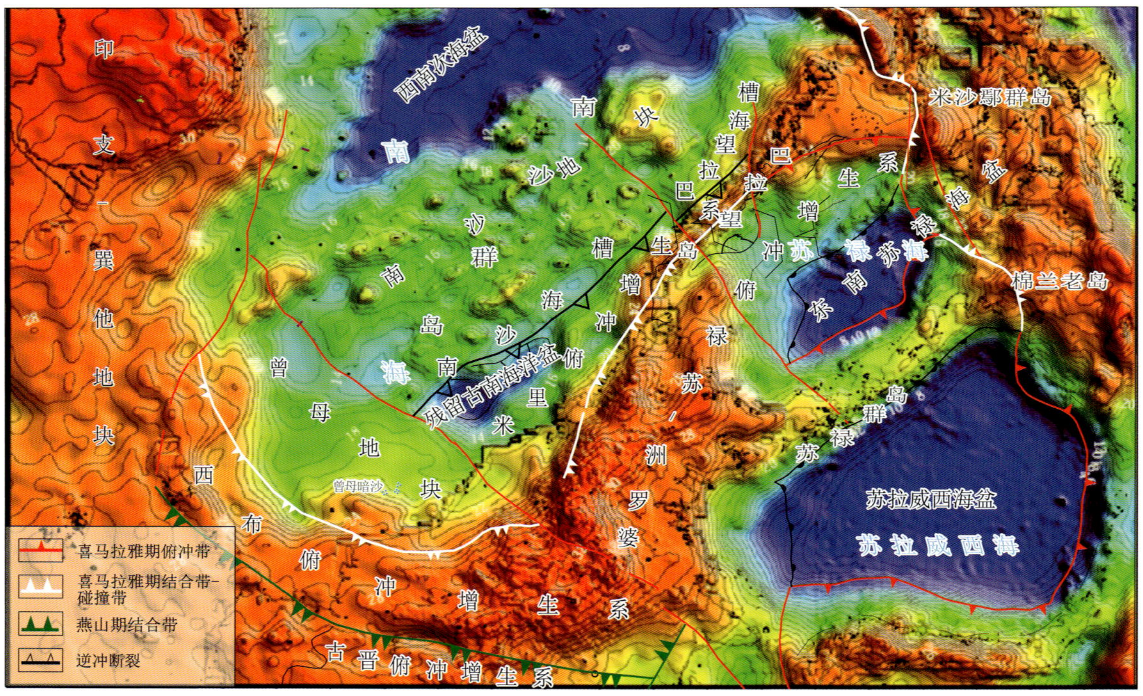

南海南缘地质构造复杂，包括南沙海域、南沙海槽，以及加里曼丹岛、巴拉望岛等岛屿，是南海扩张的两个端元模型——“印支挤出逃逸说”和“古南海俯冲拖曳说”的关键区域。南海南缘以北加里曼丹-巴拉望俯冲增生-造山最具特色，整体上具有东西分段、南北分带的特征。由西向东，曾母地块、南沙地块和一系列中新生代俯冲带分别被北西—北北西向卢帕尔断裂、廷贾断裂、美济礁断裂和乌鲁根断裂所切割。

加里曼丹岛中北部，从沙捞越至沙巴，由中、新生代造山带组成，从南往北分为三带：古晋，西布，婆罗洲-苏禄以及米里俯冲增生系，时代由老变新，反映了中代以来古南海洋壳不断向南俯冲消亡和向北后撤的过程。

克罗克（Crocker）山脉最高处被解释为华南陆壳根，在早中新世碰撞过程，其地壳增厚；中中新世达到拉伸的顶峰，华南地壳深部与原沙巴陆缘结晶基底熔融，导致基纳巴鲁（Kinabalu）花岗岩侵入。

南沙海槽GP-05测线地震解释及地壳结构反演图

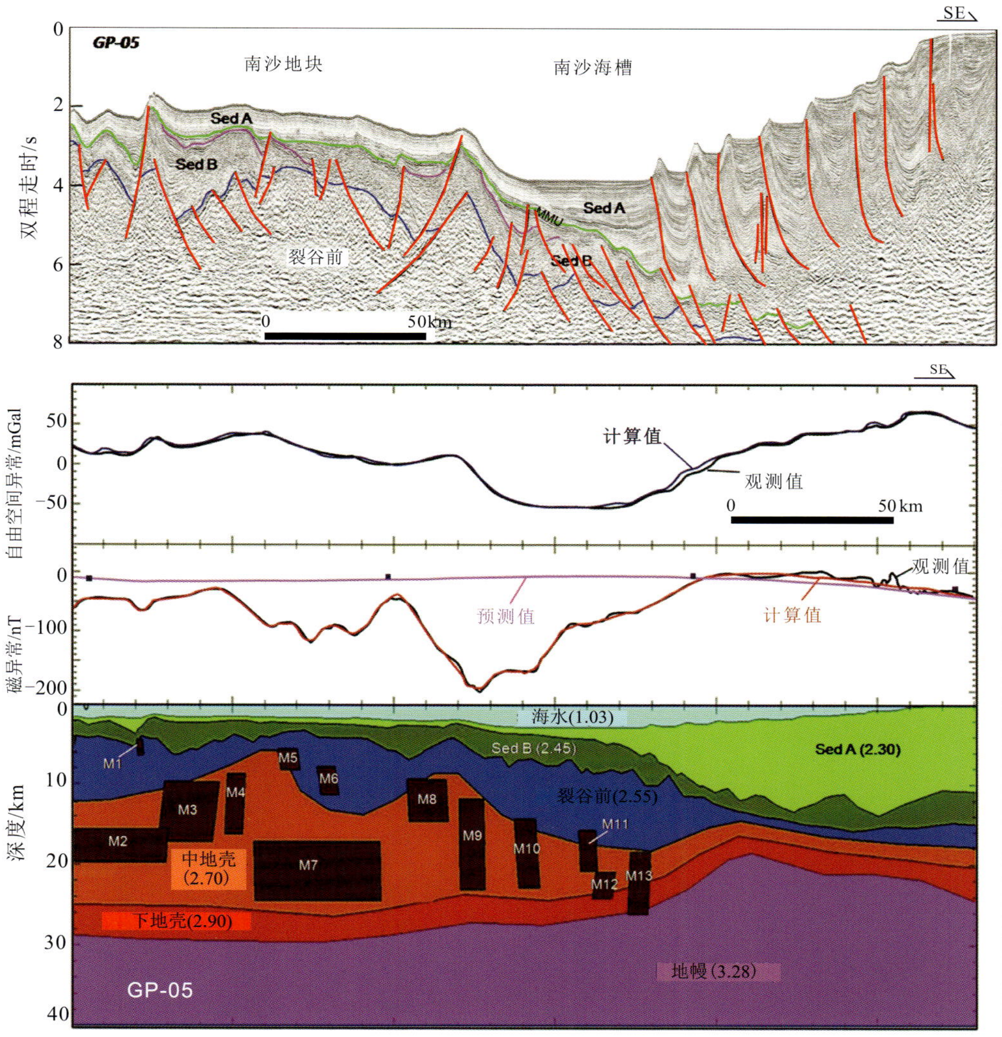

南沙海槽-巴拉望海槽构造

地震和重、磁、震联合反演结构显示，北东向展布南沙海槽与巴拉望海槽以美济礁断裂为界具有不同的地壳结构和构造特征。南沙海槽由厚层叠瓦逆冲构造混杂岩组成，从西南往东北，由逆冲前缘带、主逆冲断裂和逆冲根部组成，北部上新世以来地层没有褶皱，表明古南海向南俯冲作用尚未结束；而巴拉望海槽基本表现陆壳结构和张扭性的构造特征。

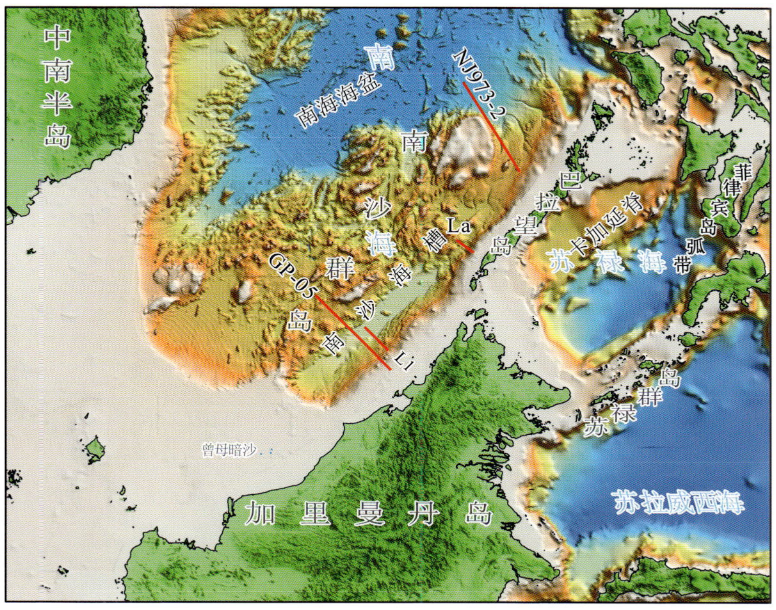

过南沙海槽逆冲褶皱带L1测线地震解释剖面

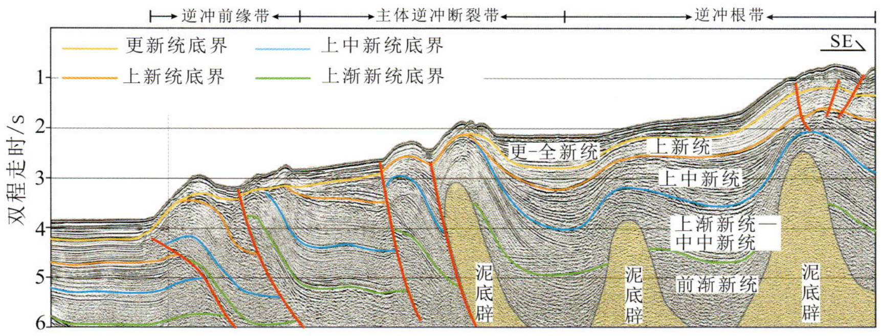

南巴拉望盆地La测线地震解释剖面

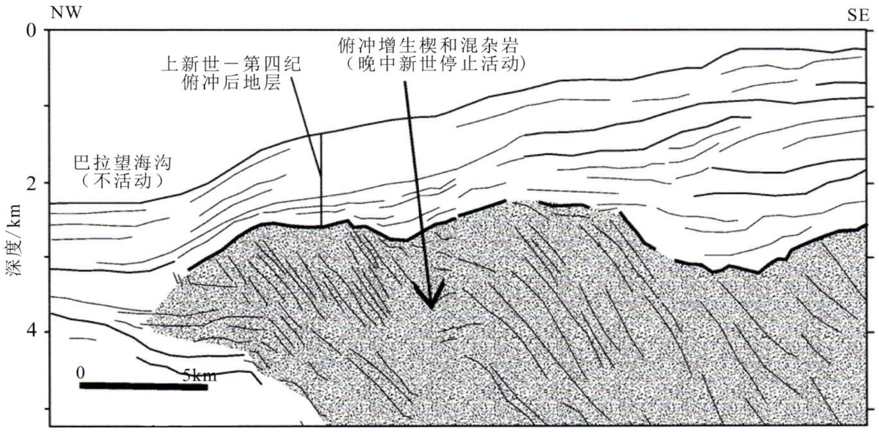

礼乐滩东973-2测线地震及地壳结构解释图

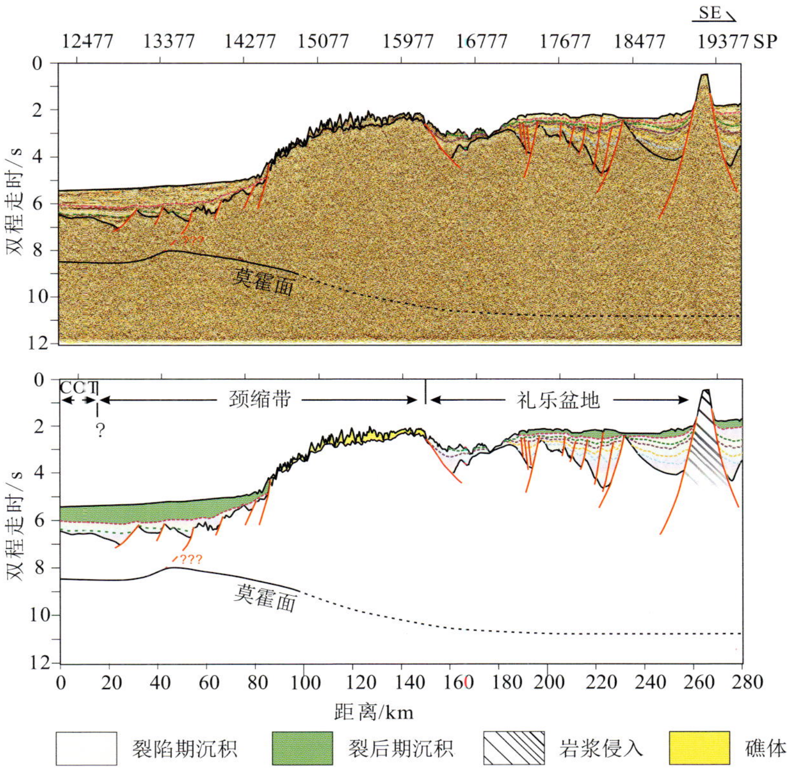

南海成因及演化机制探讨

The genesis and evolution mechanism of the South China Sea

南海及邻域区域背景图

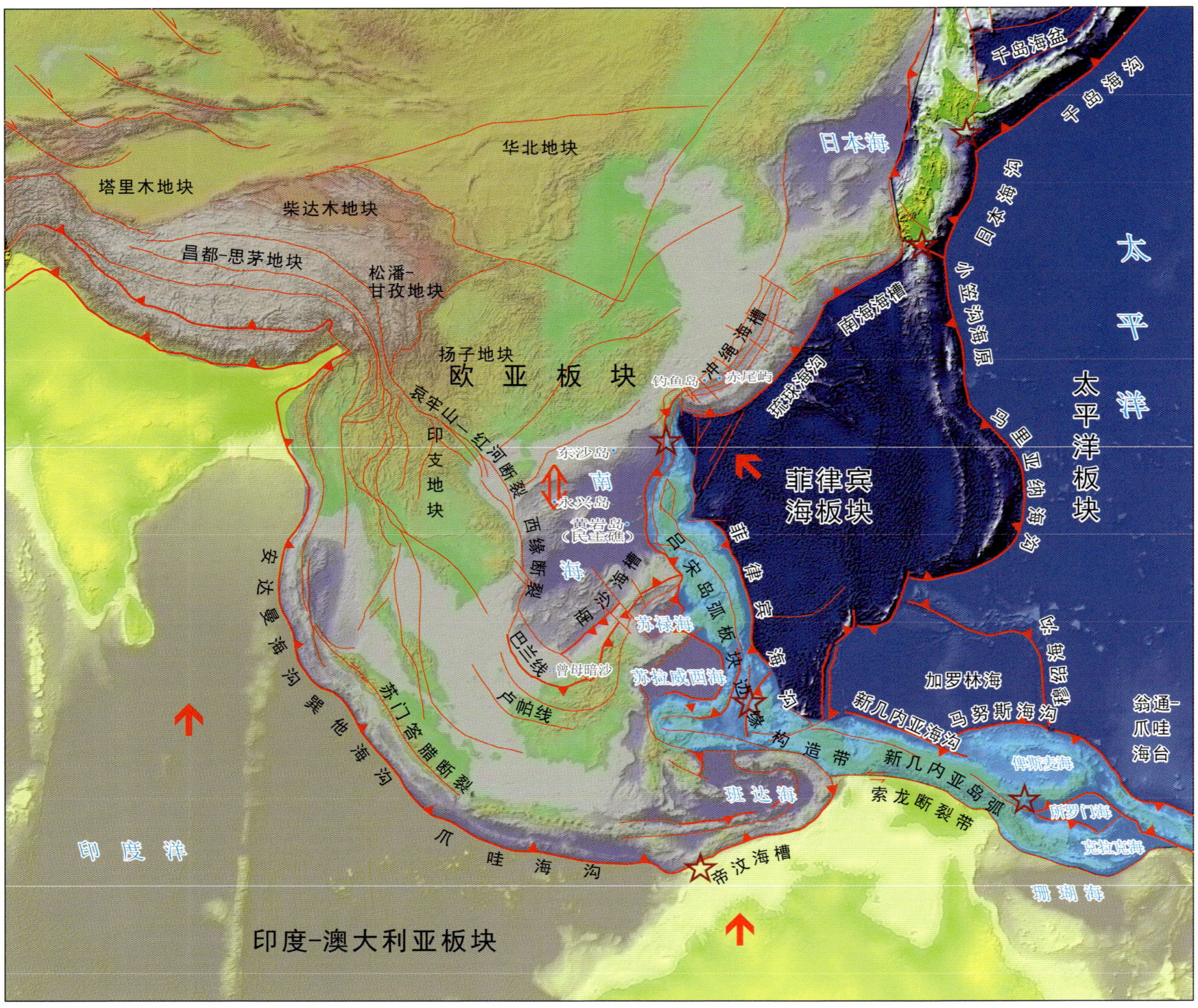

1）大地构造背景

南海及其周边新生代主要受三大板块活动与重组事件的影响。西部印度板块不断往北漂移，与欧亚大陆碰撞；中部澳大利亚板块往北漂移与东南亚（巽他）碰撞；东部是古太平洋往北西运动，以及菲律宾海板块的形成及其往北漂移与旋转。需要综合考虑这三个方面共同作用，才可能更好认识其成因。

南海南部蛇绿岩与缝合线分布图

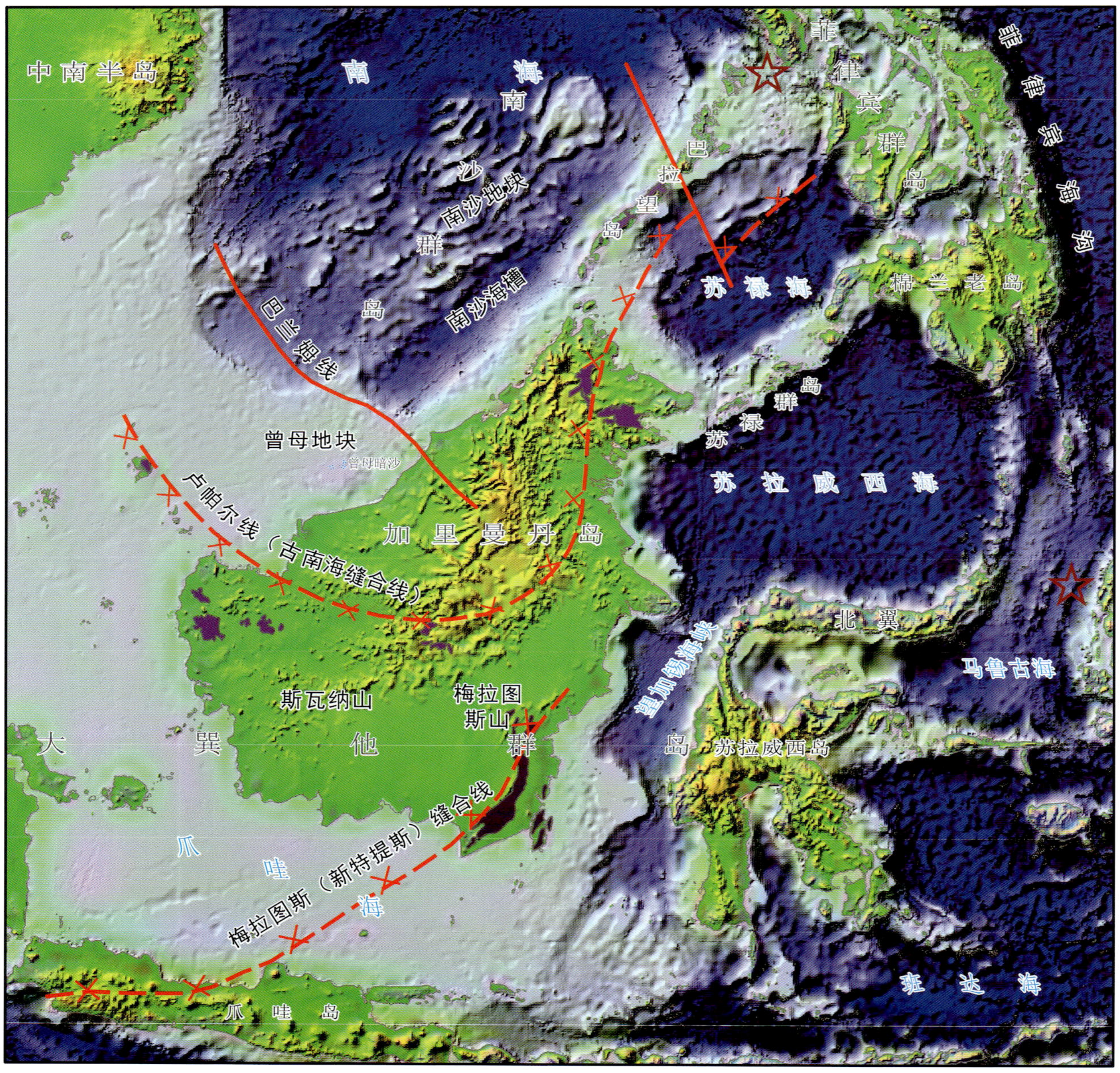

澳大利亚板块于早白垩世向北漂移，新特提斯洋往北沿梅拉图斯线俯冲消亡，导致其北侧弧后扩张，于晚白垩世初期至古新世形成古南海。

晚白垩世末—始新世，古南海先后往南北俯冲，其西南部往南沿卢帕尔线俯冲于北加里曼丹岛之下；廷贾线以东古南海大部往北俯冲于南沙-北巴拉望地块之下，导致华南陆缘处于弧后拉张环境，形成陆缘裂谷，最终导致南海扩张。

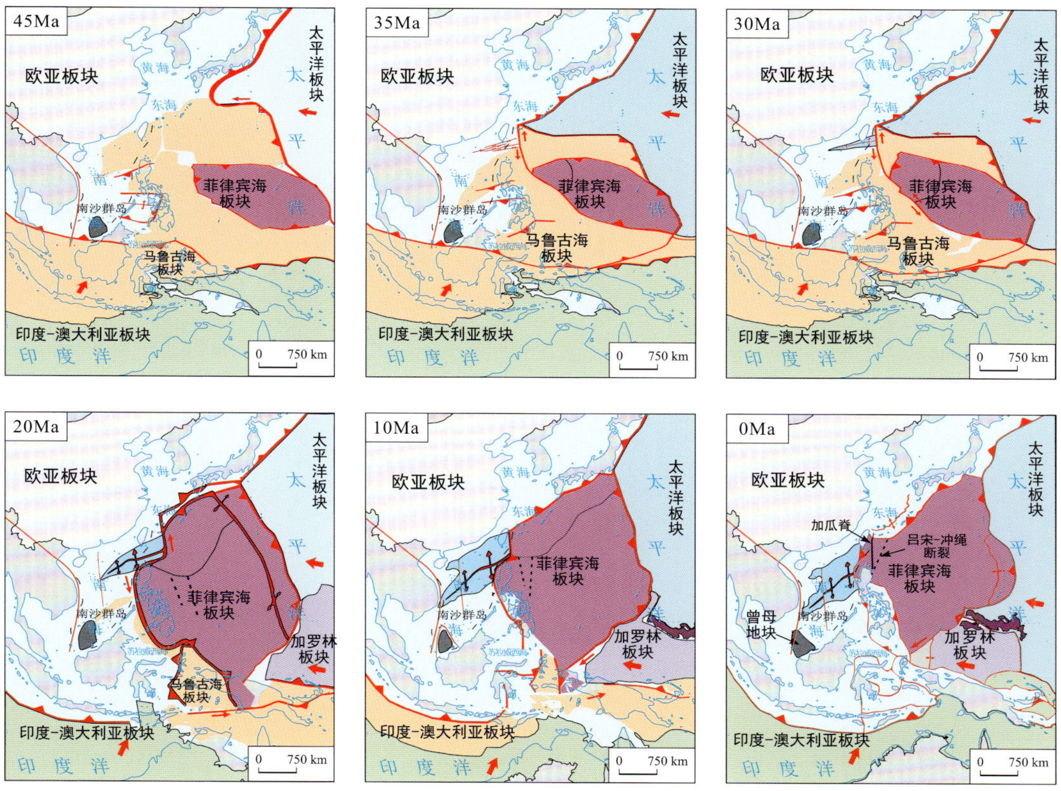

2）南海成因演化重建

古南海俯冲导致的弧后扩张是南海形成的关键，菲律宾海板块北移形成的左旋剪切是扩张的触发因素，印度-欧亚板块碰撞中南半岛挤出左旋走滑导致西南次海盆扩张轴从近东西向转为北东向。

33Ma

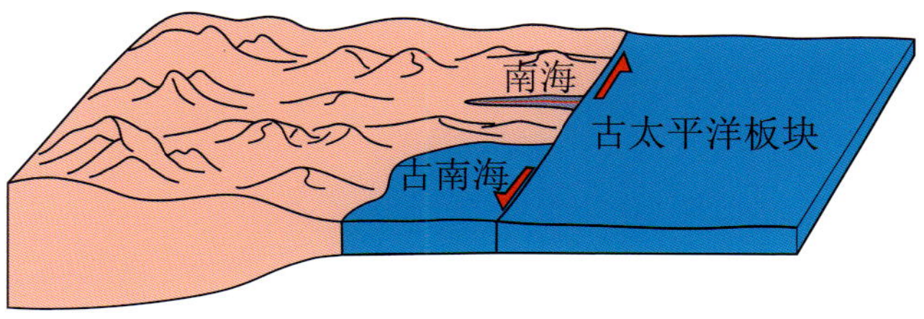

25Ma

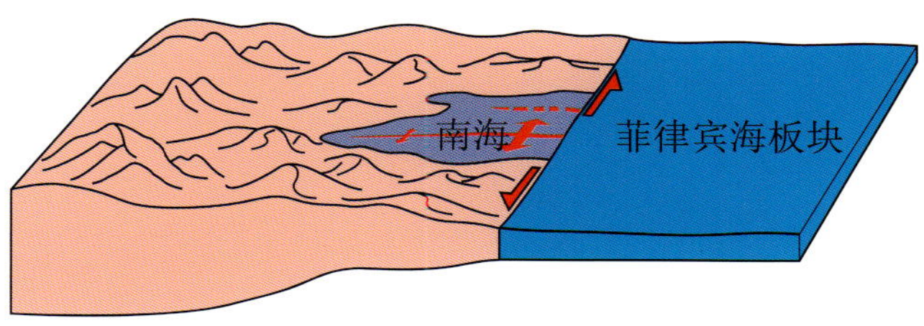

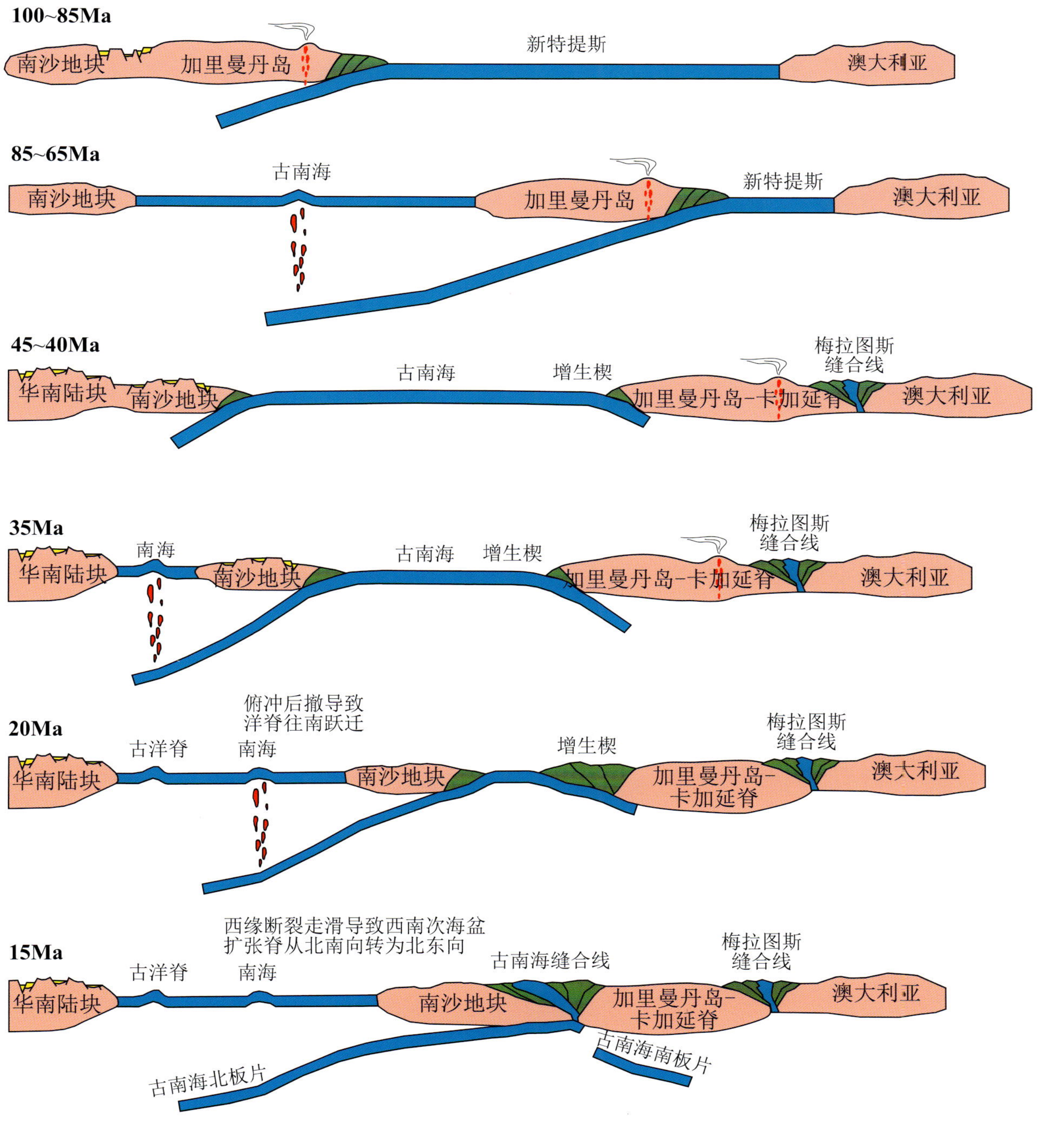

（1）澳大利亚板块于早白垩世开始往北漂移，新特提斯洋往北俯冲消亡，导致弧后扩张，形成古南海；

（2）晚白垩世末—始新世，古南海往北俯冲，导致弧后拉张形成陆缘裂谷；

（3）早渐新世，受菲律宾海板块往北漂移，其西缘大型左旋走滑影响，海底扩张呈剪刀式从东往西张开；

（4）渐新世末，受古南海俯冲后撤的影响，扩张中心往南跃迁，印度-欧亚板块碰撞产生中南半岛挤出，扩张方向从近东西逐步转为北东向；

（5）早中新世晚期，南沙地块-北巴拉望地块与卡加延脊碰撞，南海扩张停止。

花东海盆构造属性及演化
Tectonic attribute and evolution of the Huatung Basin

花东海盆及邻域构造简图

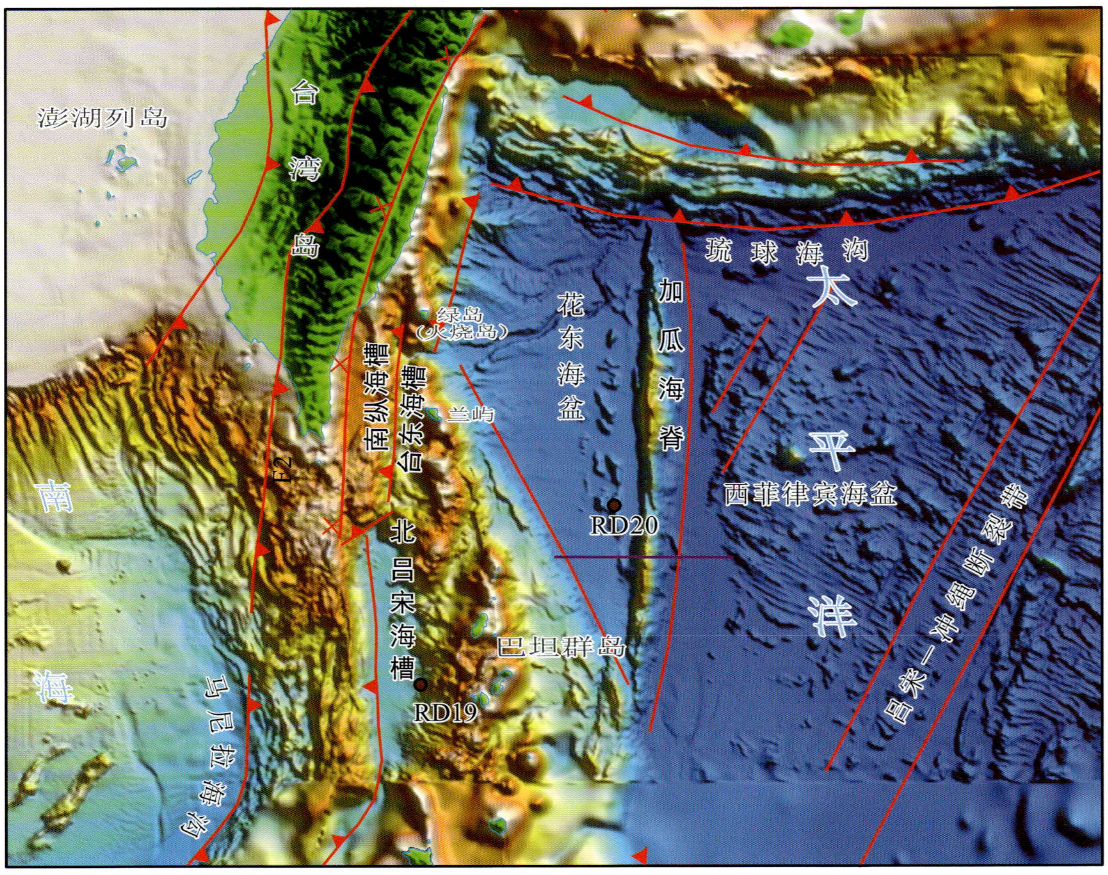

地质学界通常认为花东海盆是菲律宾海板块的一部分，但Deschamps等对RD19、RD20站位辉长岩测年获得114~121Ma年龄，结合兰屿发现早白垩纪放射虫，认为花东海盆可能是被围闭的中生代洋壳。这引起花东海盆研究的极大争议与新挑战。

花东海盆与西菲律宾海盆，虽新近系厚度差异较大，地震层序基本可对比。重、磁、震联合建模表明，花东海盆与加瓜海脊下地壳密度比西菲律宾海盆小。

花东海盆–西菲律宾海盆地震剖面反射特征（位置见上图）

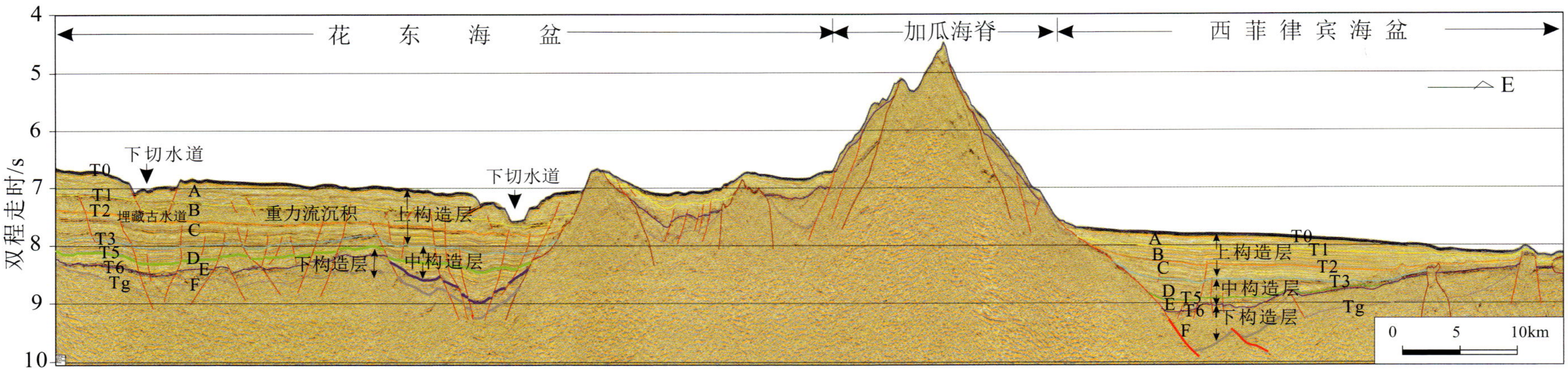

加瓜海脊演化的剖面模型图

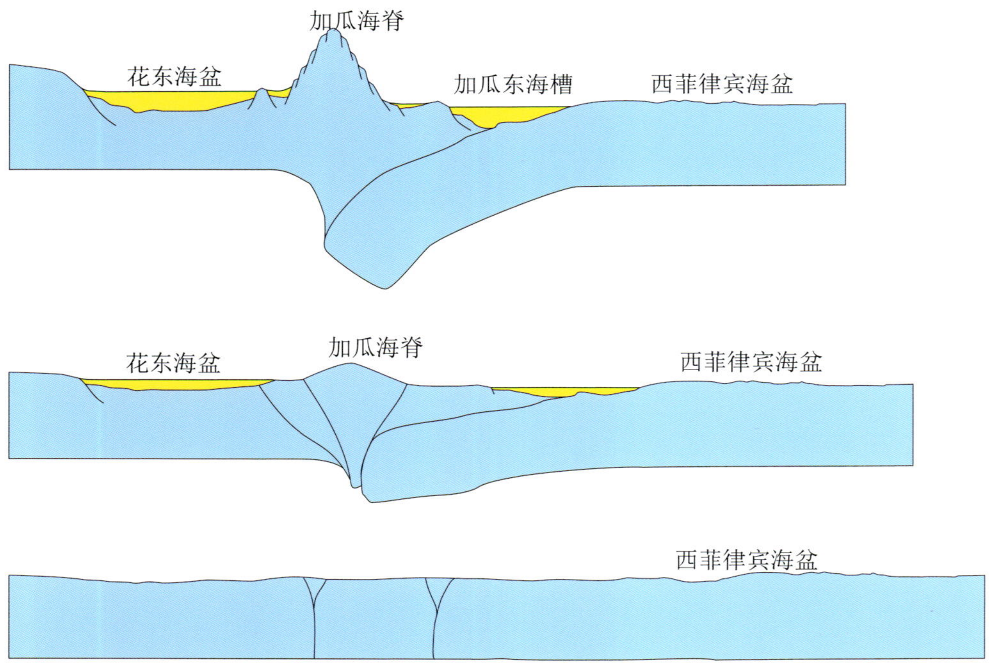

菲律宾海板块演化模型图

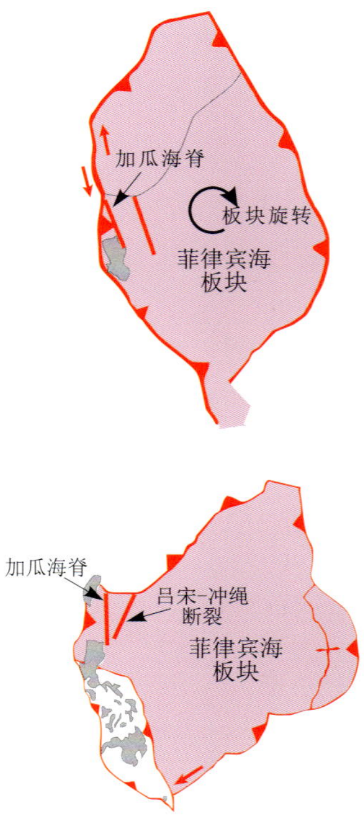

我们认为花东海盆是西菲律宾海盆的一部分，新生代海底扩张而成。加瓜海脊曾是西菲律宾海盆的转换断层带，在菲律宾海板块往北漂移右旋过程，受到挤压隆升，形成转换挤压带。在菲律宾海板块继续右旋过程，其西部与欧亚大陆碰撞，导致加瓜海脊及其西侧的花东海盆停止旋转，而西菲律宾海盆继续右旋，形成加瓜海脊与西菲律宾海盆转换断层间形成夹角。

主要参考文献

References

陈圣源，陈永清．1982．试谈西沙海槽的发展演化及地球物理场特征．海洋地质与第四纪地质，(4)：52-64.

龚再升，李思田，夏堪原，等．1997．南海北部大陆边缘盆地分析与油气聚集．北京：科学出版社．

何家雄，刘海龄，姚永坚，等．2008．南海北部边缘盆地油气地质及资源前景．北京：石油工业出版社．

何廉声，王光宇，石效超．1980．西沙海槽——新生代裂谷．地质论评，(6)：20-23.

金庆焕．1989．南海地质与油气资源．北京：地质出版社．

李平鲁，梁慧娴，戴一丁．1998．珠江口盆地基岩油气藏远景探讨．中国海上油气（地质），12(6)：361-369.

李平鲁，梁慧娴，戴一丁，等．1999．珠江口盆地燕山期岩浆岩的成因及构造环境．广东地质，14(1)：1-8.

丘学林，周蒂，夏戡原，等．2000．南海西沙海槽地壳结构的海底地震仪探测与研究．热带海洋学报，19(2)：9-18.

邱宁，姚永坚，张江阳，等．2019．南海东南部陆缘地壳结构特征及其构造意义．地球物理学报，(7)：2607-2621.

邱燕，王立飞，黄文凯．2016．中国海域中新生代沉积盆地．北京: 地质出版社．

吴进民，杨木壮．1994．南海西南部地震层序的时代分析．南海地质研究，(6)：16-29.

鄢全树，石学法，王昆山，等．2008．南沙微地块花岗质岩石LA-ICP-MS锆石U-Pb定年及其地质意义．地质学报，82(8)：1057-1067.

阎贫，刘海龄．2005．南海及其周缘中新生代火山活动时空特征与南海的形成模式．热带海洋学报，24(2)：33-41.

姚伯初，曾维军，陈艺中，等．1994．南海西沙海槽，一条古缝合线．海洋地质与第四纪地质，(1)：1-10.

姚伯初，万玲，吴能有．2004．大南海地区新生代板块构造活动．中国地质，31(2)：113-122.

岳军培，孙晓猛，Hieu P T，等．2013．越南Song Da带前新生代构造属性及构造背景分析．大地构造与成矿学，37(4)：561-570.

朱伟林，张功成，杨少坤，等．2007．南海北部大陆边缘盆地天然气地质．北京：石油工业出版社：1-60.

Andersen O B, Knudsen P, Berry P A M. 2010. The DNSC08GRA global marine gravity field from double retracked satellite altimetry. Journal of Geodesy, 84(3): 191-199.

Areshev E G, Dong T L, San N T, et al. 1992. Reservoirs in fractured basement on the continental shelf of southern Vietnam. Journal of Petroleum Geology, 15(4): 451-464.

Chao L, Ren J Y, Sternai P, et al. 2015. Structure and sediment budget of Yinggehai-Song Hong Basin, South China Sea: implications for Cenozoic tectonics and river basins reorganization in Southeast Asia. Tectonophysics, 655: 177-190.

Cullen A, Reemst P, Henstra G, et al. 2010. Rifting of the South China Sea: new perspectives. Petroleum Geoscience, 16: 273-282.

Deschamps A, Monié P, Lallemand S, et al. 2000. Evidence for Early Cretaceous oceanic crust trapped in the Philippine Sea Plate. Earth and Planetary Science Letters, 179: 503-516.

Huang C Y, Shea K H, Li Q. 2017. A foraminiferal study on Middle Eocene-Oligocene break-up unconformity in northern Taiwan and its correlation with IOSP Site U1435 to constrain the onset event of South China Sea opening. Journal of Asian Earth Sciences, 138: 439-465.

Hutchison C S. 2010. Oroclines and paleomagnetism in Borneo and South-East Asia. Tectonophysics, 496: 53-67.

Kudrass H R, Wiedicke M, Cepeck P, et al. 1986. Mesozoic and Cainozoic rocks dredged from the South China Sea (Reed Bank area) and Sulu Sea and their significance for plate-tectonic reconstructions. Marine and Petroleum Geology, 3(1): 19-30.

Lee T Y, Lo C H, Chung S L, et al. 1998. $^{40}Ar/^{39}Ar$ dating result of Neogene basalts in Vietnam and its tectonic implication. In: Flower M F J, Chung S L, Lo C H (eds). Mantle dynamics and plate Interactions in East Asia. Washington D C: American Geophysical Union Monograph, 27: 317-330.

Li, C F, Lin J, Kulhanek D K, et al. 2014. Expedition 349 Preliminary Report. International Ocean Discovery Program.

Liu Z F, Zhao Y L, Colin C, et al. 2016. Source-to-sink transport processes of fluvial sediments in the South China Sea. Earth-Science Reviews, 153: 238-273.

Maus S, Barckhausen U, Berkenbosch H, et al. 2009. EMAG2: a 2-arc min resolution Earth Magnetic Anomaly Grid compiled from satellite, airborne, and marine magnetic measurements. Geochemistry Geophysics Geosystems, 10(8): 1-12.

Sibuet J C, Hsu S K, Normand A. 2004. Tectonic significance of the Taitung Canyon, Huatung Basin, east of Taiwan. Marine Geophysical Researches, 25(1-2): 95-107.

Taylor B, Hayes D E. 1983. Origin and history of the South China Sea Basin. In: Hayes D E (ed). The Tectonic and Geologic Evolution of Southeast Asian Seas and Islands, Part 2. Geophysical Monograph Series, Vol. 27, American Geophysical Union: 23-56 .

Vijayan V R, Foss C, Stagg H. 2013. Crustal character and thickness over the Dangerous Grounds and beneath the Northwest Borneo Trough. Journal of Asian Earth Sciences, 76: 389-398.

Wu J, Suppe J, Lu R, et al. 2016. Philippine Sea and East Asian Plate tectonics since 52 Ma constrained by new subducted slab reconstruction methods. Journal of Geophysical Research: Solid Earth, 121(6): 4670-4741.